普通高等教育规划教材

飞行性能力学基础
Flight Mechanics Performance Basis

谷润平 韩红蓉 温瑞英 编

人民交通出版社股份有限公司
China Communications Press Co., Ltd.

内容提要

本书分为理论力学、材料力学和飞机结构与受力分析三篇，共23个章节。主要讲述了静力学，运动学，动力学，杆件的基本变形，动载荷和疲劳失效，作用在飞机上的载荷，飞机典型机翼、尾翼、机身、起落架和增压舱的结构和受力特点。

本书内容注重对基本概念和基本方法的阐述，兼顾知识的系统性和逻辑性，理论性和实用性并重。本书旨在使学生掌握力学的基本原理和基本方法，进而能够运用这些原理和方法，并对飞机结构有基本的了解和认识。

本书可以作为民用航空交通运输专业本科学生的教材，也可供民航类高职高专相关专业使用，同时可作为航空爱好者的参考书。

图书在版编目(CIP)数据

飞行性能力学基础/谷润平,韩红蓉,温瑞英编.
—北京:人民交通出版社股份有限公司,2015.8
ISBN 978-7-114-12284-2

Ⅰ.①飞… Ⅱ.①谷… ②韩…③温… Ⅲ.①飞行力学—教材 Ⅳ.①V212

中国版本图书馆 CIP 数据核字(2015)第 120945 号

书　名	飞行性能力学基础
著作者	谷润平　韩红蓉　温瑞英
责任编辑	吴燕伶　王景景
出版发行	人民交通出版社股份有限公司
地　址	(100011)北京市朝阳区安定门外外馆斜街3号
网　址	http://www.ccpress.com.cn
销售电话	(010)59757973
总经销	人民交通出版社股份有限公司发行部
经　销	各地新华书店
印　刷	北京建宏印刷有限公司
开　本	787×1092　1/16
印　张	19.25
字　数	440千
版　次	2015年6月　第1版
印　次	2022年8月　第3次印刷
书　号	ISBN 978-7-114-12284-2
定　价	48.00元

(有印刷、装订质量问题的图书由本公司负责调换)

前　言

随着我国民航事业的不断发展,近年来除了引进大量现代喷气运输机外,我国的航空工业也逐步开始研制、生产民航支线和干线飞机。一方面,伴随航空科学技术的不断进步,现代喷气飞机能够载运更多的旅客、货物、行李和邮件,飞行更远的距离,具有良好的飞行性能;同时,为了保证飞行安全和提高运行的经济性,也对飞机性能工作人员、飞行签派人员和空中交通管制员提出更多和更高的要求。飞机的飞行性能研究是一项复杂的系统工程,要准确地理解和把握飞机的飞行性能,掌握飞行性能的基本研究方法,必须具备基本的力学基础知识,为此,我们特意编写了本教材,希望通过该教材的学习,使交通运输专业学生掌握必要的工程力学基础和飞机结构相关知识。

本教材主要内容包括理论力学、材料力学、飞机结构与受力分析三个部分。理论力学部分主要讲解了力的合成和移动、刚体运动学、刚体动力学等内容；材料力学部分主要讲解了结构强度和刚度的基本理论、应力和应变、杆件的基本变形、疲劳失效的基本原理等内容；飞机结构与受力分析部分主要讲解了作用在飞机上的外载荷,传力的基本原理,机翼、尾翼、起落架和机身的结构特点及受力分析等内容。除理论分析内容外,教材还给出适量的例题,便于学生自学掌握。扎实的力学功底是进行飞机性能计算和分析的基础,也是学习飞机性能工程等后续课程的基础。

本书第一部分一、二、四、六章,第三部分的十八、十九章由谷润平编写,第一部分的三、五、七、八章,第二部分的十六、十七章由韩红蓉编写,第一部分的九、十、十一、十二章,第二部分的十三、十四、十五章,第三部分的二十、二十一、二十二、二十三章由温瑞英编写。全书由谷润平统一定稿。本教材承南京航空航天大学丁松滨教授、中国民航大学赵嶷飞教授审阅,提出了很多中肯的意见。在编写过程中,还得到中国民航大学空管学院许多老师的支持与帮助,在此一并致谢。

在本教材的编写过程中,编者参考了大量国内外的文献资料和兄弟院校的有关教材,在此,对原作者深表感谢。编者力求阐述全面、系统、准确,论述简练,通俗易懂,但由于本书涉及面广,并且时间仓促,加之编者水平有限,书中错误和欠缺在所难免,诚心地希望读者和专家批评指正。

编　者
2014 年 12 月

目　录

第一篇　理论力学

第一章　静力学的基本概念和物体的受力分析 ……………………………………… 3
  第一节　静力学基本概念 ……………………………………………………… 3
  第二节　静力学基本公理 ……………………………………………………… 4
  第三节　约束与约束力 ………………………………………………………… 6
  第四节　物体的受力分析 …………………………………………………… 10

第二章　平面力系 ………………………………………………………………… 12
  第一节　力在轴上的投影与力的分解 ……………………………………… 12
  第二节　力对点之矩 ………………………………………………………… 13
  第三节　力偶 ………………………………………………………………… 15
  第四节　平面力系的简化 …………………………………………………… 16
  第五节　平面力系的平衡 …………………………………………………… 20
  第六节　物体系统的平衡 …………………………………………………… 24
  第七节　摩擦 ………………………………………………………………… 28

第三章　空间力系 ………………………………………………………………… 34
  第一节　空间力的分解与投影 ……………………………………………… 34
  第二节　力对点之矩与力对轴之矩 ………………………………………… 36
  第三节　力偶矩矢 …………………………………………………………… 40
  第四节　空间力系的简化 …………………………………………………… 41
  第五节　空间力系的平衡 …………………………………………………… 44
  第六节　重心 ………………………………………………………………… 46

第四章　点的运动学 ……………………………………………………………… 54
  第一节　点的运动方程 ……………………………………………………… 54
  第二节　点的速度和加速度 ………………………………………………… 56

第五章　刚体的基本运动 ………………………………………………………… 63
  第一节　刚体的平动 ………………………………………………………… 63
  第二节　刚体的定轴转动 …………………………………………………… 65

第六章　点的合成运动 …………………………………………………………… 71
  第一节　相对运动、绝对运动和牵连运动 ………………………………… 71

第二节　点的速度合成定理 …………………………………………………… 74
第三节　点的加速度合成定理 ………………………………………………… 77

第七章　刚体的平面运动 …………………………………………………………… 83
第一节　平面运动的概述和分解 ……………………………………………… 83
第二节　平面图形上各点的速度 ……………………………………………… 85

第八章　质点动力学 ………………………………………………………………… 90
第一节　动力学基本定律 ……………………………………………………… 90
第二节　质点运动微分方程 …………………………………………………… 91

第九章　动量定理 …………………………………………………………………… 97
第一节　动量与冲量的概念 …………………………………………………… 97
第二节　动量定理 ……………………………………………………………… 99
第三节　质心运动定理 ………………………………………………………… 103

第十章　动量矩定理 ………………………………………………………………… 107
第一节　动量矩的概念 ………………………………………………………… 107
第二节　转动惯量 ……………………………………………………………… 108
第三节　动量矩定理 …………………………………………………………… 110

第十一章　动能定理 ………………………………………………………………… 114
第一节　动能的概念和计算 …………………………………………………… 114
第二节　功的概念和计算 ……………………………………………………… 116
第三节　动能定理 ……………………………………………………………… 119
第四节　功率、功率方程、机械效率 …………………………………………… 124
第五节　势力场、势能、机械能守恒定律 ……………………………………… 126

第十二章　达朗伯原理 ……………………………………………………………… 129
第一节　质点惯性力的概念 …………………………………………………… 129
第二节　质点的达朗伯原理 …………………………………………………… 129

理论力学习题集及解析 ……………………………………………………………… 131

第二篇　材料力学

第十三章　绪论 ……………………………………………………………………… 153
第一节　引言 …………………………………………………………………… 153

第二节	变形固体的基本假设	154
第三节	内力和应力的概念	155
第四节	变形与应变	156
第五节	杆件变形的基本形式	157

第十四章 拉伸、压缩和剪切 160

第一节	轴向拉伸或压缩时横截面上的内力和应力	160
第二节	直杆轴向拉伸或压缩时斜截面上的应力	163
第三节	材料在拉伸时的力学性能	164
第四节	材料在压缩时的力学性能	167
第五节	拉压的强度条件及其应用	167
第六节	轴向拉伸或压缩时的变形	169
第七节	温度应力和装配应力	170
第八节	应力集中的概念	171
第九节	剪切和挤压的实用计算	172

第十五章 扭转 175

第一节	扭转的概念和实例	175
第二节	外力偶矩的计算、扭转和扭矩图	175
第三节	纯剪切	177
第四节	圆轴扭转时的应力	179
第五节	圆轴扭转时的变形	183

第十六章 弯曲 186

第一节	弯曲内力	186
第二节	弯曲应力	194
第三节	弯曲变形	205

第十七章 动载荷和交变应力 210

第一节	动载荷	210
第二节	交变应力	218
第三节	持久极限曲线	223
第四节	不对称循环下构件的疲劳强度计算	224
第五节	提高构件疲劳强度的措施	225

材料力学习题集及解析 227

第三篇　飞机结构与受力分析

第十八章　飞机的外载荷 ··· 239
　　第一节　飞机的外载荷 ··· 239
　　第二节　过载和载荷系数 ··· 240
　　第三节　载荷系数的物理意义和实用意义 ······························· 246
　　第四节　安全系数与设计载荷 ··· 248
　　第五节　飞行包线 ··· 249

第十九章　飞机结构分析与设计基础 ····································· 255
　　第一节　静不定结构 ··· 255
　　第二节　真实结构与结构分析模型 ····································· 256
　　第三节　结构传力分析的基本方法 ····································· 258

第二十章　机翼、尾翼结构特点及受力分析 ······························· 264
　　第一节　翼面的载荷与内力 ··· 264
　　第二节　翼面主要受力构件的用途和结构 ······························· 266
　　第三节　气动载荷的传力分析 ··· 271
　　第四节　后掠翼结构受力及其分析 ····································· 275
　　第五节　飞机尾翼的结构与受力分析 ··································· 278

第二十一章　机身结构特点及受力分析 ··································· 283
　　第一节　机身上的主要载荷 ··· 283
　　第二节　总体受力特点与载荷平衡 ····································· 284
　　第三节　机身基本承力构件 ··· 285

第二十二章　起落架结构特点及受力分析 ································· 287
　　第一节　起落架的外载荷 ··· 287
　　第二节　典型起落架的结构和受力分析 ································· 288

第二十三章　飞机的增压座舱 ··· 291
　　第一节　座舱的增压载荷 ··· 291
　　第二节　增压舱结构特点 ··· 292

飞机结构与受力分析习题集及解析 ······································· 295

参考文献 ··· 298

第一篇　理论力学

第一章　静力学的基本概念和物体的受力分析
第二章　平面力系
第三章　空间力系
第四章　点的运动学
第五章　刚体的基本运动
第六章　点的合成运动
第七章　刚体的平面运动
第八章　质点动力学
第九章　动量定理
第十章　动量矩定理
第十一章　动能定理
第十二章　达朗伯原理

第一章
静力学的基本概念和物体的受力分析

静力学的基本概念、公理及物体的受力分析是研究静力学的基础。本章将介绍力系的概念及静力学公理,并阐述工程中几种常见的典型约束和约束力,最后介绍物体受力分析的基本方法及受力图,它是解决力学问题的重要环节。

第一节 静力学基本概念

一、力系

静力学是研究刚体在力系作用下的平衡规律,同时也研究力的一般性质及其合成法则。

静力学中所指的物体都是刚体,是人们将各种各样的实际物体抽象化而得到的便于计算的理想模型。即指在力的作用下,其内部任意两点之间的距离始终保持不变。

力是物体间的相互作用,其效应是使物体的运动状态发生改变,同时使物体产生变形,前者称为外效应或运动效应,后者称为内效应或变形效应。理论力学只涉及力的外效应,力的内效应在材料力学中研究。力对物体的作用效应取决于力的大小、方向和作用点三个要素,力是一种矢量。在国际单位制中,力的单位是 N 或 kN。

同时作用在物体上的若干个力称为力系。力系按作用线位置不同可分为两种:当所有力的作用线在同一平面内时,称为平面力系;否则称为空间力系。又可按其作用线的相互关系不同分为三种:当所有力的作用线汇交于同一点时,称为汇交力系;而所有力的作用线都相互平行时,称为平行力系;否则称为任意力系。

二、平衡

平衡是指物体相对于惯性参考系(如地面)保持静止或匀速直线运动状态。如桥梁、地面的建筑物、作匀速直线飞行的飞机等,都处于平衡状态。平衡是物体运动的一种特殊形式。

三、平衡力系

若力系中各力对于物体的作用效应彼此抵消而使物体保持平衡或运动状态不变时,则这种力系称为平衡力系。平衡力系中的任一力对于其余的力来说都称为平衡力,即与其余的力相平衡的力。

四、等效力系

若两力系分别作用于同一物体而效应相同时,则这两力系称为等效力系。若力系与一力等效,则此力就称为该力系的合力,而力系中的各力,则称为此合力的分力。

五、力系简化

为了便于寻求各种力系对于物体作用的总效应和力系的平衡条件,需要将力系进行简化。用一个简单力系等效地替换一个复杂力系,称为力系的简化。

研究力系等效并不限于分析静力学问题。例如:飞行中的飞机,受到升力、推力、重力、空气阻力等作用,这些力错综复杂地分布在飞机的各部分,每个力都影响飞机的运动。要想确定飞机的运动规律,必须了解这些力总的作用效果,为此,可以用一个简单的等效力系来代替这些复杂的力,然后再进行运动的分析。所以研究力系的简化不仅是为了导出力系的平衡条件,同时也是为动力学提供基础。在静力学中,我们将研究以下三个问题:

(1)物体的受力分析:分析某个物体共受几个力,以及每个力的作用位置和方向。
(2)力系的简化:研究如何把一个复杂的力系简化为一个简单的力系。
(3)建立各种力系的平衡条件:研究物体平衡时,作用在物体上的各种力系所需满足的条件。

力系的平衡条件在工程中有着十分重要的意义,是设计结构、构件和机械零件时静力计算的基础。因此,静力学在工程中有着最广泛的应用。

第二节 静力学基本公理

公理是人类经过长期的观察和经验积累而得到的结论,它可以在实践中得到验证,无须证明而为大家所公认。静力学公理是人们关于力的基本性质的概括和总结,是静力学全部理论的基础。静力学的所有定理都是从这些公理中推导出来的。

公理一 二力平衡公理

作用于刚体上的两力,使刚体保持平衡的充要条件是:该两力的大小相等、方向相反且作用于同一直线上。

公理一说明了作用于物体上最简单的力系平衡时所必须满足的条件。对于刚体来说,这个条件是充分与必要的;而对于非刚体,该条件只是平衡的必要条件而非充分条件。工程上常遇到只受两个力作用而平衡的构件,如图 1-1 所示,BC 构件称为二力构件或二力杆。构件在 B 点、C 点受力的作用,根据公理一,该两力的作用线必定沿着作用点的连线。图 1-2 所示为桁架式起落架,它是由杆系组成的空间桁架结构,桁架中的杆在任何形式的载荷作用下只受拉压。这种桁架式起落架的缺点是结构较为笨重,不可收放,因此现代大型机上并不采用。

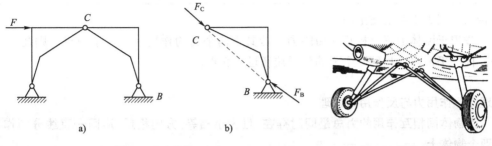

图 1-1 二力构件　　　　　　图 1-2 桁架式起落架

公理二　力的平行四边形法则

作用于物体某一点的两个力的合力,亦作用于同一点上,其大小及方向可由这两个力为邻边所构成的平行四边形的对角线来表示。

设在物体的 A 点作用有力 F_1 和 F_2,如图 1-3a) 所示,若以 F_R 表示它们的合力,则可以写成矢量表达式

$$\vec{F_R} = \vec{F_1} + \vec{F_2}$$

即合力 $\vec{F_R}$ 等于两分力 $\vec{F_1}$ 与 $\vec{F_2}$ 的矢量和。也可另作一力的三角形求合力矢,如图 1-3b)、图 1-3c) 所示。

公理二是复杂力系简化的基础。

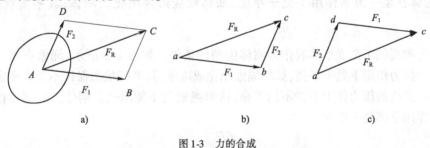

图 1-3 力的合成

公理三　加减平衡力系公理

在作用于刚体的力系上加上或减去任意的平衡力系,并不改变原力系对刚体的作用效应。

公理三是研究力系等效替换的重要依据。注意:此公理只适用于刚体,而不适用于变形体。

根据上述公理可以导出下列推论。

推论一　力的可传性原理

作用于刚体上某点的力,可以沿着它的作用线移到刚体内的任一点,并不改变该力对刚体的作用。

因此,对于刚体来说,力的作用点已不是决定力的作用效应的要素,它被作用线所代替。所以,作用于刚体上的力的三要素是:力的大小、方向和作用线。

推论二　三力平衡汇交定理
作用于刚体上三个相互平衡的力,若其中两个力的作用线汇交于一点,则此三力必在同一平面内,且第三个力的作用线通过汇交点。

公理四　作用力与反作用力公理
两物体间相互作用的力总是同时存在,且大小相等、方向相反,沿同一直线分别作用在两个物体上。

公理四概括了自然界中物体间相互作用的关系,表明作用力与反作用力总是同时存在同时消失,没有作用力也就没有反作用力。根据这个公理,已知作用力则可知反作用力,它是分析物体受力时必须遵循的原则,为研究由一个物体过渡到多个物体组成的物体系统提供了基础。

必须注意,作用与反作用力是分别作用在两个物体上的,不能错误地与二力平衡公理混同起来。图 1-4 所示为喷气式飞机发动机尾喷管气体和飞机之间的作用力与反作用力。

喷气发动机使燃料燃烧产生的气体加速排出,依据公理四,气体给飞机一个大小相等、方向相反的反作用力,此即飞机推力。

公理五　刚化公理
变形体在某一力系作用下处于平衡,如将此变形体刚化为刚体,其平衡状态保持不变。

这个公理提供了把变形体看作为刚体模型的条件。如图 1-5 所示,绳索在等值、反向、共线的两个拉力作用下处于平衡,如将绳索刚化成刚体,其平衡状态保持不变。绳索在两个等值、反向、共线的压力作用下并不能平衡,这时绳索就不能刚化为刚体。但刚体在上述两种力系的作用下都是平衡的。

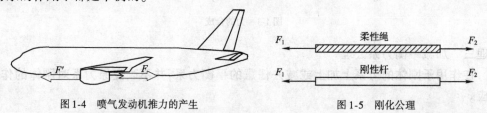

图 1-4　喷气发动机推力的产生　　　　　图 1-5　刚化公理

由此可见,刚体的平衡条件是变形体平衡的必要条件,而非充分条件。在刚体静力学的基础上,考虑变形体的特性,可进一步研究变形体的平衡问题。

第三节　约束与约束力

如果一个物体不受任何限制,可以在空间自由运动(例如可在空中自由飞行的飞机),则此物体称为自由体;反之,如一个物体受到一定的限制,使其在空间沿某些方向的运动成为不可能(例如在跑道上滑行的飞机),则此物体称为非自由体。

如前所述,力是物体间的相互作用,因此,当人们用力学定律解决实际问题时,必须了解有关物体之间的相互接触和联系方式,从而分析它们的受力情形。非自由体之所以不能在空间任意地运动,是由于它们总是以某种形式与周围其他物体相联系,使其在空间沿某些方向的运动受到周围这些物体的限制。在力学中,把这种事先对于物体的运动(位置和速度)所施加的限制条件称为约束。约束是以物体相互接触的方式构成的,构成约束的周围物体称为约束。例如,沿轨道行驶的车辆,轨道事先限制车辆的运动,它就是约束;摆动的单摆,绳子就是约束,它事先限制摆锤只能在不大于绳长的范围内运动,而通常是以绳长为半径的圆弧运动。

约束限制物体的自由运动,改变了物体的运动状态,因此约束必须承受物体的作用(力或力偶),同时给予物体以等值、反向的反作用(力或力偶),这种力称为约束反力,简称约束力。停在机坪上的飞机,对于飞机而言,机坪是约束,它阻止飞机向下的运动,因而,机坪给飞机的约束反力向上。约束反力取决于约束本身的性质、主动力和物体的运动状态。约束反力阻止物体运动的作用是通过约束与物体间相互接触来实现的,因此它的作用点应在相互接触处,约束反力的方向总是与约束体所能阻止的运动方向相反,这是我们确定约束反力方向的准则。至于它的大小,在静力学中将由平衡条件求出。

我们将工程中常见的约束理想化,归纳为几种基本类型,并根据各种约束的特性分别说明其反力的表示方法。

一、柔索

属于这类约束的有绳索、皮带、链条、钢索等。这类约束的特点是只能限制物体沿着柔索伸长的方向运动,它只能承受拉力,而不能承受压力和抗拒弯曲。所以柔索的约束反力只能是拉力,作用在连接点或假想截割处,方向沿着柔索的轴线而背离物体,一般用 F 或 F_T 表示,如图 1-6 所示。

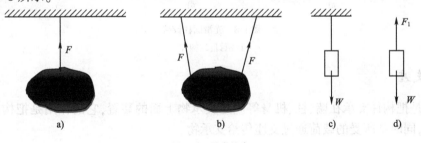

图 1-6 柔索约束

二、光滑接触面

对这类约束,我们忽略接触面间的摩擦,视为理想光滑。这类约束的特点是只能限制物体沿接触面的公法线进入约束,而不限制沿接触面在接触处的切线方向的滑动。所以光滑接触面的约束反力作用在接触处,方向沿着接触点处的公法线并指向被约束物体。光滑接触面的约束反力一般用 F_N 表示,如图 1-7 所示。

三、光滑圆柱铰链

圆柱形铰链是连接两个构件的圆柱形零件,通常称为销钉,又如机器上的轴承等。对这类约束我们忽略摩擦以及圆柱销钉与构件上圆柱孔的余隙,如图1-8a)和图1-8b)所示,其计算简图如图1-8c)所示。这类约束的特点是只能限制物体的任意径向移动,不能限制物体绕圆柱销钉轴线的转动,由于圆柱销钉与圆柱孔是光滑曲面接触,则约束反力应是沿接触线上的一点到圆柱销钉中心的连线且垂直于轴线,如图1-8d)所示。因为接触线的位置不能预先确定,所以约束反力的方向也不能预先确定。光滑圆柱形铰链约束的反力只能是压力,在垂直于圆柱销钉轴线的平面内,通过圆柱销钉中心,方向不定。在进行计算时,为了方便,通常表示为沿坐标轴方向且作用于圆柱孔中心的两个分力 F_{Cx} 与 F_{Cy},如图1-8e)所示。

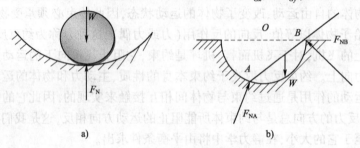

图1-7 光滑接触面

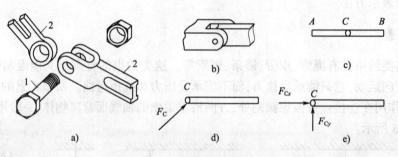

图1-8 光滑圆柱铰接
1-销钉;2-构件

四、支座

支座是把构件支承在墙、柱、机身等固定支承物上面的装置,它的作用是把构件固定于支承物上,同时把所受的载荷通过支座传给支承物。

1. 固定铰支座

用光滑圆柱销钉把构件与底座连接,并把底座固定在支承物上而构成的支座称为固定铰支座,如图1-9a)和图1-9b)所示,计算时所用的简图如图1-9c)~e)所示。这种支座约束的特点是物体只能绕铰链轴线转动而不能发生垂直于铰轴的任何移动,所以,固定铰支座的约束反力在垂直于圆柱销轴线的平面内,通过圆柱销中心,方向不定,通常表示为相互垂直的两个分力 F_{Ax} 与 F_{Ay},如图1-9f)所示。

2. 可动铰支座(辊轴支座)

为了保证构件变形时既能发生微小的转动又能发生微小的移动,可将构件的支座用几个辊轴(滚柱)支承在光滑的支座面上,就成为辊轴支座,亦称为可动铰支座,如图1-10a)所示,计算时所用的简图如图1-10b)~d)所示。这种支座约束的特点是只能限制物体与圆柱铰连接处沿垂直于支承面方向的运动，而不能阻止物体沿支承面切向的运动，所以可动铰支座的约束反力垂直于支承面，通过圆柱销中心，一般用 F_N 或 F 表示，如图 1-10e) 所示。

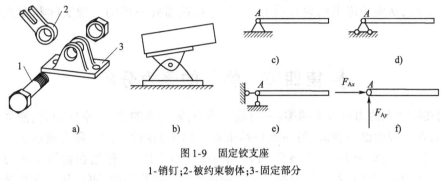

图 1-9 固定铰支座
1-销钉；2-被约束物体；3-固定部分

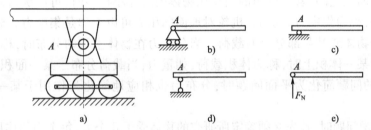

图 1-10 可动铰支座

五、链杆约束

两端用光滑铰链与其他构件连接且不考虑自重的刚杆称为链杆，常被用来作为拉杆或撑杆而形成链杆约束，如图 1-11a) 所示的 CD 杆。根据光滑铰链的特性，杆在铰链 C、D 处有两个约束力 F_C 和 F_D，这两个约束反力必定分别通过铰链 C、D 的中心，方向暂不确定。考虑到杆 CD 只在 F_C、F_D 二力作用下平衡，根据二力平衡公理，这两个力必定沿同一直线，且等值、反向。由此可确定 F_C 和 F_D 的作用线应沿铰链中心 C 与 D 的连线，可能为拉力，如图 1-11b) 所示，也可能为压力，如图 1-11c) 所示。

由此可见，链杆为二力杆，链杆约束的反力沿链杆两端铰链的连线，指向不能预先确定，通常假设链杆受拉，如图 1-11b) 所示。图 1-2 所示桁架式起落架中的杆也是二力杆。

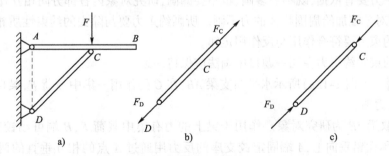

图 1-11 链杆

因此，固定铰支座也可以用两根不相平行的链杆来代替，而可动铰支座可用垂直于支承面的一根链杆来代替。

除了以上介绍的几种基本约束外,还有一些其他形式的约束。在实际问题中所遇到的约束,有些并不一定与上面所介绍的形式完全一样,这时就需要对实际约束的构造及其性质进行分析,从而确定出约束性质和类型,这往往需要一定的工程实际和专业的综合知识。

第四节 物体的受力分析

作用在物体上的力可分为两类:一类是主动力,如物体的重力、空气动力、液体的压力等,主动力在工程中也称载荷;另一类是约束对于物体的约束反力,称为被动力。载荷按其分布情况可分为集中力(集中载荷)和分布力(分布载荷)。作用在物体上的力一般都是分布在一定面积上的,若力分布的面积比物体的尺寸小得多时,可以认为此力是作用在物体的一点上,称为集中力。例如,机轮对地面的压力可以看作是集中力。分布力是指连续分布在整个物体或其某部分上的载荷。当分布力在物体上均匀分布时,称为均布载荷。当载荷分布于某一体积上时,称为体积载荷,如重力;当载荷分布于某一面积上时,称为面载荷;当研究的问题简化为平面问题时,分布力也相应地简化为作用于某一直线上的线载荷。

在求解力学问题时,首先必须确定所研究的物体受了几个力,每个力的作用位置和作用方向,这一过程称为物体的受力分析。将作用于研究对象的所有约束反力和主动力在计算简图上画出来,这种计算简图称为研究对象的受力图。受力图形象地说明了研究对象的受力情况。

正确地画出受力图,是求解静力学问题的关键。画受力图时,应按下述步骤进行:
① 根据题意选取研究对象。
② 画作用于研究对象上的主动力。
③ 画约束反力。凡在去掉约束处,根据约束的类型逐一画上约束反力。应特别注意二力杆的判断。有些情况也可应用三力平衡汇交定理判断出铰链处约束反力的方向。

在画受力图时要注意:
① 受力图中只画研究对象的简图和所受的全部作用力。
② 每画一力要有依据,既不要多画,也不要漏画,研究对象内各部分间相互作用的力(即内力)和研究对象施加给周围物体的力不画。所画约束力要与除去的约束性质相符合,而物体间的相互约束力要符合作用与反作用定律。
③ 同一约束的约束力在同一题目中画法应保持一致。

【例1-1】 如图1-12a)所示水平简支梁AB,在C处作用一集中载荷F,梁自重不计,画出梁AB的受力图。

【解】 取梁AB为研究对象。作用于梁上的力有集中载荷F,B端可动铰支座的反力F_B垂直于支承面铅垂向上,A端固定铰支座的反力用通过A点的相互垂直的两个分力F_{Ax}与F_{Ay}表示。其受力图如图1-12b)所示。

进一步讨论,固定铰支座A处的反力也可用一力F_A表示,现已知力F与F_B相交于D点,根据三力平衡汇交定理,则第三个力F_A亦必交于D点,从而确定反力F_A沿A、D两点连线。故梁 AB 的受力图亦可画成图 1-12c)所示。

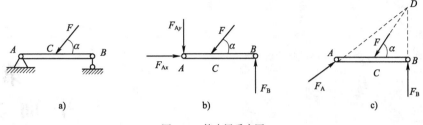

图 1-12 简支梁受力图

第二章 平面力系

平面力系是工程中最常见的一种力系。当物体所受的力都对称于某一平面时,也可将它看作该对称平面内的平面力系问题。如作用在屋架、汽车、皮带轮、圆柱直齿轮等物体上的力系都可以视为平面力系。

本章介绍平面力系的简化和平衡问题,包括有摩擦的平衡问题。

✈ 第一节 力在轴上的投影与力的分解

一、力在直角坐标轴上的投影

力是矢量,因此,力的投影就是矢量的投影,即力在某轴上的投影,等于该力的大小乘以力与投影轴正向间夹角的余弦。力在轴上的投影为代数量,当力与投影轴间夹角为锐角时,其值为正;当夹角为钝角时,其值为负。

如图 2-1 所示,已知力 F 与直角坐标轴 x、y 的夹角为 α、β,则力 F 在 x、y 轴上的投影分别为

$$\left. \begin{array}{l} F_X = F\cos\alpha \\ F_Y = F\cos\beta = F\sin\alpha \end{array} \right\} \quad (2\text{-}1)$$

相反,如果已知力 F 在直角坐标轴上的投影 F_X 和 F_Y,则可确定该力的大小和方向余弦。

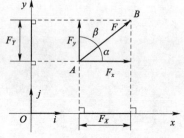

图 2-1 力在直角坐标轴上的投影和分解

$$\left. \begin{array}{l} F = \sqrt{F_X^2 + F_Y^2} \\ \cos(\vec{F},\vec{i}) = \dfrac{F_X}{F} \\ \cos(\vec{F},\vec{j}) = \dfrac{F_Y}{F} \end{array} \right\} \quad (2\text{-}2)$$

其中,$\vec{i}$、$\vec{j}$ 分别为沿坐标轴 x、y 正向的单位矢量。

二、力沿坐标轴分解

力沿坐标轴分解时,分力由力的平行四边形法则确定,如图 2-1 所示,力 F 沿直角坐标

轴 Ox、Oy 可分解为两个分力 F_x 和 F_y，其分力与力的投影之间有下列关系

$$F_x = F_X \vec{i}$$
$$F_y = F_Y \vec{j}$$

因此，力的解析表达式可写为

$$F = F_X \vec{i} + F_Y \vec{j} \tag{2-3}$$

必须注意，力的投影与力的分解是两个不同的概念，两者不可混淆。力在坐标轴上的投影 F_X 和 F_Y 为代数量，而力沿坐标轴的分量 F_x 和 F_y 为矢量。当 Ox、Oy 两轴不相垂直时，分力 F_x、F_y 和力在轴上的投影 F_X、F_Y 在数值上也不相等，如图 2-2 所示。

当三维机翼产生升力时，不可避免地会出现诱导阻力，诱导阻力实际上就是气动合力在平行于来流方向上的分力。如图 2-3 所示，由于下洗气流的影响，机翼有效迎角减小，迎角由原来的迎角 α 减小为 α_i，此时飞机的气动合力不再垂直于自由来流的方向，而是向后倾斜与有效来流方向垂直，如图中的 L' 所示，气动合力 L' 在垂直于气流方向上的分力就是升力 L，在平行于气流方向上的分力就是诱导阻力 D。

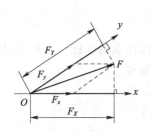

图 2-2 力在非直角坐标轴上的投影和分解

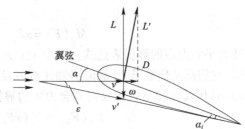

图 2-3 诱导阻力的产生

第二节 力对点之矩

力对刚体作用的效应有移动与转动两种。其中力的移动效应由力矢量的大小和方向来度量，而力的转动效应则由力对点之矩（简称力矩）来度量。

一、力对点之矩

如图 2-4 所示，平面内作用一力 F，在该平面内任取一点 O，点 O 称为力矩中心，简称矩心，矩心 O 到力作用线的垂直距离 h 称为力臂，则平面力对点之矩的定义如下：

力对点之矩是一个代数量，其大小等于力与力臂的乘积。

正负号规定如下：力使物体绕矩心逆时针转向转动时为正，反之为负。

以 $M_O(F)$ 表示力 F 对于点 O 之矩，则

$$M_O(F) = \pm Fh = \pm 2A_{\triangle OAB} \tag{2-4}$$

式中：$A_{\triangle OAB}$——三角形 OAB 的面积。

力矩的单位常用 N·m 或 kN·m。当力的作用线通过矩心时，

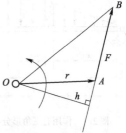

图 2-4 力对点之矩

力臂 $h=0$，则 $M_O(F)=0$。

以 r 表示由点 O 到 A 的矢径，则矢积 $\vec{r}\times\vec{F}$ 的模 $|\vec{r}\times\vec{F}|$ 等于该力矩的大小，且其指向与力矩转向符合右手规则。

二、合力矩定理

定理 平面汇交力系的合力对平面内任一点之矩等于各分力对该点之矩的代数和。

如图 2-5 所示，设平面汇交力系 $F_1, F_2, \cdots, F_n$ 的合力 F_R，则

$$M_O(\vec{F_R})=M_O(\vec{F_1})+M_O(\vec{F_2})+\cdots+M_O(\vec{F_n})=\sum M_O(\vec{F}) \tag{2-5}$$

证明略。

必须指出，合力矩定理不仅对平面汇交力系成立，对于有合力的其他任何力系都成立。

由合力矩定理可得到力矩的解析表达式，如图 2-6 所示，将力 F 分解为两分力 F_x 和 F_y，则力 F 对坐标原点 O 之矩为

$$M_O(F)=M_O(F_x)+M_O(F_y)=-yF\cos\alpha+xF\sin\alpha$$

或

$$M_O(F)=xF_y-yF_x \tag{2-6}$$

上式即为平面力矩的解析表达式。其中 x、y 为力 F 作用点的坐标；F_x、F_y 为力 F 在 x、y 轴上的投影，它们都是代数量，计算时必须注意各量的正负号。

将式(2-6)代入式(2-5)，容易得到合力矩的解析表达式

$$M_O(F_R)=\sum(xF_y-yF_x)$$

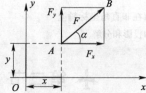

图 2-5 平面汇交力系　　　　图 2-6 力的分解

三、力矩的计算

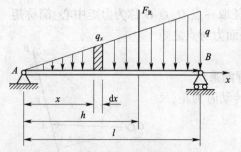

图 2-7 作用有三角形分布载荷的水平梁

可以用力矩的定义式(2-4)或力矩的解析表达式(2-6)计算平面力对某一点之矩；当力臂计算比较困难时，应用合力矩定理，往往可以简化力矩的计算，一般将力分解为两个适当的分力，先求出两分力对此点之矩，然后求其代数和，即得该力对点之矩。

【例 2-1】 三角形分布载荷作用在水平梁 AB 上，如图 2-7 所示。最大载荷集度为 q，梁长 l。试求该力系的合力。

【解】 (1) 先求合力的大小。在梁上距 A 端为 x 处取一微段 dx，其上作用力大小为 $q_x dx$，其中 q_x 为此处的集度。由图可知，$q_x=qx/l$，故分布载荷的合力为

$$F_R = \int_0^l q_x \mathrm{d}x = \int_0^l q\frac{x}{l}\mathrm{d}x = \frac{1}{2}ql$$

（2）再求合力作用线位置。设合力 F_R 的作用线距 A 端的距离为 h，在微段 $\mathrm{d}x$ 上的作用力对点 A 之矩为 $-(q_x\mathrm{d}x)x$，全部分布载荷对点 A 之矩为

$$-\int_0^l q_x x\mathrm{d}x = -\int_0^l q\frac{x}{l}x\mathrm{d}x = -\frac{1}{3}ql^2$$

由合力矩定理，得

$$-F_R h = -\frac{1}{3}ql^2$$

代入 F_R 的值，得

$$h = \frac{2}{3}l$$

✈ 第三节 力 偶

一、力偶

大小相等、方向相反但不共线的两个平行力组成的力系，称为力偶。如图2-8所示，力 F 和 F' 组成一个力偶，记作 (F, F')。力偶中两力作用线之间的垂直距离 d 称为力偶臂，力偶所在的平面称为力偶作用面。

在日常生活与生产实践中，经常见到在物体上作用力偶的情况，如用两个手指拧水龙头或转动钥匙，手指对水龙头或钥匙施加的两个力；驾驶汽车用双手转动转向盘；钳工用扳手和丝锥攻螺纹时，两手作用于丝锥扳手上的两个力等。在力偶中，两力等值反向且相互平行，其矢量和显然等于零，但是由于它们不共线，不满足二力平衡条件，不能相互平衡，将改变物体的转动状态。

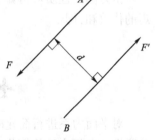

图2-8 力偶

二、力偶矩

力偶矩是一个代数量，其绝对值等于力的大小与力偶臂的乘积，正负号表示力偶的转向：逆时针转向为正，反之则为负。力偶矩以 $M(F, F')$ 表示，一般简记为 M，如图2-9所示，设力偶 (F, F') 的力偶臂为 d，则

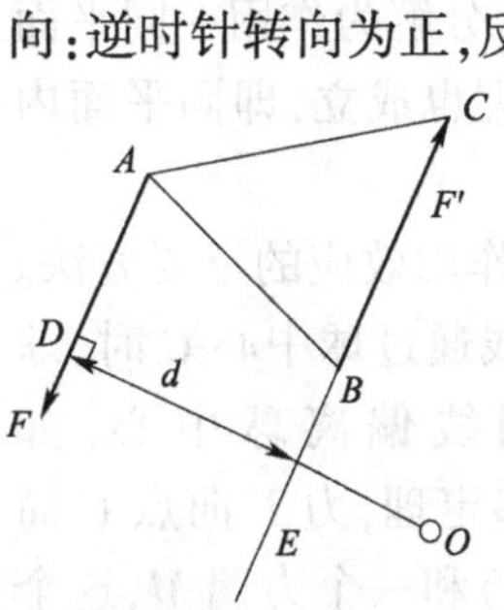

$$M = M(F, F') = \pm Fd = \pm 2A_{\triangle ABC}$$

式中：$A_{\triangle ABC}$——三角形 ABC 的面积。

力偶矩的单位与力矩的单位相同，也是 N·m 或 kN·m。

力偶对其作用面内任一点之矩恒等于力偶矩，而与矩心的位置无关。

力偶对物体的转动效应，可用力偶矩来度量。因此，平面力偶对物体的作用效应，由以下两个因素决定：

图2-9 力偶矩

(1) 力偶矩的大小。
(2) 力偶在作用平面内的转向。

三、平面力偶的等效定理

定理 在同一平面内,力偶矩相等的两力偶等效。

证明略。

四、力偶的性质

根据力偶的定义和力偶的等效定理,可得力偶的性质。

性质 1 力偶无合力:

力偶不能合成为一个力,或用一个力来等效替换;力偶也不能用一个力来平衡。因此,力和力偶是两个非零的最简单力系,它们是静力学的两个基本要素。

性质 2 力偶对其作用面内任一点之矩均等于力偶矩,而与矩心的位置无关。

性质 3 只要保持力偶矩不变,力偶可在其作用面内任意移动和转动,并可任意改变力的大小和力偶臂的长短,而不改变它对刚体的作用效应。

因此,力的大小和力偶臂都不是力偶的特征量,只有力偶矩才是力偶作用效应的唯一量度。

由力偶的性质可得如下结论:平面力偶系可合成为一个合力偶,合力偶矩等于各分力偶矩的代数和,即

$$M = \sum M_i \tag{2-7}$$

✈ 第四节　平面力系的简化

对平面力系进行简化时,一般利用力系向一点简化的方法,这种方法较为简便而且具有普遍性。空间力系的简化也采用这种方法,它的理论基础是力的平移定理。

一、力的平移定理

定理 作用在刚体上某点 A 的力 F 可平行移到任一点 B,平移时需附加一个力偶,附加力偶的力偶矩等于力 F 对平移点 B 之矩。

该定理指出,一个力可等效于一个力和一个力偶,或者说一个力可分解为作用在同平面内的一个力和一个力偶。反过来,根据力的平移定理,可证明其逆定理也成立,即同平面内的一个力和一个力偶可合成为一个力。

力的平移定理既是复杂力系简化的理论依据,又是分析力对物体作用效应的重要方法。

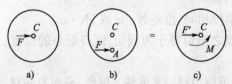

图 2-10　力的平移

如图 2-10a)所示,力 F 作用线通过球心 C 时,球向前移动,如果力 F 作用线偏离球心,如图 2-10b)所示,根据力的平移定理,力 F 向点 C 简化的结果为一个力 $F'(F'=F)$ 和一个力偶 M,这个力偶使球产生转动,因此球既向前移动,又作转动。

乒乓球运动员用球拍打乒乓球时,之所以能打出"旋球",就是这个原理。

二、平面力系向一点的简化

1. 平面力系向一点简化的思想

平面力系向一点简化的思想是应用力的平移定理,将平面力系分解成两个力系——平面汇交力系和平面力偶系,然后再将两个力系分别合成。

2. 主矢和主矩

平面力系中所有各力的矢量和 F'_R 称为该力系的主矢;而各力对于任选的简化中心 O 之矩的代数和 M_O 称为该力系对于简化中心的主矩。

由主矢和主矩的定义,可得平面力系向一点简化的结果。

结论 平面力系向作用面内任选一点 O 简化,一般可得一个力和一个力偶,这个力等于该力系的主矢,作用于简化中心 O;这个力偶的矩等于该力系对于 O 点的主矩。

$$\left. \begin{array}{l} F'_R = \sum F \\ M_O = \sum M_O(F) \end{array} \right\} \quad (2-8)$$

必须注意,主矢等于各力的矢量和,它是由原力系中各力的大小和方向决定的,所以,它与简化中心的位置无关。而主矩等于各力对简化中心之矩的代数和,简化中心选择不同时,各力对简化中心的矩也不同,所以在一般情况下主矩与简化中心的位置有关。以后再提到主矩时,必须指出是力系对哪一点的主矩。

3. 固定端约束

工程中,固定端是一种常见的约束,图 2-11a)为夹持在卡盘上的工件;图 2-11b)为固定在飞机机身上的机翼;图 2-11c)为插入地基中的电线杆。这类物体连接方式的特点是连接处刚性很大,两物体间既不能产生相对移动,也不能产生相对转动,这类实际约束均可抽象为固定端(插入端)约束,其简图如图 2-11d)所示。

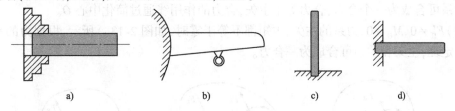

图 2-11 固定端约束

固定端的约束反力可利用平面力系向一点简化的方法来分析。如图 2-12 所示,固定端对物体的作用,是在接触面上作用了一群约束反力,在平面问题中,这些力组成一平面力系,如图 2-12a)所示。根据力系简化理论,将这群力向作用平面内 A 点简化,得到一个力和一个力偶,如图 2-12b)所示。这个力的大小和方向均为未知量,一般用两个未知的分力来代替。因此,在平面问题中,固定端 A 处的约束反力可简化为两个约束反力 F_{Ax}、F_{Ay} 和一个反力偶 M_A,如图 2-12c)所示。

与固定铰支座的约束性质相比,固定端除了限制物体在水平方向和垂直方向移动外,还能限制物体在平面内转动;而固定铰支座不能限制物体在平面内转动。因此,固定铰支座的约束反力只有 F_{Ax}、F_{Ay};而固定端除了约束反力 F_{Ax}、F_{Ay} 外,还有一个约束反力偶 M_A。

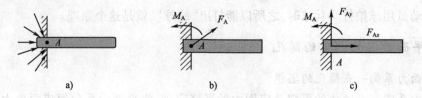

图 2-12 固定端的约束反力

三、简化结果的分析

平面力系向作用面内一点简化的结果,可能有下面四种情况,即:

(1) $F'_R = 0, M_O = 0$
(2) $F'_R = 0, M_O \neq 0$
(3) $F'_R \neq 0, M_O = 0$
(4) $F'_R \neq 0, M_O \neq 0$

现在对这几种简化结果作进一步的分析讨论。

1. 平面力系平衡($F'_R = 0, M_O = 0$)

平面力系的主矢、主矩均等于零时,原力系平衡,这种情形将在下节详细讨论。

2. 平面力系简化为一个力偶($F'_R = 0, M_O \neq 0$)

力系的主矢等于零,主矩 M_O 不等于零时,显然,主矩与原力系等效,即原力系可合成为合力偶,合力偶矩为 $M_O = \sum M_O(F)$。

因为力偶对于平面内任意一点之矩都相同,因此,在这种情况下,主矩与简化中心的选择无关。

3. 平面力系简化为一个合力($F'_R \neq 0$)

(1) $F'_R \neq 0, M_O = 0$,力系的主矩 M_O 等于零,主矢不等于零时,显然,主矢与原力系等效,即原力系可合成为一个合力,合力等于主矢,合力的作用线通过简化中心 O。

(2) $F'_R \neq 0, M_O \neq 0$,力系的主矢、主矩都不等于零时,如图2-13a)所示,根据力的平移定理的逆定理,主矢和主矩可合成为一合力。

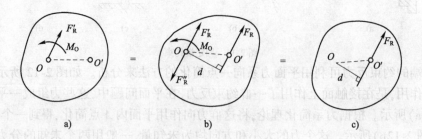

图 2-13 平面力系简化为一个合力

如图2-13b)所示,将矩为 M_O 的力偶用两个力 F_R 和 F''_R 表示,并令 $F'_R = F_R = -F''_R$,然后去掉平衡力系(F'_R, F''_R),则主矢和主矩合成为一个作用在点 O' 的力,如图2-13c)所示,这个力 F_R 就是原力系的合力,合力矢等于主矢;合力的作用线在 O 点的哪一侧,应根据主矢和主矩的方向确定;合力作用线到 O 点的距离 d,可按下式算得

$$d = \frac{M_O}{F_R}$$

翼型压力分布如图 2-14 所示，上翼面的合力 L_{up}，下翼面的合力为 L_{down}，上下翼面的合力为 L，作用点为 O，其简称为压力中心。随着迎角的改变，机翼压力中心的位置会沿翼型弦线方向移动（对称翼型除外）。此外翼型上还存在一个点，不论翼型升力或迎角如何变化，对该点的力矩系数均不变，这个点叫做焦点 F，一般翼型的焦点位于 25% 的弦长处。所以翼型上的力系向 O 点简化，合力为 L；向焦点 F 简化，结果为力 L 和力矩 M_{zO}。

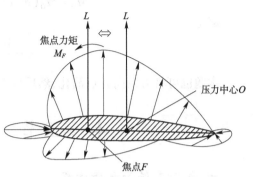

图 2-14 翼型受力简化图

四、平面力系的合力矩定理

平面力系的合力对于作用面内任一点之矩等于力系中各力对于同一点之矩的代数和。

【例 2-2】 重力坝受力如图 2-15 所示。设 $W_1 = 450\text{kN}$，$W_2 = 200\text{kN}$，$F_1 = 300\text{kN}$，$F_2 = 70\text{kN}$。试求力系的合力。

【解】 （1）先将力系向 O 点简化，求主矢 F_R' 和主矩 M_O，由图 2-15 计算主矢 F' 在 x、y 轴上的投影。

$$\theta = \angle ACB = \arctan \frac{AB}{CB} = 16.7°$$

$$F_{Rx}' = \sum F_x = F_1 - F_2\cos\theta = 232.9\text{kN}$$

$$F_{Ry}' = \sum F_y = -W_1 - W_2 - F_2\sin\theta = -670.1\text{kN}$$

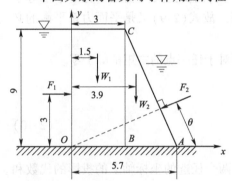

图 2-15 重力坝受力图（尺寸单位：m）

主矢 F_R' 的大小 $F_R' = \sqrt{(\sum F_x)^2 + (\sum F_y)^2} = 709.4\text{kN}$，因 F_{Ry}' 为负，故主矢 F_R' 在第四象限内，与 x 轴的夹角为 70.84°，如图 2-16a）所示。力系对 F_R' 点的主矩为

$$M_O = \sum M_O(F) = -3F_1 - 1.5W_1 - 3.9W_2 = -2355\text{kN·m}（顺时针）$$

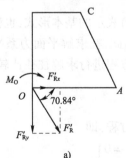

图 2-16 例 2-2 解图

（2）求力系的合力 F_R。

合力 O 的大小和方向与主矢 F_R' 相同，其作用线位置根据合力矩定理求得，如图 2-16b）

所示,有
$$M_O = M_O(F_R) = M_O(F_{Rx}) + M_O(F_{Ry})$$
解得
$$x = \frac{M_O}{F_{Ry}} = 3.5144\text{m}$$

本题也可将力系向 A 点简化,然后再求出合力的作用线位置,请自行分析。

✈ 第五节 平面力系的平衡

一、平衡条件和平衡方程

当平面力系向一点简化,其主矢和主矩均等于零时,即
$$F_R' = 0, M_O = 0 \tag{2-9}$$
显然,此时原力系必为平衡力系。故式(2-9)为平面力系平衡的充分条件。

另外,只有当主矢和主矩均等于零时,力系才能平衡;只要主矢和主矩中有一个不等于零,则原力系简化为一合力或一合力偶,力系不能平衡。故式(2-9)又是平面力系平衡的必要条件。

因此,平面力系平衡的充要条件是:力系的主矢和对于任一点的主矩都等于零。

平面力系平衡的另一充分条件为
$$\left. \begin{array}{l} \sum F_x = 0 \\ \sum F_y = 0 \\ \sum M_O(F) = 0 \end{array} \right\} \tag{2-10}$$

于是,平面力系平衡的充要条件是:力系中各力在两个任选的坐标轴上的投影的代数和分别等于零,且各力对于任一点之矩的代数和也等于零。式(2-10)称为平面力系的平衡方程。

二、平衡方程的三种形式

1. 基本形式

平面力系平衡方程的第一种形式为式(2-10)表示的基本形式,也称为一力矩形式。

由于平面力系的简化中心是任意选取的,因此,在求解平面力系平衡问题时,可取不同的矩心,列出不同的矩方程,用矩方程代替投影方程进行求解往往比较简便。下面简述平面力系平衡方程的其他两种形式。

2. 二力矩形式

第二种形式为三个平衡方程中有两个力矩方程,即
$$\left. \begin{array}{l} \sum M_A(F) = 0 \\ \sum M_B(F) = 0 \\ \sum F_x = 0 \end{array} \right\} \tag{2-11}$$

其中 x 轴不得垂直于 A、B 两点的连线。式(2-11)为平衡方程的二力矩形式。

3. 三力矩形式

第三种形式为三个平衡方程均为力矩方程,即

$$\left.\begin{array}{l}\sum M_A(F) = 0 \\ \sum M_B(F) = 0 \\ \sum M_C(F) = 0\end{array}\right\} \quad (2\text{-}12)$$

其中 A、B、C 三点不得共线。式(2-12)为平衡方程的三力矩形式。

三、几种平面特殊力系的平衡方程

由平面力系的平衡方程容易得到下面几种平面特殊力系的平衡方程。

1. 平面汇交力系的平衡方程

如图2-17a)所示,设平面汇交力系汇交点为 O,若取 O 点为矩心,则方程 $\sum M_O(F) = 0$ 自然满足,因此,平面汇交力系的平衡方程只有两个,即

$$\sum F_x = 0$$
$$\sum F_y = 0$$

2. 平面平行力系的平衡方程

如图2-17b)所示,建立直角坐标系,并使 y 轴与各力平行,则方程 $\sum F_x = 0$ 自然满足,因此,平面平行力系的平衡方程也只有两个,即

$$\sum F_y = 0$$
$$\sum M_O(F) = 0$$

3. 平面力偶系的平衡方程

对于平面力偶系,如图2-17c)所示,方程 $\sum F_x = 0$,$\sum F_y = 0$ 自然满足,因此,平面力偶系的平衡方程只有一个,即

$$\sum M_O(F) = \sum M = 0$$

在此情况下,可以不注明矩心。

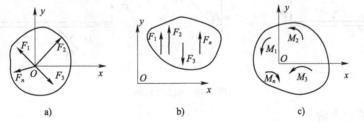

图2-17 几种特殊的平面力系

四、单个物体的平衡问题

求解单个物体的平面力系平衡问题时,一般按如下步骤进行。

(1) 选定研究对象,取出分离体。
(2) 画受力图。
(3) 取适当的投影轴和矩心,列平衡方程并求解。

【例2-3】 如图2-18所示的支架,在横梁 AB 的 B 端作用有一集中载荷 F,A、C、D 处均

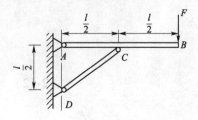

图2-18 支架的受力

为铰链连接，忽略梁 AB 和撑杆 CD 的自重，试求铰链 A 的约束反力和撑杆 CD 所受的力。

【解】 方法一：汇交力系方法

选取横梁 AB 为研究对象，横梁在 B 处受载荷 F 作用。因 CD 为二力杆，故它对横梁 C 处的约束反力 F_C 的作用线必沿两铰链 C、D 中心的连线。如图2-19a)所示，梁 AB 在 F、F_C、F_A 三力作用下处于平衡，根据三力平衡汇交定理可确定铰链 A 的约束反力 F_A 的作用线，即必通过另两力的交点 E。根据平面汇交力系的平衡条件，可求得 F_A 和 F_C。

由 $\tan\alpha = 0.5$ 得 $\alpha = \arctan 0.5$，$\sin\alpha = \dfrac{1}{\sqrt{5}}$，$\cos\alpha = \dfrac{2}{\sqrt{5}}$

(1) 用"几何法 + 辅助计算"求解

用这种方法进行求解时，必须预先判断各未知力的指向。当三力平衡时，这三个力应组成一封闭的力三角形，可确定 F_A 和 F_C 的指向，其中，F_A 应与图2-19a)中指向相反，如图2-19b)所示。在力三角形中，由正弦定理

$$\frac{F_A}{\sin 45°} = \frac{F_C}{\sin(90° + \alpha)} = \frac{F}{\sin(45° - \alpha)}$$

得

$$F_A = \frac{\sin 45°}{\sin(45° - \alpha)}F = \sqrt{5}F$$

$$F_C = \frac{\sin(90° + \alpha)}{\sin(45° - \alpha)}F = 2\sqrt{2}F$$

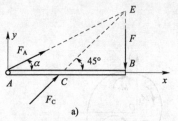
a)
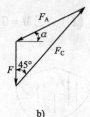
b)
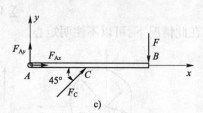
c)

图2-19 例2-3 解图

(2) 用解析法求解

用这种方法进行求解时，不必预先判断各未知力的指向。如图2-19a)所示，取投影轴，列平衡方程。

$$\sum F_x = 0$$
$$\sum F_y = 0$$

即

$$F_A\cos\alpha + F_C\cos 45° = 0$$
$$F_A\sin\alpha + F_C\sin 45° - F = 0$$

联立求解，得

$$F_A = \frac{F}{\sin\alpha - \cos\alpha} = -\sqrt{5}F$$

$$F_C = \frac{F - F_A \sin\alpha}{\sin 45°} F = 2\sqrt{2}F$$

F_A 为负值,说明其方向与所设方向相反。

方法二:平面一般力系方法

不用三力平衡汇交定理确定铰链 A 处约束反力 F_A 的方向,而将 A 铰反力用两个正交分量表示,如图 2-19c)所示。则力 F、F_C、F_{Ax}、F_{Ay} 组成一平面一般力系。列出平衡方程并求解。

$$\sum M_A = 0 \qquad F_C \sin 45° \times \frac{l}{2} - Fl = 0$$

$$F_C = \frac{2F}{\sin 45°} = 2\sqrt{2}F$$

$$\sum F_x = 0 \qquad F_{Ax} + F_C \cos 45° = 0$$

$$F_{Ax} = -F_C \cos 45° = -2F$$

$$\sum F_y = 0 \qquad F_{Ay} + F_C \sin 45° - F = 0$$

$$F_{Ay} = F - F_C \sin 45° = -F$$

式中负号表明,约束反力 F_{Ax}、F_{Ay} 的方向与图中所设的方向相反。若将 F_{Ax}、F_{Ay} 合成,得 $F_A = \sqrt{F_{Ax}^2 + F_{Ay}^2} = \sqrt{5}F$。

此结果与汇交力系方法的计算结果相同。

从上面讨论可见,应用三力平衡条件求解可加深平衡概念,此时,梁 AB 受汇交力系作用,未知量和平衡方程数均为 2,但需计算角度 α,增加了解题麻烦;用平面一般力系方法求解,未知量和平衡方程数均为 3,但不必确定反力 F_A 的方向,也不需计算角度 α。此外,在工程实际中,为了计算梁 AB 的内力,用汇交力系求出反力 F_A 后,常常还要将它分解为 F_{Ax} 和 F_{Ay},因此实际应用中,较多使用的是平面一般力系方法。

从以上几个例题可见,对于平面力系平衡问题,选取适当的坐标轴和矩心,可以减少每个平衡方程中的未知量的数目。一般说来,矩心应取在两未知力的交点上,而坐标轴应当与尽可能多的未知力相垂直。

【例 2-4】 当飞机作稳定平飞时,所有作用在它上面的力必须相互平衡,如图 2-20 所示。已知飞机的重力 $P = 60$kN,发动机的推力 $F_N = 10$kN,发动机的安装角 α = 4°,飞机的尺寸为 $a = 1$m,$b = 0.3$m,$c = 0.2$m,$l = 18$m。求阻力 F_D、机翼升力 F_{y1} 和尾部的升力 F_{y2}。

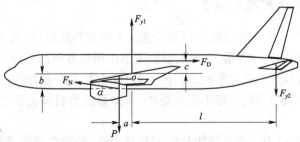

图 2-20 飞机稳定平飞时的受力情况

【解】 由平衡方程,得

$$\sum F_x = 0 \quad F_N \cdot \cos 4° - F_D = 0$$
$$F_D = 9.98 \text{kN}$$
$$\sum M_O = 0 \quad -cF_D - lF_{y2} + aP - bF_N\cos 4° - aF_N\sin 4° = 0$$
$$F_{y2} = 3.239 \text{kN}$$
$$\sum F_y = 0 \quad F_{y1} - F_{y2} - P + F_N \cdot \sin 4° = 0$$
$$F_{y1} = 62.541 \text{kN}$$

【例 2-5】 飞机(或汽车)称重用的地秤的简化图如图 2-21a)所示,其中 AOB 是杠杆,可绕轴 O 转动,BCE 是整体台面,已知 AO 长 b,BO 长 a。求平衡砝码的重力 P 和被称物体重力 Q 之间的关系,其余构件重力不计。

【解】 先取平台 BCE 为研究对象,飞机作用在平台上的力为其重力 Q,平台受力如图 2-21b)所示,列出平衡方程

$$\sum F_y = 0, N_{By} - Q = 0$$

解得

$$N_{By} = Q$$

然后取杠杆 AOB 为研究对象,受力如图 2-21c)所示,列平衡方程

$$\sum M_O = 0 \quad bP - aN'_{By} = 0$$

从而解得平衡砝码的重力 P 和被称物体重力 Q 之间的关系为

$$\frac{P}{Q} = \frac{a}{b}$$

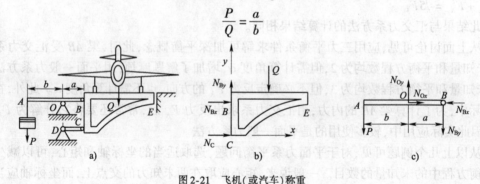

图 2-21 飞机(或汽车)称重

第六节 物体系统的平衡

一、静定与静不定问题的概念

在静力平衡问题中,若未知量的数目等于独立平衡方程的数目,则全部未知量都能由静力平衡方程求出,这类问题称为静定问题,显然上节中所举各例都是静定问题。

如果未知量的数目多于独立平衡方程的数目,则由静力平衡方程就不能求出全部未知量,这类问题称为静不定问题,在静不定问题中,未知量的数目减去独立平衡方程的数目称为静不定次数。

在工程实际中,有时为了提高结构的刚度和坚固性,经常在结构上增加多余约束,这样

原来的静定结构就变成了静不定结构。如图 2-22a)所示的简支梁 AB,有三个未知量 F_{Ax}、F_{Ay}、F_B,可列出三个独立的平衡方程,是一个静定问题;如在梁中间增加一个支座 C,如图 2-22b)所示,则有四个未知量(F_{Ax}、F_{Ay}、F_B、F_C),独立的平衡方程数仍为三个,未知量数比方程数多一个,故为一次静不定问题。

求解静不定问题时,必须考虑物体在受力后产生的变形,根据物体的变形条件,列出足够的补充方程后,才能求出全部未知量。这类问题已超出刚体静力学的范围,将在材料力学部分讨论,在理论力学中只研究静定问题。

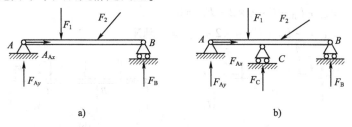

图 2-22 静定梁与静不定梁

二、物体系统的平衡

由若干个物体通过适当的连接方式(约束)组成的系统称为物体系统,简称物系。工程实际中的结构或机构,如多跨梁、三铰拱、组合构架、曲柄滑块机构等都可看作物体系统。

研究物体系统的平衡问题时,必须综合考察整体与局部的平衡。当物体系平衡时,组成该系统的任何一个局部系统以至任何一个物体也必然处于平衡状态,因此在求解物体系统的平衡问题时,不仅要研究整个系统的平衡,而且要研究系统内某个局部或单个物体的平衡。在画物体系统、局部、单个物体的受力图时,特别要注意施力体与受力体、作用力与反作用力的关系,由于力是物体之间相互的机械作用,因此,对于受力图上的任何一个力,必须明确它是哪个物体所施加的,绝不能凭空臆造。

在求解物体系统的平衡问题时,应根据问题的具体情况,恰当地选取研究对象,这是对问题求解过程的繁简起决定性作用的一步,同时要注意在列平衡方程时,适当地选取矩心和投影轴,选择的原则是尽量做到一个平衡方程中只有一个未知量,以避免求解联立方程。

【例 2-6】 组合梁由 AC 和 CE 用铰链连接而成,结构的尺寸和载荷如图 2-23 所示,已知 $F=5kN$,$q=4kN/m$,$M=10kN\cdot m$,试求梁的支座反力。

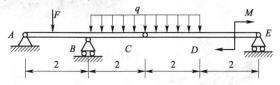

图 2-23 组合梁(尺寸单位:m)

【解】 先取梁的 CE 段为研究对象,受力如图 2-24a)所示,列平衡方程,求出 C、E 处的反力。

$\sum M_C = 0$ $\quad F_E \times 4 - M - q \times 2 \times 1 = 0$

$$F_E = \frac{M + q \times 2 \times 1}{4} = 4.5 kN$$

$\sum F_x = 0$ $\quad F_{Cx} = 0$

$\sum F_y = 0$ $F_{Cy} + F_E - q \times 2 = 0$
$F_{Cy} = 2q - F_E = 3.5\text{kN}$

然后,取梁的 AC 段为研究对象,受力如图 2-24b)所示,列平衡方程

$\sum M_A = 0$ $-F \times 1 + F_B \times 2 - q \times 2 \times 3 - F_{Cy} \times 4 = 0$

$F_B = \dfrac{F \times 1 + q \times 2 \times 3 + F_{Cy} \times 4}{2} = 21.5\text{kN}$

$\sum F_x = 0$ $F_{Ax} = 0$

$\sum F_y = 0$ $F_{Ay} + F_B - F - q \times 2 - F_{Cy} = 0$

$F_{Ay} = -F_B + F + q \times 2 + F_{Cy} = -5\text{kN}$

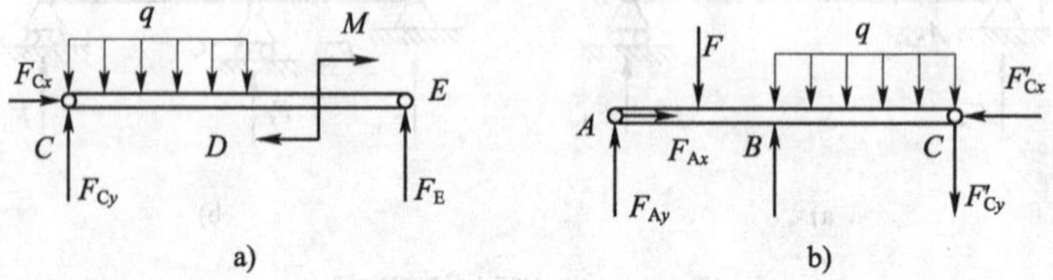

图 2-24 例 2-6 解图

本题也可先取梁的 CE 段为研究对象,求出 E 处的反力 F_E;然后再取整体为研究对象,列方程求出 A、B 处的反力 F_{Ax}、F_{Ay}、F_B。请自行分析。

桁架是由直杆组成的一般具有三角形单元的平面或空间结构。在载荷作用下,桁架杆件主要承受轴向拉力或压力,从而能充分利用材料的强度,在跨度较大时可比实腹梁节省材料,减轻自重和增大刚度,故适用于较大跨度的承重结构和高耸结构,如屋架、桥梁、输电线路塔、卫星发射塔、水工闸门、起重机架及老式飞机的机身结构等,如图 2-25 所示。对于静定桁架各杆内力的求解,可以利用节点法和截面法进行求解。

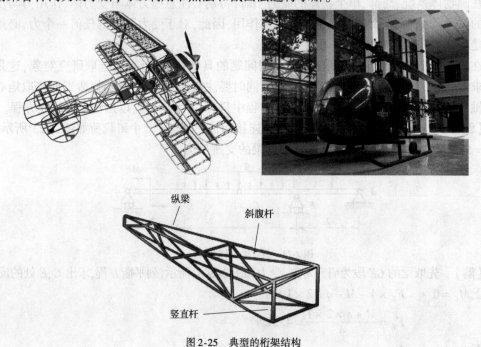

图 2-25 典型的桁架结构

【例2-7】 平面静定桁架如图2-26所示,已知 $F=20\text{kN}$,试求各杆的内力。

本题用节点法进行求解。节点法是以节点为研究对象,逐个研究其受力和平衡,从而求得全部未知力(杆件的内力)的方法。

【解】 先求桁架的支座反力,为此,取桁架整体为研究对象。其受力如图2-26所示,列平衡方程,可求出支反力。本题中,桁架结构及载荷关于 DE 对称,因此,可直接判断出 A、H 处反力的大小。

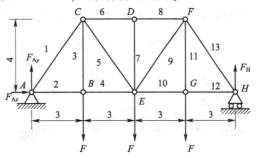

图2-26 平面静定桁架(尺寸单位:m)

$$F_{Ax}=0$$
$$F_{Ay}=F_H=1.5F=30\text{kN}$$

然后,依次取各个节点为研究对象,计算各杆的内力。

假定各杆均受拉力,A、B、C、D 各节点的受力如图2-27所示,为计算方便,最好逐次列出只含两个未知力的节点的平衡方程。

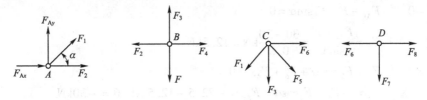

图2-27 例2-7解图(一)

节点 A：

$\sum F_y=0 \qquad F_{Ay}+F_1\sin\alpha=0$

$$F_1=-\frac{F_{Ay}}{\sin\alpha}=-\frac{30}{\frac{4}{5}}=-37.5\text{kN}$$

$\sum F_x=0 \qquad F_1\cos\alpha+F_2+F_{Ax}=0$

$$F_2=-F_{Ax}-F_1\cos\alpha=0-(-37.5)\times\frac{3}{5}=22.5\text{kN}$$

节点 B：

$\sum F_x=0 \qquad F_4-F_2=0, F_4=F_2=22.5\text{kN}$

$\sum F_y=0 \qquad F_3-F=0, F_3=F=20\text{kN}$

同样列出节点 C 的平衡方程,解得 $F_5=12.5\text{kN}, F_6=-30\text{kN}$。

列出节点 D 的平衡方程,解得 $F_7=0$。

求出左半部分各杆件的内力后,可根据对称性得到右半部分各杆件的内力,即 $F_8=F_6=-30\text{kN}, F_9=F_5=12.5\text{kN}, F_{10}=F_4=22.5\text{kN}, F_{11}=F_3=20\text{kN}, F_{12}=F_2=22.5\text{kN}, F_{13}=F_1=-37.5\text{kN}, F_7=0\text{kN}$。

最后判断各杆件受拉或受压。由于原来假设各杆均受拉力,因此,由计算结果可见,杆件内力为正值时受拉,杆件内力为负值时受压。

桁架结构中,内力为零的杆件称为零杆,本题中,杆件7为零杆。

工程上，计算出各杆件的内力后，常将内力值写在杆件旁边，如图 2-28 所示，便于直观地判断哪些杆件受拉或受压，以及内力的变化情况，为结构的最终设计提供计算依据。

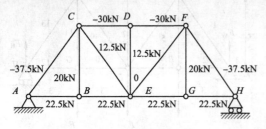

图 2-28　例 2-7 解图（二）

对于本题中的桁架，如果只需要求杆件 4、5、6 的内力，则可采用截面法进行计算。截面法是用一假想截面将桁架截开，考虑其中任一部分的平衡，从而求出被截杆件内力的方法。

为求杆 4、5、6 的内力，可先取桁架整体为研究对象，求出桁架的支座反力（同节点法），然后作一截面 $m-m$，将三杆截断，如图 2-29a)所示。选取桁架左半部分为研究对象。假定所截断的三杆都受拉力，受力如图 2-29b)所示，为一平面一般力系。列平衡方程，并求解。

$\sum M_C = 0 \quad F_{Ax} \times 4 + F_4 \times 4 - F_{Ay} \times 3 = 0$

$$F_4 = \frac{3F_{Ay} - 4F_{Ax}}{4} = \frac{3 \times 30}{4} = 22.5\text{kN}$$

$\sum F_y = 0 \quad F_{Ay} - F - F_5 \sin\alpha = 0$

$$F_5 = \frac{F_{Ax} - F}{\sin\alpha} = \frac{30 - 20}{0.8}\text{kN} = 12.5\text{kN}$$

$\sum F_x = 0 \quad F_4 + F_5 \cos\alpha + F_6 + F_{Ax} = 0$

$$F_6 = -F_4 - F_5\cos\alpha - F_{Ax} = -22.5 - 12.5 \times 0.6 = -30\text{kN}$$

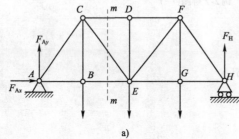
a)

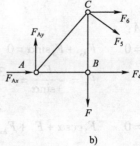
b)

图 2-29　例 2-7 解图（三）

由本题的讨论可见，采用截面法时，选择适当的力矩方程，常可较快地求得某些指定杆件的内力。当然，应注意到，平面一般力系只有三个独立的平衡方程，因此，一般情况下，作截面时每次最多只能截断三根内力未知的杆件。

第七节　摩　擦

一、滑动摩擦

在前面的几节里，我们都假定物体的接触面是绝对光滑的，忽略了物体之间的摩擦。但是完全光滑的接触面实际上并不存在。当两个物体接触处有相对滑动或相对滑动趋势时，在接触面上就会产生阻碍相对滑动的阻力，这种现象称为滑动摩擦，这个阻碍相对滑动的阻力称为滑动摩擦力,简称摩擦力。

当两个接触物体之间有滑动趋势时,物体接触面产生的摩擦力称为静滑动摩擦,简称静摩擦力。当两个接触物体之间发生相对滑动时,物体接触表面产生的摩擦力称为动滑动摩擦,简称动摩擦力。由于摩擦对物体的运动起阻碍作用,所以摩擦力总是作用于接触面(点),沿接触处的公切线,与物体滑动或滑动趋势相反。摩擦力的计算方法一般根据物体的运动情况而变,通过试验可得如下结论:

1. 静滑动摩擦定律

临界静止状态下的静摩擦力为静摩擦力的最大值,其大小与接触面的正压力 N(法向约束力)成正比,即

$$F_{max} = f_s N$$

式中,f_s 为比例常数,称为静滑动摩擦系数,简称静摩擦系数。这个系数的大小由实验确定,与相互接触物体的材料、表面粗糙度、温度等有关。静摩擦系数的值可以从一些工程手册中查询,表2-1列出了部分常用材料的静摩擦系数。

几种常用材料的静摩擦系数　　　　　　表2-1

材　料	f_s 值	材　料	f_s 值
钢—钢	0.15	土—木材	0.3~0.7
钢—铸铁	0.3	木材—木材	0.4~0.6
铸铁—木材	0.4~0.5	混凝土—砖	0.7~0.8
铸铁—橡胶	0.5~0.7	混凝土—土	0.3~0.4

一般静止状态下的静摩擦力随主动力的变化而变化,其大小由平衡方程确定,介于零和最大静摩擦力之间。

2. 动滑动摩擦定律

当两个相互接触的物体接触面之间有相对滑动时,彼此间作用着阻碍相对滑动的阻力,这种阻力称为滑动摩擦力,简称动摩擦力。动摩擦力的方向与两接触物体间的相对速度的方向相反,大小与两物体间的正压力成正比,即

$$F = fN$$

式中,f 为滑动摩擦系数,简称动摩擦系数。它与接触物体的材料及接触面的情况有关,略小于静摩擦系数,即 $f \leq f_s$。

二、考虑摩擦时的平衡问题

考虑摩擦时物体平衡问题的求解方法与忽略摩擦时物体平衡问题的求解方法基本相同,即它们都是平衡问题,因而满足力系的平衡条件。但在考虑摩擦的平衡问题中必须施加静摩擦力,同时应注意,静摩擦力的方向总是沿着接触面的切线且与相对滑动趋势的方向相反,由于静摩擦力的大小有一定的范围,即 $0 \leq F_s \leq F_{max}$,所以求得物体平衡问题的解答也有一个范围,称为平衡范围。这正是考虑摩擦时物体平衡问题的特点。在求解物体平衡范围的问题时,为了避免解不等式,通常可以假设物体处于临界平衡状态,待求得结果后再详加讨论。

【例2-8】 用绳拉一重 $G = 500N$ 的物体,如图2-30a)所示。绳重略去不计,已知绳与水

平面的夹角 $\alpha = 30°$,物体与地面的静摩擦系数 $f_s = 0.2$。试求:

(1) 拉动此物体所需的最小力 $P_{\min}$。

(2) 当拉力 $P = 100\text{N}$ 时,摩擦力的大小。

【解】 (1) 当力 P 恰能使物体处于临界状态时,这时所需的力 P 就是拉动此物体所需的最小力 $P_{\min}$,此时静摩擦力达到最大值 $F_{\max}$。因此本题是求解临界状态下的平衡问题。

① 取物体为研究对象。

② 受力分析,作受力图。

摩擦力的方向与运动趋势相反,即向左。物体在 G、$P_{\min}$、N、$F_{\max}$ 作用下处于临界平衡状态。受力图如图 2-30b) 所示。

③ 列平衡方程并求解。

$$\sum X = 0 \qquad P_{\min}\cos\alpha - F_{\max} = 0 \tag{1}$$

$$\sum Y = 0 \qquad P_{\min}\sin\alpha - G + N = 0 \tag{2}$$

此外,根据静摩擦力定律列出补充方程。

$$F_{\max} = f_s N \tag{3}$$

将式(3)代入式(2)中,可得

$$F_{\max} = f_s(G - P_{\min}\sin\alpha) \tag{4}$$

将式(4)代入式(1)得

$$P_{\min} = \frac{f_s G}{\cos\alpha + f_s\sin\alpha} = \frac{0.2 \times 500}{0.866 + 0.2 \times 0.5} = 103.5\text{N}$$

(2) 当拉力 $P = 100\text{N}$ 时,由图 2-30d) 可得

$$\sum X = 0 \qquad P\cos\alpha - F_s = 0$$

求解得:$F_s = 88.6\text{N}$

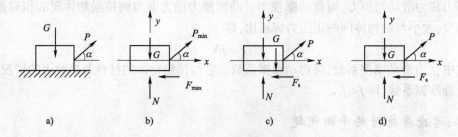

图 2-30 物体的摩擦力

【例 2-9】 图 2-31a) 所示为一起重机制动装置。已知鼓轮半径为 r,制动轮半径为 R,制动杆长为 l,制动轮与制动轮间的摩擦系数为 f_s,起重量为 G,其他尺寸如图所示。如要制动此轮,要求在手柄上所需加的力 P 的最小值为多少?

【解】 制动是通过闸瓦与制动轮之间的摩擦力实现的。当鼓轮恰能被制动(即鼓轮处于平衡的临界状态)时,所加的力 P 为最小,且静摩擦力达到最大值。

(1) 取鼓轮为研究对象,其受力图如图 2-31b) 所示,由平衡方程

$$\sum M_O(\vec{F}) = 0 \qquad F_{\max} \cdot R - Gr = 0$$

由摩擦定律
$$F_{\max} = f_s N$$
即
$$N = \frac{Gr}{f_s R}$$

(2) 取制动杆为研究对象。受力图如图 2-31c) 所示。

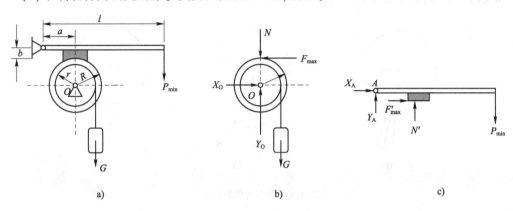

a)   b)   c)

图 2-31 起重机制动装置及受力图

由平衡方程
$$\sum M_A(\vec{F}) = 0 \qquad -P_{\min} l + F'_{\max} b + Na = 0$$

及
$$F'_{\max} = F_{\max} = f_s N = \frac{Gr}{R}, \quad N' = N = \frac{Gr}{f_s R}$$

联立求解,得
$$P_{\min} = \frac{Gr}{Rl}\left(\frac{a}{f_s} + b\right)$$

三、滚动摩阻

从实践中知道,使轮子滚动比使它滑动省力。例如,搬运重物时,常在它下面垫几根滚杠,推起来容易些;在机器中用滚动轴代替滑动轴承,可以减小摩擦等。当物体滚动时会存在什么样的阻力？它有什么特性？下面通过轮子的滚动来说明这些问题。

设一半径为 r,重力为 G 的轮子放在水平面上。在其重心 O 上作用一水平力 Q,如图 2-32 所示。现分析轮子的受力情况,在轮子与水平的接触点上有法向约束反力 N,它与重力 P 平衡,有水平方向的静摩擦力 F_s,它阻止轮子滑动。当 Q 比较小时,F_s 与 Q 等值反向。但如果支承面只有反力 N 和 F_s,则轮子不能保持平衡,因为力 F_s 与 Q 不共线,组成一力偶,其力偶矩的大小为 Qr,这时不管力 Q 怎样小,轮子在力偶 Qr 的作用下总要向前滚动;但由经验可知,当力 Q 不大时,轮子虽有滚动趋势,但仍保持静止。由

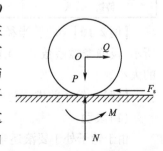

图 2-32 滚动摩阻示意图

此可见，支承面除了产生反力 N 和 F_s 外，还应产生与力偶 Qr 大小相等、方向相反的反力偶。这个力偶称为滚动阻力偶，简称滚阻力偶，其力偶矩以 M 表示。

滚阻力偶是如何产生的呢？实际上轮子和支承面都不是刚体，它们在压力作用下都会产生变形，如图 2-33a) 所示，在接触面上，轮子受到分布力的作用。将这些力向点 A 简化，得到一个力与一个力偶，如图 2-33b) 所示，此力偶就是滚阻力偶，这个力 R 可以分解为摩擦力 F_s 和法向反力 N，如图 2-33c) 所示。

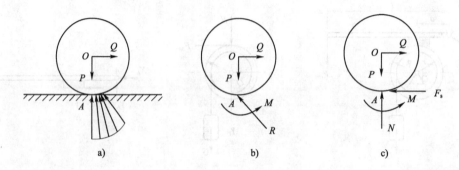

图 2-33 滚阻力偶的产生

当轮子平衡时，滚阻力偶矩等于主动力偶的矩，当 Q 增大时，轮子的滚动趋势增强，滚阻力偶矩也随之增大。但从经验可知，滚阻力偶不能无限地增大，当 Q 增大到一定值时，轮子就处于将滚而未滚动的临界状态，而此时，滚阻力偶矩达到最大值，称为最大滚阻力偶矩。如果 Q 再略微增大，轮子就开始滚动。

根据实验，滚阻力偶矩 M 的大小介于零和最大值 M_{max} 之间。最大滚阻力偶矩 M_{max} 与支承面的正压力成正比，即

$$M_{max} = \delta N$$

其中 δ 为比例系数，称为滚动摩擦系数。由上式可知，δ 应具有长度的量纲。滚动摩擦系数一般由实验确定，它与接触物体的材料及表面状况(硬度、温度、适度等)有关，一般与轮子的半径无关。表 2-2 列出了部分材料的滚动摩擦系数，可供参考。

几种材料的滚动摩擦系数(单位:cm)　　　　　表 2-2

材　料	δ 值	材　料	δ 值
软钢—软钢	0.005	木材—木材	0.05～0.08
淬火钢—淬火钢	0.001	木材—钢	0.03～0.04
铸铁—铸铁	0.005	轮胎—路面	0.2～1.0

【例 2-10】 轮胎半径 $r=40$ cm，载荷 $Q=2000$ N，转轴传来的水平推力为 P，如图 2-34 所示，设静摩擦系数 $f_s=0.6$，滚动摩阻系数 $\delta=0.24$ cm。试求恰能推动此轮胎前进的力 P 的大小。

【解】 轮子前进有两种可能——滚动和滑动，下面分别进行讨论。

(1) 滚动

由于轮子处于要滚还未滚动的临界状态，这时滚动阻力偶矩达到最大值，其受力如图 2-35a) 所示，列出平衡方程如下

$$\sum Y = 0 \qquad N - Q = 0$$
$$\sum M_A = 0 \qquad M - Pr = 0$$

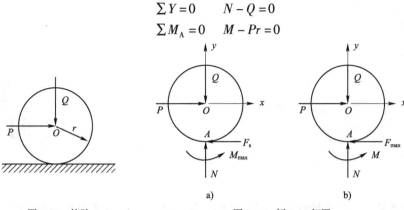

图 2-34 轮胎　　　　　　图 2-35 例 2-10 解图

根据滚动摩阻定律
$$M = M_{max} = \delta N$$

由上面三式可得
$$P = \frac{\delta}{r}Q = \frac{0.24}{40} \times 2000 = 12\text{N}$$

只要 P 略大于 12N，就可以使轮子滚动。

(2) 滑动

由于轮子处于要滑动还未滑动的临界状态，这时静摩擦力 F_s 达到最大值，其受力如图 2-35b) 所示，列出平衡方程如下

$$\sum X = 0 \qquad P - F_{max} = 0$$
$$\sum Y = 0 \qquad N - Q = 0$$

根据静摩擦定律
$$F_{max} = f_s N$$

由上面三式可得
$$P = f_s N = 0.6 \times 2000 = 1200\text{N}$$

要使轮子滑动，需要加略大于 1200N 的力。此例中，使轮子滑动的力竟然是使它滚动的力的 100 倍，可见滚动要比滑动省力得多。

第三章 空间力系

空间力系是各力的作用线不在同一平面内的力系。这是力系中最一般的情形。许多工程结构和机械构件都受空间力系的作用,例如车床主轴、飞机的起落架、闸门等。对它们进行静力分析时都要应用空间力系的简化和平衡理论。

本章研究空间力系的简化和平衡问题,并介绍物体重心的概念和确定重心位置的方法。与研究平面力系相似,空间力系可以分为空间汇交力系、空间平行力系、空间力偶系和空间任意力系,空间力系的简化与平衡问题也采用力系向一点简化的方法进行研究。

✈ 第一节 空间力的分解与投影

一、空间力的分解

如图 3-1 所示,设力 $\vec{F}$ 沿直角坐标轴的分力分别为 $\vec{F}_x$、$\vec{F}_y$、$\vec{F}_z$,则

$$\vec{F} = \vec{F}_x + \vec{F}_y + \vec{F}_z \tag{3-1}$$

力 $\vec{F}$ 的三个分力可以用它在三个相应轴上的投影来表示,即

$$\vec{F}_x = F_x \vec{i} \quad \vec{F}_y = F_y \vec{j} \quad \vec{F}_z = F_z \vec{k} \tag{3-2}$$

则

$$\vec{F} = F_x \vec{i} + F_y \vec{j} + F_z \vec{k} \tag{3-3}$$

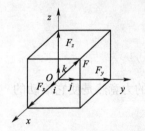

图 3-1 空间力的分解

其中 $\vec{i}$、$\vec{j}$、$\vec{k}$ 分别是 x、y、z 轴的正向单位矢量。

二、空间力的投影

1. 直接投影法

如图 3-2 所示,若已知力 $\vec{F}$ 与空间直角坐标轴 x、y、z 正向之间夹角分别为 α、β、γ,以 F_x、F_y、F_z 表示力 $\vec{F}$ 在 x、y、z 三轴上的投影,则

$$\left. \begin{array}{l} F_x = F\cos\alpha \\ F_y = F\cos\beta \\ F_z = F\cos\gamma \end{array} \right\} \tag{3-4}$$

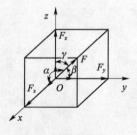

图 3-2 直接投影法

力在坐标轴上的投影为代数量。在式(3-4)中，当 α、β、γ 为锐角时，投影为正，反之为负。

2. 二次投影法

若力 $\vec{F}$ 在空间的方位用图 3-3 所示的形式来表示，其中 γ 为力 $\vec{F}$ 与 z 轴的夹角，φ 为力 $\vec{F}$ 所在铅垂平面与 x 轴的夹角，则可用二次投影法计算力 $\vec{F}$ 在三个坐标轴上的投影。

先将力 $\vec{F}$ 向 z 轴和 xy 平面投影，得

$$\left.\begin{array}{l}F_z = F\cos\gamma \\ F_{xy} = F\sin\gamma\end{array}\right\}$$

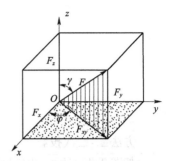

图 3-3 二次投影法

注意：力在平面上的投影 $\vec{F_{xy}}$ 为矢量。再将 $\vec{F_{xy}}$ 向 x、y 轴投影，得

$$\left.\begin{array}{l}F_x = F_{xy}\cos\varphi = F\sin\gamma\cos\varphi \\ F_y = F_{xy}\sin\varphi = F\sin\gamma\sin\varphi\end{array}\right\}$$

因此

$$\left.\begin{array}{l}F_x = F\sin\gamma\cos\varphi \\ F_y = F\sin\gamma\sin\varphi \\ F_z = F\cos\gamma\end{array}\right\} \quad (3\text{-}5)$$

反之，若已知力在直角坐标轴上的投影，则可以确定该力的大小和方向。

$$\left.\begin{array}{l}F = \sqrt{F_x^2 + F_y^2 + F_z^2} \\ \cos\alpha = \dfrac{F_x}{F}, \cos\beta = \dfrac{F_y}{F}, \cos\gamma = \dfrac{F_z}{F}\end{array}\right\} \quad (3\text{-}6)$$

其中 α、β、γ 为力 F 分别与 x、y、z 轴正向的夹角。

【例 3-1】 在边长为 a 的正六面体的对角线上作用一力 $\vec{F}$，如图 3-4a) 所示。试求该力分别在 x、y、z 轴上的投影。

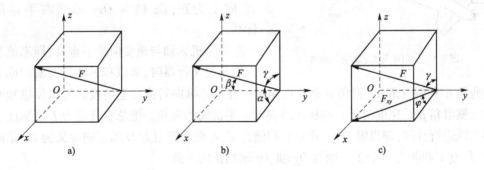

图 3-4 力的投影

【解】 方法一：直接投影法

如图 3-4b) 所示，由空间几何可得

$$\cos\alpha = \frac{\sqrt{3}}{3}, \cos\beta = \frac{\sqrt{3}}{3}, \cos\gamma = \frac{\sqrt{3}}{3}$$

则力在三轴上的投影为

$$F_x = F\cos\alpha = \frac{\sqrt{3}}{3}F$$

$$F_y = -F\cos\beta = -\frac{\sqrt{3}}{3}F$$

$$F_z = F\cos\gamma = \frac{\sqrt{3}}{3}F$$

方法二：二次投影法

如图 3-4c)所示，由空间几何可得

$$\sin\gamma = \frac{\sqrt{2}a}{\sqrt{3}a} = \sqrt{\frac{2}{3}}, \cos\gamma = \frac{a}{\sqrt{3}a} = \frac{\sqrt{3}}{3}, \sin\varphi = \cos\varphi = \frac{\sqrt{2}}{2}$$

根据二次投影法，得

$$F_x = F\sin\gamma\cos\varphi = \frac{\sqrt{3}}{3}F$$

$$F_y = -F\sin\gamma\sin\varphi = -\frac{\sqrt{3}}{3}F$$

$$F_z = F\cos\gamma = \frac{\sqrt{3}}{3}F$$

下面以飞机为例说明空间力的分解。

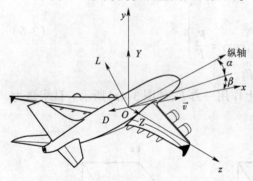

图 3-5　作用在飞机上的空气动力

作用在飞机上的总空气动力常被分解为互相垂直的三个分量。空气动力是在以来流为基础的速度坐标系上进行分解的，速度坐标系又称气流坐标系，以 $Oxyz$ 表示(图3-5)。坐标系的原点选在飞机的重心上，以速度向量 $\vec{v}$ 的方向作为 Ox 轴，Oy 轴位于飞机纵向对称面内，与 Ox 轴垂直，向上为正，Oz 轴与 Oxy 形成右手直角坐标系。

当飞机纵轴与速度向量不重合，即来流非对称地流过飞行器时，来流和纵轴之间就形成了非零的迎角 α 和侧滑角 β。迎角 α 是速度向量 $\vec{v}$ 在机体纵向对称面上的投影与机体纵轴间的夹角。侧滑角 β 是速度向量 $\vec{v}$ 与机体纵向对称平面间的夹角。把总空气动力 L 沿速度坐标系的三轴进行分解，即得阻力 D、升力 Y 和侧力 Z，习惯上把阻力 D 的正向定义为 Ox 轴的负向，而升力 Y 和侧力 Z 的正向则与 Oy 轴、Oz 轴的正向一致。

✈ 第二节　力对点之矩与力对轴之矩

一、力对点之矩

在平面问题中，力 $\vec{F}$ 与矩心 O 在同一平面内，用代数量 $M_O(\vec{F})$ 就足以概括力对 O 点之矩的全部要素。但在空间问题中，由于各力与矩心 O 所决定的平面可能不同，这就导致各力使刚体绕同一点转动的方位也可能不同。为了反映转动效应的方位，力对点之矩必须用矢量表示。

如图 3-6 所示，设力 $\vec{F}$ 沿作用线 AB，O 点为矩心，则力对一点之矩可用矢量表示，称为力矩矢，用 $M_O(F)$ 表示，力矩矢 $M_O(F)$ 的始端为 O 点，它的模（即大小）等于力与力臂 d 的乘积，方位垂直于力 $\vec{F}$ 与矩心 O 所确定的平面，指向可按右手法则来确定。由图 3-6 可见

$$|M_O(F)| = Fd = 2A_{\triangle OAB} \tag{3-7}$$

式中：$A_{\triangle OAB}$——三角形 OAB 的面积。

由以上定义可见，力矩矢 $M_O(F)$ 的大小和方向与矩心 O 的位置有关，即力矩矢 $M_O(F)$ 是一个定位矢量。

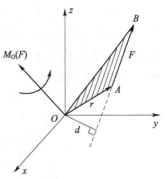

图 3-6 空间力对点之矩

力矩矢 $M_O(F)$ 还可以用另一种数学形式来表示。如图 3-6 所示，如用 $\vec{r}$ 表示 O 点到力 $\vec{F}$ 作用点 A 的矢径，则 $\vec{r}$ 与 $\vec{F}$ 的矢量积 $\vec{r} \times \vec{F}$ 也是一个矢量，按矢量积的定义，其大小等于三角形 OAB 面积的两倍，其方位垂直于 $\vec{r}$ 与 $\vec{F}$ 所决定的平面，指向也符合右手法则。可见，矢积 $\vec{r} \times \vec{F}$ 与力矩矢 $M_O(F)$ 两者大小相等，方向相同，于是

$$M_O(F) = \vec{r} \times \vec{F} \tag{3-8}$$

即力矩矢 $M_O(F)$ 等于矩心到该力作用点的矢径与该力的矢量积。

力对点之矩的单位在国际单位制中是 N·m（牛·米）或 kN·m（千牛·米）。

二、力对轴之矩

在空间力系问题中，除了用力对点之矩来描述力对刚体的转动效应外，还要用到力对轴之矩的概念。这里从用手推门的实例来引入力对轴之矩的定义。

如图 3-7a) 所示，在门边上的 A 点作用一力 $\vec{F}$，为了研究力 $\vec{F}$ 使门绕 z 轴转动的效应，可将力分解为两个分力 $\vec{F_z}$ 和 $\vec{F_{xy}}$，其中 $\vec{F_z}$ 与 z 轴平行，$\vec{F_{xy}}$ 与 z 轴垂直。实践证明，分力 $\vec{F_z}$ 不可能使门转动，只有分力 $\vec{F_{xy}}$ 才能使门绕 z 轴转动。

过 A 点作平面 P 与 z 轴垂直，并与 z 轴相交于 O 点。分力 $\vec{F_{xy}}$ 产生使门绕 z 轴转动的效应，相当于在平面问题中力 $\vec{F_{xy}}$ 使平面 P 绕矩心 O 转动的效应。这个效应的强度可用力的大小 F_{xy} 与 O 点到力 $\vec{F_{xy}}$ 的作用线的距离 d（力臂）的乘积来度量，其转向可用正负号加以区分。

于是，力 $\vec{F}$ 对 z 轴之矩 $M_z(F)$ 定义为

$$M_z(F) = \pm F_{xy} d \tag{3-9}$$

式(3-9)可叙述为：力对轴之矩是力使刚体绕某轴转动效应的度量，它是一个代数量，其大小等于力在垂直于轴的平面内的分力的大小与力臂（轴与其垂直平面的交点到分力作用线的距离）的乘积。正负号按右手法则确定：即以右手四指表示力 $\vec{F}$ 使刚体绕轴的转动方向，若大拇指指向与轴的正向一致，则取正号，反之取负号。也可按下述法则来确定其正负号：从轴的正向看，逆时针转向为正，顺时针转向为负。如图 3-7a) 所示的力 $\vec{F}$，它对 z 轴之矩 $M_z(\vec{F})$ 为正值。

从力对轴之矩的定义容易看出:当力的作用线与轴平行($F_{xy}=0$)或相交($d=0$)时,力对该轴的矩都必为零。即,当力的作用线与轴线共面时,力对该轴之矩必然为零。图3-7b)中的力$\vec{F_1}$、$\vec{F_2}$都与z轴共面,因此它们对z轴之矩都为零,这两个力都不可能使门绕z轴转动。

从图3-7c)不难看出,在平面问题中所定义的力对平面内某点O之矩,实际上就是力对通过此点且与平面垂直的轴之矩。因此平面力系的合力矩定理,也可以推广到空间情形。可叙述为:若以$\vec{F_R}$表示空间力系$\vec{F_1}$、$\vec{F_2}$、$\cdots$、$\vec{F_n}$的合力,则合力$\vec{F_R}$对某轴之矩,等于各分力对同一轴之矩的代数和,即

$$M_z(F_R) = M_z(F_1) + M_z(F_2) + \cdots + M_z(F_n) \tag{3-10}$$

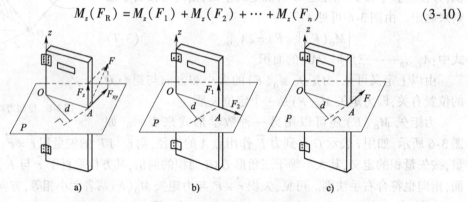

图3-7 空间力对轴之矩

在计算力对某轴之矩时,经常应用合力矩定理,将力分解为三个方向的分力,然后分别计算各分力对这个轴之矩,求其代数和,即得力对该轴之矩。

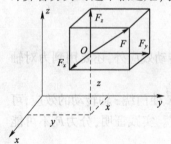

图3-8 合力矩定理

如图3-8所示,将力$\vec{F}$沿坐标轴方向分解为$\vec{F_x}$、$\vec{F_y}$、$\vec{F_z}$三个互相垂直的分力,F_x、F_y、F_z分别表示$\vec{F}$在三个坐标轴上的投影。

由合力矩定理得

$$M_x(\vec{F}) = M_x(\vec{F_x}) + M_x(\vec{F_y}) + M_x(\vec{F_z})$$
$$= 0 - zF_y + yF_z$$
$$= yF_z - zF_y$$

同理可求出$M_y(F)$和$M_z(F)$。因此有

$$\left.\begin{array}{l} M_x(\vec{F}) = yF_z - zF_y \\ M_y(\vec{F}) = zF_x - xF_z \\ M_z(\vec{F}) = xF_y - yF_x \end{array}\right\} \tag{3-11}$$

式(3-11)为求力对坐标轴之矩的公式。只要知道力$\vec{F}$的作用点的坐标x、y、z和力$\vec{F}$在三个坐标轴上的投影,则由式(3-11)即可算出$M_x(\vec{F})$、$M_y(\vec{F})$和$M_z(\vec{F})$。

应当指出,式(3-11)中x、y、z、F_x、F_y、F_z都是代数量,在计算力对轴之矩时,要注意各量的正负号。

三、力对点之矩与力对轴之矩的关系

下面,我们来建立力对点之矩与力对通过该点的轴之矩的关系。设刚体上作用有力$\vec{F}$,

其矢径为 $\vec{r}$，它们的解析表达式分别为

$$\vec{r} = x\vec{i} + y\vec{j} + z\vec{k}, \vec{F} = F_x\vec{i} + F_y\vec{j} + F_z\vec{k}$$

根据式(3-8)，力对点的矩可以表示为

$$M_O(F) = \vec{r} \times \vec{F} = \begin{vmatrix} \vec{i} & \vec{j} & \vec{k} \\ x & y & z \\ F_x & F_y & F_z \end{vmatrix} = (yF_z - zF_y)\vec{i} + (zF_x - xF_z)\vec{j} + (xF_y - yF_x)\vec{k}$$

将上式向 x、y、z 轴投影，并根据式(3-11)，可得

$$\left.\begin{array}{l} [M_O(F)]_x = M_x(F) \\ [M_O(F)]_y = M_y(F) \\ [M_O(F)]_z = M_z(F) \end{array}\right\} \tag{3-12}$$

上式表明：**力对某点的力矩矢在通过该点的任意轴上的投影，等于此力对该轴之矩。这就是力矩关系定理。**

求出了力 F 对三个坐标轴的矩之后，根据式(3-12)，即可得 $M_O(F)$ 的大小和方向。

$$\left.\begin{array}{l} M_O(F) = \sqrt{[M_x(F)]^2 + [M_y(F)]^2 + [M_z(F)]^2} \\ \cos\alpha = \dfrac{M_x(F)}{M_O(F)} \cos\beta = \dfrac{M_y(F)}{M_O(F)} \cos\gamma = \dfrac{M_z(F)}{M_O(F)} \end{array}\right\} \tag{3-13}$$

式中：α、β、γ——力矩矢与 x、y、z 轴正向的夹角。

四、飞机上空气动力对轴的矩

研究飞机上的空气动力以气流坐标系为基准，其作用是使飞机沿三个轴移动。研究飞机上空气动力矩则是以机体坐标系为基础，其作用是使飞机绕机体坐标系的各个轴转动。机体坐标系的原点 O 为飞机重心，飞机的纵轴作为 Ox_1 轴，指向头部为正；立轴 Oy_1 在飞机的纵向对称面内，垂直于 Ox_1 轴，指向上为正；横轴 Oz_1 垂直于纵向对称面，指向右翼，组成右手直角坐标系。

作用在飞机上的力矩，如图 3-9 所示，沿机体坐标系 Ox_1、Oy_1、Oz_1 三轴，分解成三个分量 M_{x1}、M_{y1}、M_{z1}。滚转力矩 M_{x1}，又称倾斜力矩，它的作用是使飞机绕纵轴 Ox_1 作转动运动。副翼的偏转，改变了左、右机翼上的升力，将引起绕 Ox_1 轴转动的滚转力矩。副翼偏转角 δ_x 的正向定义为右副翼向下偏，左副翼向上偏。图中舵偏角的箭头指向，并不是导致绕相应轴转动的力矩的指向。可以看到，正的 δ_x 偏角，将引起负的 M_{x1}。偏航力矩 M_{y1} 的作用是使飞机绕立轴 Oy_1

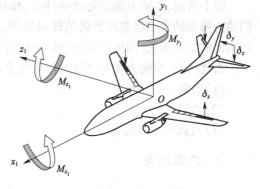

图 3-9 作用在飞机上的力矩

作旋转运动。方向舵向右偏转正的 δ_y 角，将引起负的偏航力矩。俯仰力矩 M_{z1}，又称纵向力矩，它将使飞机绕横轴作抬头或低头的转动，升降舵向下偏转正的 δ_z 角，将引起负的俯仰力矩。

第三节 力偶矩矢

一、空间力偶的等效条件

由平面力偶理论可知,在同一平面内,力偶矩相等的两力偶等效。实践经验还表明,力偶的作用面也可以平移。例如,用螺丝刀拧螺钉时,只要力偶矩的大小和力偶的转向保持不变,则力偶的作用面可以沿垂直于螺丝刀的轴线平行移动,而并不影响拧螺钉的效果。由此可知,空间力偶的作用面可以平行移动,而不改变力偶对刚体的作用效果。反之,如果两个力偶的作用面不相互平行(即作用面的法线不相互平行),即使它们的力偶矩大小相等,这两个力偶对刚体的作用效果也不同。

如图 3-10 所示的三个力偶,分别作用在三个同样的物块上,力偶矩都等于 200N·m。因为图 3-10a)、图 3-10b)中两力偶的转向相同,作用面又相互平行,因此,这两个力偶对物块的作用效果相同,它们使静止物块绕 x 轴转动;如果力偶作用在图 3-10c)所示的平面上,虽然力偶矩的大小未变,但是它使物块绕 y 轴转动,可见与前两个力偶对物块的作用效果不同。

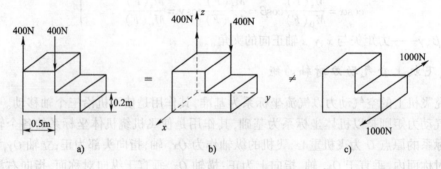

图 3-10 空间力偶

综上所述,空间力偶的等效条件是:**作用在同一刚体的两平行平面内的两个力偶,若它们的力偶矩的大小相等且力偶的转向相同,则两力偶等效。**可见力偶对刚体的作用与力偶作用面的位置无关,而仅与作用面的方位有关。

由此可知,空间力偶对刚体的作用效果取决于下列三个要素:
(1)力偶矩的大小。
(2)力偶的转向。
(3)力偶作用面的方位。

二、力偶矩矢

空间力偶的三个要素可以用一个矢量来表示,称为力偶矩矢,记作 $\vec{M}$。表示的方法如下:矢量 $\vec{M}$ 的长度表示力偶矩的大小,方位与力偶作用面的法线方位相同,其指向与力偶转向的关系服从右手螺旋法则。即如以力偶的转向为右手螺旋的转动方向,则螺旋前进的方向即为力偶矢的指向,或从力偶矩矢的末端看去,应看到力偶的转向是逆时针转向,如图

3-11所示。由此可知,力偶对刚体的作用完全由力偶矩矢所决定。

由于力偶可以在同平面内任意移转,并可搬移到平行平面内,而不改变它对刚体的作用效果,即力偶矩矢可以平行搬移,因此力偶矩矢是自由矢量。

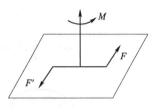

图3-11 空间力偶矩矢

应用力偶矩矢的概念,力偶的等效条件可叙述为:力偶矩矢相等的两个力偶等效。

✈ 第四节 空间力系的简化

一、空间力的平移定理

设有一力 $\vec{F}$,其作用点为 A,在空间中任取一点 B,如图 3-12a)所示。在 B 点上加上两个互成平衡的力 $\vec{F'}$、$\vec{F''}$,且取 $\vec{F'} = -\vec{F''} = \vec{F}$,如图 3-12b)所示。不难看出 $\vec{F}$、$\vec{F''}$ 组成一力偶,其力偶矩矢等于力 $\vec{F}$ 对 B 点的力矩矢 $M_B(F)$,如图 3-12c)所示。可见,原作用在 A 点的力 $\vec{F}$,与力 $\vec{F'}$ 和力偶 ($\vec{F}$、$\vec{F''}$) 等效。由此可得空间力的平移定理如下:

作用在刚体上的一个力,可平行移至刚体中任意一指定点,但必须同时附加一力偶,其力偶矩矢等于原力对于指定点的力矩矢。

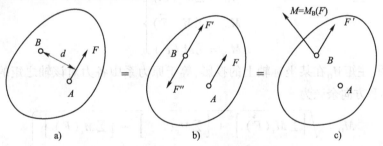

图3-12 空间力的平移

二、空间力系向一点的简化——主矢和主矩

现在研究空间力系的简化。设有一空间力系 $\vec{F_1'}$、$\vec{F_2'}$、$\cdots$、$\vec{F_n}$,如图 3-13a)所示,任选一点 O 为简化中心,将各力平移到 O 点,由力的平移定理可知,各力移到 O 点时,都必须同时附加一个力偶,其力偶矩矢等于该力对简化中心 O 之矩,如图 3-13b)所示。于是可得到作用于 O 点的一个空间汇交力 $\vec{F_1'}$、$\vec{F_2'}$、$\cdots$、$\vec{F_n'}$ 和一个附加力偶系,这个力偶系中各力偶的力偶矩矢为 $\vec{M_1}$、$\vec{M_2}$、$\cdots$、$\vec{M_n}$,它们分别等于 $M_O(F_1)$、$M_O(F_2)$、$\cdots$、$M_O(F_n)$。

对于作用于 O 点的空间汇交力系,可以进一步将其合成为一个合力 $\vec{F_R'}$,即

$$\vec{F_R'} = \sum \vec{F'} = \sum \vec{F} \tag{3-14}$$

称为原空间力系的主矢,如图 3-13c)所示。它是原力系中各力的矢量和,因此主矢 $\vec{F_R'}$ 与简化中心的选取无关。由式(3-6)可得

$$\left.\begin{array}{l}F'_R = \sqrt{(F'_{Rx})^2 + (F'_{Ry})^2 + (F'_{Rz})^2} = \sqrt{(\sum F_x)^2 + (\sum F_y)^2 + (\sum F_z)^2} \\ \cos\alpha = \dfrac{\sum F_x}{F'_R}, \cos\beta = \dfrac{\sum F_y}{F'_R}, \cos\gamma = \dfrac{\sum F_z}{F'_R}\end{array}\right\} \quad (3\text{-}15)$$

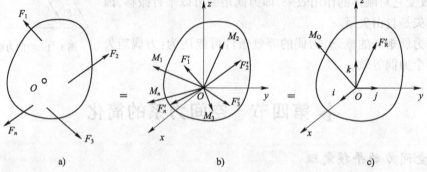

图 3-13 空间力系向一点简化

对于附加力偶系，可以进一步将其合成为一个合力偶，其合力偶矩矢 $\overrightarrow{M_O}$ 为

$$M_O = \sum M_O(F) \tag{3-16}$$

$\overrightarrow{M_O}$ 称为原力系对简化中心 O 的主矩，如图3-11c)所示，它等于原力系中各力对简化中心之矩的矢量和。可见主矩 $\overrightarrow{M_O}$ 一般与简化中心的选取有关。以简化中心 O 为原点取坐标系，将式(3-16)向坐标轴投影，然后将式(3-12)代入，得

$$\left.\begin{array}{l}M_{Ox} = \sum M_x(\vec{F}) \\ M_{Oy} = \sum M_y(\vec{F}) \\ M_{Oz} = \sum M_z(\vec{F})\end{array}\right\} \quad (3\text{-}17)$$

上式表明：主矩 $\overrightarrow{M_O}$ 在某坐标轴上的投影，等于原力系中各力对该轴之矩的代数和。于是，$\overrightarrow{M_O}$ 的大小和方向余弦为

$$\left.\begin{array}{l}M_O = \sqrt{\left[\sum M_x(\vec{F})\right]^2 + \left[\sum M_y(\vec{F})\right]^2 + \left[\sum M_z(\vec{F})\right]^2} \\ \cos\alpha' = \dfrac{\sum M_x(\vec{F})}{M_O}, \cos\beta' = \dfrac{\sum M_y(\vec{F})}{M_O}, \cos\gamma' = \dfrac{\sum M_z(\vec{F})}{M_O}\end{array}\right\} \quad (3\text{-}18)$$

三、空间力系的简化结果——合力矩定理

空间力系向一点简化，可能出现下列四种情况，即(1) $\overrightarrow{F'_R} = 0, \overrightarrow{M_O} = 0$；(2) $\overrightarrow{F'_R} = 0, \overrightarrow{M_O} \neq 0$；(3) $\overrightarrow{F'_R} \neq 0, \overrightarrow{M_O} = 0$；(4) $\overrightarrow{F'_R} \neq 0, \overrightarrow{M_O} \neq 0$。现分别加以讨论。

1. 空间力系平衡的情形

若主矢 $\overrightarrow{F'_R} = 0$，主矩 $\overrightarrow{M_O} = 0$，这时，该空间力系平衡。这种情形将在下节进行讨论。

2. 空间力系简化为一合力偶的情形

若主矢 $\overrightarrow{F'_R} = 0$，主矩 $\overrightarrow{M_O} \neq 0$，这时得一力偶。显然，这力偶与原力系等效，即空间力系合成为一力偶，力偶矩矢等于原力系对简化中心的主矩。在这种情况下，主矩与简化中心的位置无关。

3. 空间力系简化为一合力的情形——合力矩定理

若主矢 $\overrightarrow{F'_R} \neq 0$，而主矩 $\overrightarrow{M_O} = 0$，这时得一力。显然，这力与原力系等效，即空间力系合成

为一合力,合力的作用线通过简化中心 O,合力矢等于原力系的主矢。

若主矢 $\vec{F_R'} \neq 0$,主矩 $\vec{M_O} \neq 0$,且 $\vec{F_R'} \perp \vec{M_O}$,如图 3-14a)所示。这时,力 $\vec{F_R'}$ 和力偶 $(\vec{F_R''}, \vec{F_R})$ 在同一平面内,如图 3-14b)所示。故可将力 $\vec{F_R'}$ 和力偶 $(\vec{F_R''}, \vec{F_R})$ 进一步合成,得作用于 O' 的一个力 $\vec{F_R}$,如图 3-14c)所示。此力与原力系等效,即为原力系的合力,其大小和方向等于原力系的主矢,即 $\vec{F_R} = \sum \vec{F}$,其作用线离简化中心 O 的距离为

$$d = \frac{M_O}{F_R}$$

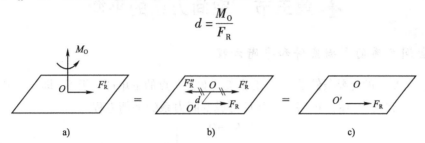

图 3-14 空间力系简化为一合力

由图 3-14b)可知,力偶 $(\vec{F_R''}, \vec{F_R})$ 的矩 $\vec{M_O}$ 等于合力 $\vec{F_R}$ 对 O 点之矩。即

$$M_O = M_O(F_R)$$

又根据式(3-16),有

$$M_O = \sum M_O(F)$$

得

$$M_O(F_R) = \sum M_O(F) \tag{3-19}$$

根据力对点之矩与力对轴之矩的关系,把上式投影到通过点 O 的任一轴上,可得

$$M_z(F_R) = \sum M_z(F) \tag{3-20}$$

式(3-19)和式(3-20)表明:空间力系的合力对于任一点(或轴)之矩等于各分力对同一点(或轴)之矩的矢量(或代数)和。这就是空间力系对点(或轴)之矩的合力矩定理。

4. 空间力系简化为一力螺旋的情形

若主矢 $\vec{F_R'} \neq 0$,主矩 $\vec{M_O} \neq 0$,且 $\vec{F_R'} // \vec{M_O}$,这种结果称为力螺旋,如图 3-15 所示。力螺旋是由一个力和一个力偶组成的力系,其中的力垂直于力偶的作用面,不能再进一步合成。例如钻孔时钻头对工件的作用以及拧螺钉时螺丝刀对螺钉的作用都是力螺旋。

力偶的转向和力的指向符合右手螺旋法则的称为右螺旋,如图 3-15a)所示;否则符合左手螺旋法则的称为左螺旋,如图 3-15b)所示。力螺旋的力的作用线称为该力螺旋的中心轴,图 3-15 中的中心轴通过简化中心。

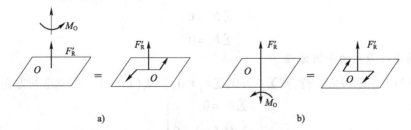

图 3-15 空间力螺旋

如果主矢 $\vec{F_R'} \neq 0$，主矩 $\vec{M_O} \neq 0$，而两者既不平行，又不垂直，可将主矩分解为两个分力偶，它们分别垂直于主矢和平行于主矢。主矢和垂直于主矢的力偶可以等效于平移后的主矢（参考图 3-14）；平行于主矢的力偶是自由矢量，可以平行移动，这样力系又可以简化为图 3-15 所示的力螺旋。可见，一般情况下空间任意力系可合成为力螺旋。

第五节 空间力系的平衡

一、空间力系的平衡条件和平衡方程

空间力系平衡的充要条件是：力系的主矢和对任一点的主矩都等于零，即：$F_R' = 0$，$M_O = 0$。根据式(3-15)和式(3-18)，可将上述条件写成空间力系的平衡方程

$$\left.\begin{array}{l} \sum F_x = 0 \\ \sum F_y = 0 \\ \sum F_z = 0 \\ \sum M_x(F) = 0 \\ \sum M_y(F) = 0 \\ \sum M_z(F) = 0 \end{array}\right\} \tag{3-21}$$

于是，空间力系平衡的充要条件是：各力在空间直角坐标系中每个轴上的投影的代数和等于零，且这些力对于每个坐标轴之矩的代数和也等于零。

式(3-21)包含六个方程式。由于它们是空间力系平衡的充要条件，当六个方程式都能满足，则刚体必处于平衡，因此如再加写更多的方程式，都是不独立的。空间力系只有六个独立的平衡方程，可求解六个未知量。

如同平面力系的平衡方程还可以写成二矩式或三矩式一样，空间力系的平衡方程也可以写成其他形式。例如，写四个至六个力矩式而少写或不写投影式，这里不再赘述。

二、空间汇交力系、平行力系、力偶系的平衡方程

将空间力系平衡方程式(3-21)简化，可得到几种特殊力系的平衡方程。

1. 空间汇交力系的平衡方程

由于空间汇交力系对汇交点的主矩恒为零（$\vec{M_O} \equiv 0$），故其平衡方程为

$$\left.\begin{array}{l} \sum F_x = 0 \\ \sum F_y = 0 \\ \sum F_z = 0 \end{array}\right\}$$

2. 空间平行力系的平衡方程

设 z 轴与力系中各力平行，则 $\sum F_x \equiv 0$，$\sum F_y \equiv 0$，$\sum M_z(\vec{F}) \equiv 0$。因此平衡方程为

$$\left.\begin{array}{l} \sum F_z = 0 \\ \sum M_x(\vec{F}) = 0 \\ \sum M_y(\vec{F}) = 0 \end{array}\right\}$$

3. 空间力偶系的平衡方程

对于空间力偶系,因为力偶在任意轴上的投影恒为零,即 $\sum F_x \equiv 0$, $\sum F_y \equiv 0$, $\sum F_z \equiv 0$,因此其平衡方程为

$$\left. \begin{array}{l} \sum M_x(\vec{F}) = 0 \\ \sum M_y(\vec{F}) = 0 \\ \sum M_z(\vec{F}) = 0 \end{array} \right\}$$

由以上讨论可知,空间汇交力系、空间平行力系和空间力偶系都只有三个独立的平衡方程,只能解三个未知量。

三、空间约束的类型

在空间力系问题中,物体所受的约束类型,有一些与平面力系中常见的约束类型不同。表 3-1 列出了一些常见的空间约束类型及其简化画法和可能作用于物体上的约束力与约束力偶。

常见的空间约束类型及简化画法 表 3-1

约 束 类 型	简 图	约 束 反 力
径向轴承		
螺形铰链		F_{Az}, F_{Ay}, F_{Ax}
圆柱铰链		
球形铰		
推力轴承		F_{Az}, F_{Ay}, F_{Ax}
空间固定端		F_{Az}, M_{Az}, M_{Ay}, F_{Ay}, M_{Ax}, F_{Ax}

四、空间力系的平衡问题

在应用空间力系的平衡方程解题时,其方法和步骤与平面力系相似,即先确定研究对象,进行受力分析,作出受力图,然后选取适当的坐标系,列出平衡方程并解出待求的未知量。

【例3-2】 空间支架由三根直杆组成,如图3-16所示。已知 $W=1\text{kN}, \alpha=30°, \beta=60°, \varphi=45°$,试求杆 AB、BC、BD 所受的力。

【解】 (1)因各力汇交于 B 点,故取 B 铰为研究对象。设各杆均受拉力,B 铰受有重力 W 和三杆对铰的约束反力 $\vec{F}_{BA}$、$\vec{F}_{BC}$、$\vec{F}_{BD}$,如图 3-16 所示。可见此力系为空间汇交力系。

(2)建立坐标系,如图3-16所示。
(3)列平衡方程并求解。

$$\sum F_z = 0 \qquad F_{BD}\cos\alpha - W = 0$$

$$F_{BD} = \frac{W}{\cos\alpha} = \frac{2}{\sqrt{3}}W = 1.155\text{kN}$$

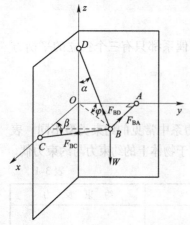

图3-16 空间支架受力图

$$\sum F_y = 0 \qquad -F_{BC}\sin\beta - F_{BD}\sin\alpha\cos\varphi = 0$$

$$-\frac{\sqrt{3}}{2}F_{BC} - \frac{1}{2} \times \frac{\sqrt{2}}{2}F_{BD} = 0$$

$$F_{BC} = -\frac{\sqrt{2}}{2\sqrt{3}}F_{BD} = -\frac{\sqrt{2}}{2\sqrt{3}} \times \frac{2}{\sqrt{3}}W = -\frac{\sqrt{2}}{3}W = -0.471\text{kN}$$

$$\sum F_x = 0 \qquad -F_{BA} + F_{BC}\cos\beta - F_{BD}\sin\alpha\sin\varphi = 0$$

$$-F_{BA} + 0.5F_{BC} - \frac{1}{2} \times \frac{\sqrt{2}}{2}F_{BD} = 0$$

$$F_{BA} = -\left(\frac{\sqrt{2}}{6} + \frac{\sqrt{6}}{6}\right)W = -0.644\text{kN}$$

计算结果表明,AB 杆、BC 杆所受压力分别为 0.644kN、0.471kN,BD 杆所受拉力为 1.155kN。

第六节 重 心

重心在工程中具有重要的意义。例如,水坝的重心位置关系到坝体在水压力作用下能否维持平衡;飞机的重心位置设计不当就不能安全稳定地飞行;构件截面的重心(形心)位置将影响构件在载荷作用下的内力分布规律,与构件受力后能否安全工作有着紧密的联系。总之,重心与物体的平衡、物体的运动以及构件的内力分布是密切相关的。本节介绍物体重心的概念和确定重心位置的方法。

一、重心的概念及其坐标公式

地球表面附近的物体,都受到地球引力的作用。地球对其表面附近物体的引力称为物体的重力。重力作用在物体的每一微小部分上,为一分布力系,这些分布的重力实际组成一个空间汇交力系,力系的汇交点在地心处。可以算出,在地球表面相距30m的两点上,重力之间的夹角也不超过1″。因此,工程上把物体各微小部分的重力视为空间平行力系是足够精确的,一般所说的重力,就是这个空间平行力系的合力。

一个不变形的物体(即刚体)在地球表面无论如何放置,其平行分布的重力的合力作用线,都通过该物体上一个确定的点,这一点就称为物体的重心。所以,物体的重心就是物体重力合力的作用点。一个物体的重心,相对于物体本身来说就是一个确定的几何点,重心相对于物体的位置是固定不变的。

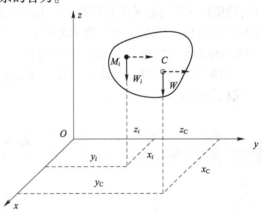

图 3-17 重心的坐标

下面根据合力矩定理建立重心的坐标公式。如图 3-17 所示,取直角坐标系 $Oxyz$,其中 z 轴平行于物体的重力,将物体分割成许多微小部分,其中某一微小部分 M_i 的重力为 W_i,其作用点的坐标为 x_i、y_i、z_i,设物体的重心以 C 表示,重心的坐标为 x_C、y_C、z_C。

物体的重力为

$$W = \sum W_i$$

应用合力矩定理,分别求物体的重力对 x 轴、y 轴的矩,有

$$\left. \begin{array}{l} -Wy_C = -\sum W_i y_i \\ Wx_C = \sum W_i x_i \end{array} \right\}$$

由上式即可求得重心的坐标 x_C、y_C。为了求坐标 z_C,可将物体固结在坐标系中,随坐标系一起绕 x 轴旋转90°,使 y 轴铅垂向下。这时,重力 W 与 W_i 都平行于 y 轴,并与 y 轴同向,如图 3-17 中带箭头的虚线所示。然后对 x 轴应用合力矩定理,有

$$-Wz_C = -\sum W_i z_i$$

综合以上两式,得到物体重心 C 的坐标公式为

$$\left. \begin{array}{l} x_C = \dfrac{\sum W_i x_i}{W} \\ y_C = \dfrac{\sum W_i y_i}{W} \\ z_C = \dfrac{\sum W_i z_i}{W} \end{array} \right\} \quad (3-22)$$

如果物体是均质的,这时,单位体积的重量 γ = 常量。以 ΔV_i 表示微小部分 M_i 的体积,以 $V = \sum \Delta V_i$ 表示整个物体的体积,则有 $W_i = \gamma \Delta V_i$ 和 $W = \gamma V$,代入式(3-22),得

$$\left.\begin{aligned}x_C &= \frac{\sum \Delta V_i x_i}{V} \\ y_C &= \frac{\sum \Delta V_i y_i}{V} \\ z_C &= \frac{\sum \Delta V_i z_i}{V}\end{aligned}\right\} \quad (3\text{-}23)$$

这说明，均质物体重心的位置与物体的重量无关，完全取决于物体的大小和形状。所以，均质物体的重心又称为形心。确切地说：由式(3-22)所确定的点称为物体的重心；由式(3-23)所确定的点称为几何形体的形心。对于均质物体，其重心和形心重合在一点上。非均质物体的重心与形心一般是不重合的。

如果将物体分割的份数为无限多，且每份的体积无限小，在极限情况下，式(3-23)可改写成积分形式

$$\left.\begin{aligned}x_C &= \frac{\int_V x \mathrm{d}V}{V} \\ y_C &= \frac{\int_V y \mathrm{d}V}{V} \\ z_C &= \frac{\int_V z \mathrm{d}V}{V}\end{aligned}\right\} \quad (3\text{-}24)$$

一些简单几何形状的均质物体的重心(形心)，都可由积分公式(3-24)求得。表 3-2 列出了几种常用物体的重心(形心)，可供查用。工程中常用的型钢(如工字钢、角钢、槽钢等)的截面的形心，可从机械设计手册中查得。

常用物体的重心(形心)　　　　表 3-2

名称	图形	形心坐标	线长、面积、体积
三角形		在三中线交点 $y_C = \frac{1}{3}h$	面积 $A = \frac{1}{2}ah$
梯形		在上、下底边中线连线上 $y_C = \frac{h(a+2b)}{3(a+b)}$	面积 $A = \frac{h}{2}(a+b)$

续上表

名 称	图 形	形 心 坐 标	线长、面积、体积
圆弧		$x_C = \dfrac{R\sin\alpha}{\alpha}$（$\alpha$ 以弧度计） 半圆弧（$\alpha = \dfrac{\pi}{2}$）$x_C = \dfrac{2R}{\pi}$	弧长 $l = 2\alpha \times R$
扇形		$x_C = \dfrac{2R\sin\alpha}{3\alpha}$（$\alpha$ 以弧度计） 半圆面 $\left(\alpha = \dfrac{\pi}{2}\right)$	面积 $A = \alpha R^2$
弓形		$x_C = \dfrac{4R\sin^3\alpha}{3(2\alpha - \sin 2\alpha)}$	面积 $A = \dfrac{R^2(2\alpha - \sin 2\alpha)}{2}$
抛物线面		$x_C = \dfrac{3}{5}a$ $y_C = \dfrac{3}{8}b$	面积 $A = \dfrac{2}{3}ab$
抛物线面		$x_C = \dfrac{3}{4}a$ $y_C = \dfrac{3}{10}b$	面积 $A = \dfrac{1}{3}ab$
半球形体		$z_C = \dfrac{3}{8}R$	面积 $V = \dfrac{2}{3}\pi R^3$

二、质心的概念及其坐标公式

如图 3-17 所示,设质点系由 n 个质点组成,第 i 个质点 M_i 的质量为 m_i,相对于固定点 O 的矢径为 $\vec{r}_i$,整个质点系的质量为 $m = \sum m_i$,则质点系的质量中心(简称质心)C 的矢径为

$$\vec{r}_C = \sum \frac{m_i \vec{r}_i}{m} \tag{3-25}$$

质心反映了质点系质量分布的一种特征,它是质点系中一个特定的点。当质点系中各质点的相对位置发生变化时,质点系质心的位置也随之改变。而刚体是由无限多个质点组成的不变质点系,其内各质点的相对位置是固定的,因此刚体的质心是刚体内某一确定点。

质心的概念及其运动在动力学中具有重要地位。式(3-25)的矢量式一般用于理论推导,而在实际计算质心位置时,常用直角坐标形式。如图 3-18 所示,取直角坐标系 $Oxyz$,第 i 个质点 M_i 的坐标为 x_i、y_i、z_i,质心的坐标为 x_C、y_C、z_C。由式(3-25)分别向 x、y、z 轴投影,得

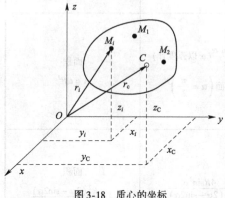

图 3-18 质心的坐标

$$\begin{aligned} x_C &= \frac{\sum m_i x_i}{\sum m_i} \\ y_C &= \frac{\sum m_i y_i}{\sum m_i} \\ z_C &= \frac{\sum m_i z_i}{\sum m_i} \end{aligned} \tag{3-26}$$

式(3-26)为质点系质心的坐标计算公式。对于质量均匀分布的刚体,单位体积的质量(密度)ρ = 常量。以 ΔV_i 表示微小部分 M_i 的体积,以 $V = \sum V_i$ 表示整个物体的体积,将 $m_i = \rho \Delta V_i$,$m = \rho V$ 代入式(3-26),可得式(3-23)。可见,均质刚体的质心和形心的位置是重合的。

在地球表面附近,重力与质量成正比,将 $W_i = m_i g$,$W = mg$ 代入式(3-22),可得式(3-26),因此,在重力场中,物体的重心和质心的位置是重合的。

应当注意,质心和重心是两个不同的概念。重心是地球对物体作用的平行引力的合力(物体重力)的作用点,它只在重力场中才有意义,一旦物体离开重力场,重心就没有任何意义;而质心是反映质点系质量分布情况的一个几何点,它与作用力无关,无论质点系是否在重力场中,质心总是存在的。

三、确定物体重心位置的方法

前面所述的重心和形心坐标公式,是确定重心或形心位置的基本公式。在实际问题中,可视具体情况灵活应用。对于均质物体,如在几何形体上具有对称面、对称轴或对称中心,则该物体的重心或形心必在此对称面、对称轴或对称中心上。下面介绍几种工程中常用的确定重心位置的方法。

1. 组合法

工程中有些形体虽然比较复杂,但往往是由一些简单形体组成的,这些简单形体的重心通常是已知的或易求的,这样整个组合形体的重心就可用式(3-23)直接求得。

2. 负面积法

如果在规则形体上切去一部分,例如钻一个孔等,则在求这类形体的重心时,可以认为原形体是完整的,只是把切去的部分视为负值(负体积或负面积),仍可利用式(3-23)来求形体的重心。

3. 实验法(平衡法)

如物体的形状不是由基本形体组成,过于复杂或质量分布不均匀,其重心常用实验方法来确定。

(1) 悬挂法。对于形状复杂的薄平板,确定重心位置时,可将板悬挂于任一点 A,如图 3-19a)所示。根据二力平衡原理,板的重力与绳的张力必在同一直线上,故物体的重心一定在铅垂的挂绳延长线 AB 上。重复使用上法,将板挂于 D 点,可得 DE 线。显然,平板的重心即为 AB 与 DE 两线的交点 C,如图 3-19b)所示。

(2) 称重法。对于形状复杂的零件、体积庞大的物体以及由许多构件组成的机械,常用称重法确定其重心的位置。飞机制造、改装及大修后都需要对其进行称重,以确定飞机空重的重心位置。例如,图 3-20 所示为飞机三点支撑称重的示意图,ch_0、ch_1、ch_2 为各支点传感器感受到的负荷,飞机重心在 x 轴和 y 轴上的坐标可由下式计算

$$\left. \begin{array}{l} X = \dfrac{E(ch_0 + ch_1) + ch_2 L}{ch_0 + ch_1 + ch_2} \\[2mm] Y = \dfrac{R(ch_0 - ch_1)}{ch_0 + ch_1 + ch_2} \end{array} \right\}$$

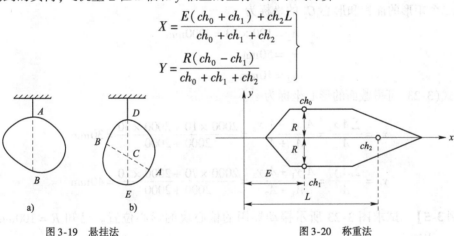

图 3-19 悬挂法　　　　图 3-20 称重法

在日常运行中,每个航班装载后的重心位置是由装载配平单确定的,飞机装载配平单确定重心的力学原理是合力矩定理。

【例 3-3】 设图 3-21 所示的系统由板子及三个重物组成,其重力分别为 W_E、W_F、W_C、W_P,试确定这个系统的重心。此例中板子重力 W_E 相当于飞机的使用空机重,W_P 为旅客重,W_F 为油量,W_C 为货物,整个系统的重心相当于飞机的重心。

【解】 可取任意点 O 作为矩心(O 点可在板子以外),规定抬头力矩(顺时针力矩)为正,低头力矩(逆时

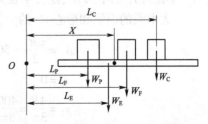

图 3-21 飞机重心的确定

针力矩)为负,此系统的合力(相当于飞机总重)为

$$W = W_E + W_P + W_F + W_C$$

按合力矩定理有

$$W \times X = W_E \times L_E + W_P \times L_P + W_E \times L_F + W_C \times L_C$$

$$X = \frac{W_E \times L_E + W_P \times L_P + W_E \times L_F + W_C \times L_C}{W}$$

式中:L_E、L_P、L_F、L_C——分别为各力对矩心 O 点之力臂,在 O 点之后的力臂为正。

由上式算出的 X 即重心到 O 之力臂。这样就确定了力系之合力(即飞机之重心)的位置。

【例3-4】 角钢的截面尺寸如图3-22所示,试求其形心的位置。

【解】 取 Oxy 坐标系,将截面分割成为两个矩形,如图3-22中虚线所示。

第一个矩形的面积和形心 C_1 的坐标为

$$A_1 = (120 - 20) \times 20 = 2000 \text{mm}^2$$

$$x_1 = 10 \text{mm}$$

$$y_1 = 20 + \frac{120 - 20}{2} = 70 \text{mm}$$

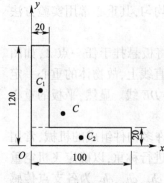

图 3-22 组合法(尺寸单位:mm)

第二个矩形的面积和形心 C_2 的坐标为

$$A_2 = 100 \times 20 = 2000 \text{mm}^2$$

$$x_2 = 50 \text{mm}$$

$$y_2 = 10 \text{mm}$$

由式(3-23)可得截面的形心坐标为

$$x_C = \frac{\sum A_i x_i}{A} = \frac{A_1 x_1 + A_2 x_2}{A_1 + A_2} = \frac{2000 \times 10 + 2000 \times 50}{2000 + 2000} = 30 \text{mm}$$

$$y_C = \frac{\sum A_i y_i}{A} = \frac{A_1 y_1 + A_2 y_2}{A_1 + A_2} = \frac{2000 \times 70 + 2000 \times 10}{2000 + 2000} = 40 \text{mm}$$

【例3-5】 试求图3-23所示振动器用的偏心块的形心位置。已知 $R = 100 \text{mm}$,$r_1 = 30 \text{mm}$,$r_2 = 17 \text{mm}$。

【解】 取坐标系 Oxy 如图3-23所示。偏心块可看作由三部分组成:半径为 R 的半圆 A_1,半径为 r_1 的半圆 A_2,挖去半径为 r_2 的圆 A_3。

大半圆的面积和形心 C_1 的坐标为

$$A_1 = \frac{\pi R^2}{2} = 5000\pi \text{mm}^2$$

$$x_1 = 0$$

$$y_1 = \frac{4R}{3\pi} = \frac{400}{3\pi} \text{mm}$$

小半圆的面积和形心 C_2 的坐标为

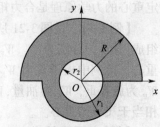

图 3-23 负面积法

$$A_2 = \frac{\pi r_1^2}{2} = 450\pi \text{mm}^2$$

$$x_2 = 0$$

$$y_2 = -\frac{4r_1}{3\pi} = -\frac{40}{\pi}\text{mm}$$

小圆的面积和形心 C_3 的坐标为

$$A_3 = -\pi r_2^2 = -289\pi \text{mm}^2$$

$$x_3 = 0$$

$$y_3 = 0$$

由式(3-23)可得偏心块的形心坐标为

$$x_C = 0$$

$$y_C = \frac{\sum A_i y_i}{A} = \frac{5000\pi \times \frac{400}{3\pi} + 450\pi \times \left(\frac{-40}{\pi}\right) + (-289\pi) \times 0}{5000\pi + 450\pi - 289\pi} = \frac{648667}{5161\pi} = 40\text{mm}$$

第四章
点的运动学

运动学研究物体运动的几何性质。若力系不平衡，物体的机械运动状态将发生改变。在运动学中，暂不考虑力和质量等与运动变化有关的物理因素，以几何学的观点来研究物体运动的几何性质，即：运动方程、轨迹、速度和加速度等。

运动学是动力学的基础，而且具有其独立的应用价值，运动学知识是机构运动分析的基础。例如，飞机的机械式操纵系统，必须具有一套适当的传动系统，以便将驾驶员操纵信号转换为执行机构相应的位移和运动速度。再如，在一些轻型、精密机构中，力的分析计算往往并不重要，主要研究机构是否能严格地按照所需的运动规律运动。

运动是绝对的，而运动的描述是相对的。研究一个物体的机械运动，必须选取另一个物体作为参考体。与参考体所固连的坐标系称为参考坐标系，简称参考系。参考系是参考体的抽象，由于坐标轴可以向空间无限延伸，因此参考系不受参考体大小和形状的限制，而应理解为与参考体所固连的整个空间。同一个运动物体，对于不同的参考体来说，运动情况不相同。例如，飞机行驶时，相对于固结于机身的坐标系，机轮作定轴转动，相对于固结于地面的坐标系，机轮作复杂运动。在一般工程问题中，常把坐标系固结在地球上。

在运动学中，把所考察的物体抽象为点和刚体两种模型，一个物体究竟应当作为点还是作为刚体看待，主要在于所讨论的问题的性质，而不决定于物体本身的大小和形状。例如，一颗子弹，尺寸很小，若要考虑它出枪膛后的旋转，就应视其为刚体。一列火车的长度虽然以百米计，当我们将列车作为一个整体来考察它沿铁道线路运行的距离、速度和加速度时，却可以作为一个点看待。飞机在天空飞行，当研究其运动轨迹时，可以看作是一个点，而要讨论其沿三个轴的转动时，需将飞机看作是刚体。即使同一个物体，在不同的问题里，随着研究问题性质的不同，有时作为刚体，有时则作为点。例如，在研究地球的自转时，可视其为刚体，而在研究它绕太阳公转的运动规律时，可看作为点。

本章将研究点的运动，包括点的运动方程、运动轨迹、速度、加速度等。点的运动学也是研究刚体运动的基础。

✈ 第一节　点的运动方程

点在取定的坐标系中位置坐标随时间连续变化的规律称为点的运动方程。点在空间运动的路径称为轨迹。在某一参考体上建立不同的参考系，点的运动方程有不同的形式。

一、矢量法

设点作空间曲线运动,在某一瞬时 t,动点为 M,如图 4-1 所示。选取参考体上某固定点 O 为坐标原点,自点 O 向动点 M 作矢量 $\vec{r}$,称 $\vec{r}$ 为点 M 相对于原点 O 的矢径。当动点 M 运动时,矢径 $\vec{r}$ 随时间而变化,并且是时间的单值连续函数,即

$$r = r(t) \tag{4-1}$$

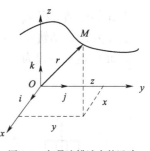

图 4-1 矢量法描述点的运动

上式称为矢量形式表示的点的运动方程。

显然,矢径 $\vec{r}$ 的矢端曲线就是动点的运动轨迹。

二、直角坐标法

过点 O 建立固定的直角坐标系 $Oxyz$,则动点 M 在任意瞬时的空间位置也可以用它的三个直角坐标 x,y,z 表示,如图 4-1 所示。由于矢径的原点和直角坐标系的原点重合,矢径 $\vec{r}$ 可表为

$$\vec{r} = x\vec{i} + y\vec{j} + z\vec{k} \tag{4-2}$$

式中:$\vec{i}$、$\vec{j}$、$\vec{k}$——分别为沿三根坐标轴的单位矢量。

坐标 x,y,z 也是时间的单值连续函数,即

$$\left.\begin{array}{l} x = f_1(t) \\ x = f_2(t) \\ x = f_3(t) \end{array}\right\} \tag{4-3}$$

式(4-3)称为点的直角坐标形式的运动方程,也是点的轨迹的参数方程。

三、自然法

当动点相对于所选的参考系的轨迹已知时,可以沿此轨迹确定动点的位置。在轨迹上任取固定点 O 作为原点,选定沿轨迹量取弧长的正负方向,则动点的位置可用弧坐标 s 来确定。如图 4-2 所示。动点沿轨迹运动时,弧长 s 是时间的单值连续函数,即

$$s = f(t) \tag{4-4}$$

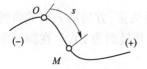

图 4-2 自然法描述点的运动

上式称为点用自然法描述的运动方程。

以上三种形式的运动方程在使用上各有所侧重。矢量形式的运动方程常用于公式推导;直角坐标形式的运动方程常用于轨迹未知或轨迹较复杂的情况;当轨迹已知为圆或圆弧时,用自然法则较为方便。

【例 4-1】 椭圆规的曲柄 OC 可绕定轴 O 转动,其端点 C 与规尺 AB 的中点以铰链相连接,规尺的两端分别在互相垂直的滑槽中运动,如图 4-3 所示。已知:$OC = AC = BC = l, MC = d, \varphi = \omega t$,试求规尺上点 A、B、C、M 的运动方程和运动轨迹。

【解】 分析各点的运动情况,点 A、B 的轨迹为直线,点 M 的轨迹为平面曲线,取直角坐标系,如图 4-3 所示。建立它们的运动方程。

点 A 的运动方程 $y_A = AB\sin\varphi = 2l\sin\omega t$

点 B 的运动方程 $y_B = AB\cos\varphi = 2l\sin\omega t$

点 A、B 的运动轨迹分别为长 $4l$ 的铅直、水平直线段。

点 M 的运动方程为

$$\begin{cases} x_M = (AC+CM)\cos\varphi = (l+d)\cos\omega t \\ y_M = (CB-CM)\sin\varphi = (l-d)\sin\omega t \end{cases}$$

消去时间 t，得点 M 的轨迹方程

$$\frac{x_M^2}{(l+d)^2} + \frac{y_M^2}{(l-d)^2} = 1$$

可见，点 M 的轨迹是一个椭圆，长轴和 x 轴重合，短轴和 y 轴重合。

点 C 的轨迹为圆，在其轨迹曲线上取 O' 为弧坐标原点，设定弧坐标正向如图 4-3 所示，点 C 的运动方程为

$$s_C = OC \times \varphi = l\omega t$$

点 C 的轨迹为半径 l 的圆。

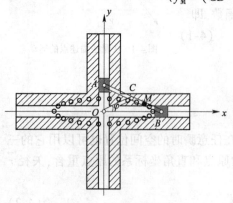

图 4-3 椭圆规的运动

第二节 点的速度和加速度

动点运动的快慢和方向用速度表示，速度的变化情况则用加速度表示。下面给出在各坐标系下，速度、加速度的数学表达式。

一、用矢量法表示点的速度和加速度

如动点矢量形式的运动方程为 $r = r(t)$，则动点的速度定义为

$$v = \frac{dr}{dt} \tag{4-5}$$

即动点的速度等于动点的矢径 $\vec{r}$ 对时间的一阶导数。速度是矢量，方向沿 $\vec{r}$ 矢端曲线的切线，指向动点前进的方向；大小为 $|v|$，它表明点运动的快慢，其量纲为 LT^{-1}，在国际单位制中，速度的单位为 m/s。

动点的加速度定义为

$$a = \frac{dv}{dt} = \frac{d^2r}{dt^2} \tag{4-6}$$

即动点的加速度等于该点的速度对时间的一阶导数，或等于矢径对时间的二阶导数。加速度也是矢量，其量纲为 LT^{-2}，在国际单位制中，加速度的单位为 m/s²。有时为了方便，在字母上方加"·"表示该量对时间的一阶导数，加"··"表示该量对时间的二阶导数。因此，式(4-5)和式(4-6)亦可写为 $v = \dot{r}$ 和 $a = \dot{v} = \ddot{r}$。

二、用直角坐标表示点的速度和加速度

因 $\vec{r} = x\vec{i} + y\vec{j} + z\vec{k}$，将上式对时间求一阶导数，并注意到 $\vec{i}$、$\vec{j}$、$\vec{k}$ 为大小、方向都不变的

常矢量,则
$$\vec{v} = \dot{x}\vec{i} + \dot{y}\vec{j} + \dot{z}\vec{k} \tag{4-7}$$

设动点 M 的速度矢 $\vec{v}$ 在直角坐标轴上的投影为 v_x、v_y、v_z,则
$$\vec{v} = v_x\vec{i} + v_y\vec{j} + v_z\vec{k} \tag{4-8}$$

比较式(4-7)和式(4-8),得到
$$\left.\begin{array}{l} v_x = \dot{x} \\ v_y = \dot{y} \\ v_z = \dot{z} \end{array}\right\} \tag{4-9}$$

即速度在各坐标轴上的投影等于动点的各对应坐标对时间的一阶导数。求得 v_x、v_y、v_z 后,速度 v 的大小和方向就可由它的三个投影完全确定。

同样,设
$$\vec{a} = a_x\vec{i} + a_y\vec{j} + a_z\vec{k} \tag{4-10}$$

可得
$$\left.\begin{array}{l} a_x = \dot{v}_x = \ddot{x} \\ a_y = \dot{v}_y = \ddot{y} \\ a_z = \dot{v}_z = \ddot{z} \end{array}\right\} \tag{4-11}$$

即加速度在各坐标轴上的投影等于动点的各速度的投影对时间的一阶导数,或各对应坐标对时间的二阶导数。加速度 a 的大小和方向亦可由它的三个投影完全确定。

三、用自然法表示点的速度和加速度

点沿轨迹由 M 到 M',经过 Δt 时间,其矢径有增量 Δr,如图 4-4 所示。当 $\Delta t \to 0$ 时,$|\Delta r| = |\widehat{MM'}| = |\Delta s|$,故有
$$|v| = \lim_{\Delta t \to 0}\left|\frac{\Delta r}{\Delta t}\right| = \lim_{\Delta t \to 0}\left|\frac{\Delta s}{\Delta t}\right| = \left|\frac{\mathrm{d}s}{\mathrm{d}t}\right| \tag{4-12}$$

式中:s——动点在轨迹曲线上的弧坐标。

由此可得结论:速度的大小等于动点的弧坐标对时间的一阶导数。

弧坐标对时间的导数是一个代数量,用 v 表示,即
$$v = \frac{\mathrm{d}s}{\mathrm{d}t} = \dot{s} \tag{4-13}$$

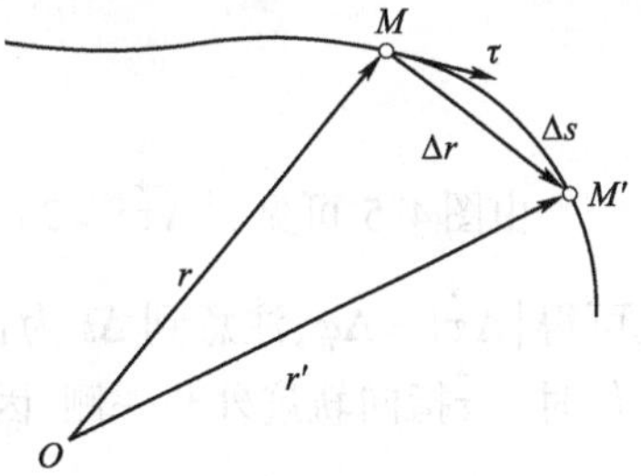

由于 $\vec{\tau}$ 是切线轴的单位矢量,因此点的速度矢可以写为
$$\vec{v} = v\vec{\tau} = \frac{\mathrm{d}s}{\mathrm{d}t}\vec{\tau} \tag{4-14}$$

将式(4-14)对时间取一阶导数,注意到 v 和 τ 都是变量,得

图 4-4 用自然法表示的点的速度

$$a = \frac{\mathrm{d}v}{\mathrm{d}t} = \frac{\mathrm{d}v}{\mathrm{d}t}\tau + \frac{\mathrm{d}\tau}{\mathrm{d}t}v \tag{4-15}$$

上式右端两项都是矢量,第一项是反映速度大小变化的加速度,记为 $\vec{a_\tau}$;第二项是反映

速度方向变化的加速度，记为$\vec{a_n}$。下面分别求它们的大小和方向。

(1) 反映速度大小变化的加速度 a_τ

$$\vec{a_\tau} = \dot{v}\vec{\tau} \tag{4-16}$$

显然，$\vec{a_\tau}$是一个沿轨迹切线的矢量，因此称为切向加速度。如$\dot{v}>0$，$\vec{a_\tau}$指向轨迹的正向；如$\dot{v}<0$，$\vec{a_\tau}$指向轨迹的负向；令$a_\tau = \dot{v} = \ddot{s}$，$a_\tau$是一个代数量，是加速度$a$沿轨迹切向的投影。

由此可得结论：切向加速度反映点的速度值对时间的变化率，它的代数值等于速度的代数值对时间的一阶导数，或弧坐标对时间的二阶导数，它的方向沿轨迹切线。

(2) 反映速度方向变化的加速度 a_n

因为$\vec{a_n} = \vec{v}\dfrac{d\vec{\tau}}{dt}$，它反映速度方向$\vec{\tau}$的变化，上式可改为

$$\vec{a_n} = \vec{v}\dfrac{d\vec{\tau}}{ds} \cdot \dfrac{ds}{dt} = \dfrac{v^2}{\rho}\vec{n} \tag{4-17}$$

可见，$\vec{a_n}$的方向与主法线的正向一致，称为法向加速度。于是可以得出结论：法向加速度反映点的速度方向改变的快慢，它的大小等于点的速度平方除以曲率半径，它的方向沿着主法线，指向曲率中心。

全加速度的大小可由下式求出

$$a = \sqrt{a_\tau^2 + a_n^2}$$

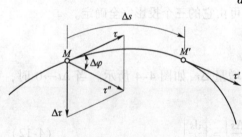

图4-5 曲率半径

注：在曲线运动中，轨迹的曲率或曲率半径是一个重要的参数，它表示曲线的弯曲程度。如点M沿轨迹经过弧长Δs到达点M'，如图4-5所示，设点M处曲线切向单位矢量为$\vec{\tau}$，点M'处曲线切向单位矢量为$\vec{\tau}'$，而切线经过Δs时转过的角度为$\Delta\varphi$，曲率定义为曲线切线的转角对弧长一阶导数的绝对值，曲率的倒数称为曲率半径，如曲率半径以ρ表示，则有

$$\dfrac{1}{\rho} = \lim_{\Delta s \to 0} \left|\dfrac{\Delta\varphi}{\Delta s}\right| = \left|\dfrac{d\varphi}{ds}\right| \tag{4-18}$$

由图4-5可见，$|\Delta\vec{\tau}| = 2|\vec{\tau}|\sin\dfrac{\Delta\varphi}{2}$，当$\Delta s \to 0$时，$\Delta\varphi \to 0$，$\Delta\vec{\tau}$与$\vec{\tau}$垂直，且有$|\vec{\tau}|=1$，由此可得$|\Delta\vec{\tau}| = \Delta\varphi$，注意到$\Delta s$为正时，点沿切向$\vec{\tau}$的正方向运动，$\Delta\vec{\tau}$指向轨迹内凹一侧；$\Delta s$为负时，$\Delta\vec{\tau}$指向轨迹外凸一侧，因此有

$$\dfrac{d\vec{\tau}}{ds} = \lim_{\Delta s \to 0}\dfrac{\Delta\vec{\tau}}{\Delta s} = \lim_{\Delta s \to 0}\dfrac{\Delta\varphi}{\Delta s}\vec{n} = \dfrac{1}{\rho}\vec{n} \tag{4-19}$$

【例4-2】 列车沿半径为$R=800$m 的圆弧轨道作匀加速运动，如初始速度为零，经过2min后，速度达到54km/h，求列车在起点和末点的加速度。

【解】 由于列车沿圆弧轨道作匀加速运动，切点加速度a_τ等于恒量，于是有方程

$$\frac{dv}{dt} = a_\tau = 常量$$

积分一次,得 $v = a_\tau t$

当 $t = 2\min = 120s$ 时, $v = 54\text{km/h} = 15\text{m/s}$,代入上式,求得 $a_\tau = \frac{15\text{m/s}}{120\text{s}} = 0.125\text{m/s}^2$

在起点, $v = 0$, 因此法向加速度等于零, 列车只有切向加速度, 为 $a_\tau = 0.125\text{m/s}^2$。
在末点时速度不等于零, 既有切向加速度, 又有法向加速度, 而
$a_\tau = 0.125\text{m/s}^2$

$$a_n = \frac{v^2}{R} = \frac{(15\text{m/s})^2}{800\text{m}} = 0.281\text{m/s}^2$$

末点的全加速度 $a = \sqrt{a_\tau^2 + a_n^2} = 0.308\text{m/s}^2$

末点的全加速度与法向的夹角 θ 可由 $\tan\theta = \frac{a_\tau}{a_n} = 0.443$, 得 $\theta = 23°54'$。

【例 4-3】 半径为 r 的轮子沿直线轨道无滑动地滚动(称为纯滚动),设轮子转角 $\varphi = \omega t$, ω 为常数。如图 4-6 所示,求用直角坐标和弧坐标表示的轮缘上任一点 M 的运动方程,并求该点的速度、切向加速度及法向加速度。

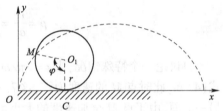

图 4-6 轮子的纯滚动

【解】 取点 M 与直线轨道的接触点 O 为原点, 建立直角坐标系 Oxy, 如图 4-6 所示, 当轮子转过 φ 角时, 轮子与直线轨道的接触点为 C, 由于是纯滚动, 有

$$OC = \overset{\frown}{MC} = r\varphi = r\omega t \tag{1}$$

则用直角坐标表示的点 M 的运动方程为

$$\left.\begin{array}{l} x = OC - O_1 M\sin\varphi = r(\omega t - \sin\omega t) \\ y = O_1 C - O_1 M\cos\varphi = r(1 - \cos\omega t) \end{array}\right\} \tag{2}$$

上式对时间求导数, 即得点 M 的速度沿坐标轴的投影

$$\left.\begin{array}{l} v_x = \dot{x} = r\omega(1 - \cos\omega t) \\ v_y = \dot{y} = r\omega\sin\omega t \end{array}\right\} \tag{3}$$

M 点的速度为

$$v = \sqrt{v_x^2 + v_y^2} = r\omega\sqrt{2 - 2\cos\omega t} = 2r\omega\sin\frac{\omega t}{2} \quad (0 \leq \omega t \leq 2\pi) \tag{4}$$

式(2)实际上也是点 M 运动轨迹的参数方程(以 t 为参变量)。这是一个摆线(或称旋轮线)方程, 这表明点 M 的运动轨迹是摆线, 如图 4-6 所示。

取点 M 的起始点 O 作为弧坐标原点, 将式(4)的速度 v 对 t 积分, 即得用弧坐标表示的运动方程

$$s = \int_0^t 2r\omega\sin\frac{\omega t}{2}dt = 4r\left(1 - \cos\frac{\omega t}{2}\right) \quad (0 \leq \omega t \leq 2\pi) \tag{5}$$

将式(3)再对时间求导数,即得加速度在直角坐标系上的投影

$$a_x = \ddot{x} = r\omega^2 \sin\omega t, a_y = \ddot{y} = r\omega^2 \cos\omega t \tag{6}$$

由此得到全加速度

$$a = \sqrt{a_x^2 + a_y^2} = r\omega^2 \tag{7}$$

将式(4)对时间求导,即得点 M 的切向加速度

$$a_\tau = \dot{v} = r\omega^2 \cos\frac{\omega t}{2} \tag{8}$$

法向加速度为

$$a_n = \sqrt{a^2 - a_\tau^2} = r\omega^2 \sin\frac{\omega t}{2} \tag{9}$$

由于 $a_n = \dfrac{v^2}{\rho}$,于是还可由式(6)及式(9)求得轨迹的曲率半径

$$\rho = \frac{v^2}{a_n} = \frac{4r^2\omega^2 \sin^2\dfrac{\omega t}{2}}{r\omega^2 \sin\dfrac{\omega t}{2}} = 4r\sin\frac{\omega t}{2} \tag{10}$$

再讨论一个特殊情况,当 $t = 2\pi/\omega$ 时,$\varphi = 2\pi$,这时点 M 运动到与地面相接触的位置,由式(4)知,此时点 M 的速度为零,这表明沿地面作纯滚动的轮子与地面接触点的速度为零,另一方面,由于点 M 全加速度的大小恒为 $r\omega^2$,因此纯滚动的轮子与地面接触点的速度虽然为零,但加速度却不为零,将 $t = 2\pi/\omega$ 代入式(6),得

$$a_x = 0, a_y = r\omega^2 \tag{11}$$

即接触点的加速度方向向上。

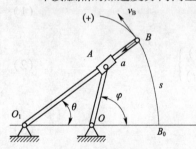

图 4-7 曲柄摇杆机构

【例 4-4】 曲柄摇杆机构如图 4-7 所示。曲柄长 $OA = 100$mm,绕轴 O 转动,$\varphi = \pi t/4$,摇杆长 $O_1B = 240$mm,距离 $O_1O = 100$mm。试求点 B 的运动方程、速度和加速度。

【解】 点 B 的轨迹是以 O_1B 为半径的圆弧,$t = 0$ 时,点 B 在 B_0 处。取 B_0 为弧坐标原点,由图 4-7 得点 B 的弧坐标为

$$s = O_1B \times \theta$$

由于 $\triangle OAO_1$ 是等腰三角形,故 $\varphi = 2\theta$,代入上式,得

$$s = O_1B \times \frac{\varphi}{2} = 240 \times \frac{\pi}{8}t = 30\pi t \text{ mm}$$

这就是点 B 沿已知轨迹的运动方程。点 B 的速度、加速度的大小分别为

$$v_B = \dot{s} = 30\pi = 94.2 \text{ mm/s}$$
$$a_\tau = \ddot{s} = 0$$
$$a = a_n = \frac{v^2}{\rho} = \frac{94.2^2}{240} = 37 \text{ mm/s}^2$$

其方向如图 4-7 所示。本题也可用直角坐标法求解,请自己计算。

【例 4-5】 假设飞机在空间的运动如图 4-8 所示,$Oxyz$ 为地面坐标系,$Ox_2y_2z_2$ 为航迹坐标系,飞机运动速度为 v,ψ_v 为航迹偏流角,θ 为航迹倾角,写出飞机重心移动的运动学方程。

注:航迹偏流角,即速度矢量(沿 Ox_2 轴)在水平面内的投影(沿 Ox'_2 轴)与地面系的轴 Ox 间的夹角,也可以看作是地面系的 Ox 轴与包含速度矢量的垂直平面 Ox_2y_2 间的夹角。航迹倾角,即速度矢量 v 与水平面的夹角,速度矢量向上为正,向下为负,在铅垂平面 Ox_2y_2 内度量。

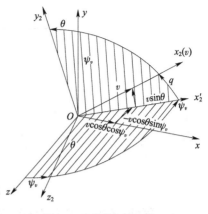

图 4-8 飞机的空间运动

【解】 由图 4-8 可知

$$\frac{dx}{dt} = v\cos\theta\cos\psi_v$$

$$\frac{dy}{dt} = v\sin\theta$$

$$\frac{dz}{dt} = -v\cos\theta\sin\psi_v$$

【例 4-6】 如图 4-9 所示,雷达在距火箭发射台为 l 的 O 处观察铅直上升的火箭发射,测得角 θ 的规律为 $\theta = kt$(k 为常数),写出火箭的运动方程并计算当 $\theta = \pi/6$ 和 $\theta = \pi/3$ 时,火箭的速度和加速度。

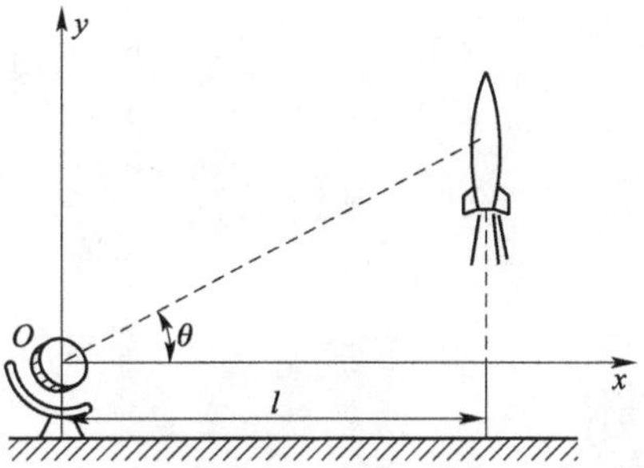

【解】 由图 4-9 可知
$$y = l\tan\theta = l\tan kt$$
对 y 求导,可得火箭运动的速度方程
$$v = lk\sec^2 kt$$
对 v 求导,可得火箭运动的加速度方程
$$a = 2lk^2\tan kt\sec^2 kt$$

图 4-9 火箭的发射

当 $\theta = \dfrac{\pi}{6}$ 时,$v = \dfrac{4}{3}lk$,$a = \dfrac{8\sqrt{3}}{9}lk^2$;当 $\theta = \dfrac{\pi}{3}$ 时,$v = 4lk$,$a = 8\sqrt{3}lk^2$。

【例 4-7】 当飞机沿航线进行转弯时,为了让飞机准确地转到预定的目标航迹上,飞行员需预先估计转弯提前量。如图 4-10 所示,假设飞机当前航向为 90°,目标航向为 150°,飞机飞行速度为 100m/s,$a_\tau = 0$,$a_n = 4\text{m/s}^2$,求转弯半径及转弯提前量 L。

【解】 飞机转弯时,向心加速度为
$$a_n = \frac{v^2}{R}$$
则转弯半径为
$$R = \frac{v^2}{a_n} = \frac{100^2}{4} = 2500\text{m}$$

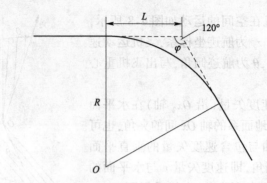

图 4-10 飞机的转弯示意图

由题意知,航向改变量为 60°,则图 4-10 中角度 $\varphi = 120°$,则转弯提前量为

$$L = \frac{R}{\tan\dfrac{\varphi}{2}} = \frac{R}{\tan 60°} = \frac{2500}{1.732} = 1443\mathrm{m}$$

第五章 刚体的基本运动

刚体的运动按照其特征可以分为平动、定轴转动、平面运动、定点运动和一般运动等形式。一般情况下,运动刚体上各点的轨迹、速度和加速度是各不相同的,但彼此间存在着一定的关系。研究刚体的运动,包括研究刚体整体运动的情况和刚体上各点的运动之间的关系。

本章研究刚体的两种基本运动:平动和定轴转动。这两种运动都是工程中最常见、最简单的运动,也是研究刚体复杂运动的基础。

第一节 刚体的平动

一、刚体平动的定义

刚体运动时,若其上任一直线始终保持与它的初始位置平行,则称刚体作平行移动,简称为平动或移动。工程实际中刚体平动的例子很多,例如,沿直线轨道行驶的火车车厢的运动[图5-1a)];振动筛筛体的运动[图5-1b)]等等。刚体平动时,其上各点的轨迹如为直线,则称为直线平动;如为曲线,则称为曲线平动。上面所举的火车车厢作直线平动,而振动筛筛体的运动为曲线平动。

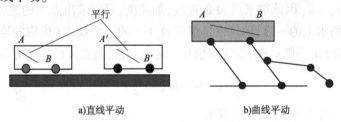

a)直线平动　　　　　　b)曲线平动

图5-1　刚体的平动

二、刚体平动的特点

现在来研究刚体平动时其上各点的轨迹、速度和加速度之间的关系。

设在作平动的刚体内任取两点 A 和 B,令两点的矢径分别为 $\vec{r_A}$ 和 $\vec{r_B}$,并作矢量 $\overrightarrow{BA}$,如图5-2所示。

则两条矢端曲线就是两点的轨迹。由图可知

$$\vec{r}_A = \vec{r}_B + \vec{BA} \tag{5-1}$$

由于刚体作平动，线段 $\vec{BA}$ 的长度和方向均不随时间而变，即 $\vec{BA}$ 是常矢量。因此，在运动过程中，A、B 两点的轨迹曲线的形状完全相同。

把上式两边对时间 t 连续求两次导数，由于常矢量 $\vec{BA}$ 的导数等于零，于是得

$$\left.\begin{aligned} v_A &= v_B \\ a_A &= a_B \end{aligned}\right\} \tag{5-2}$$

此式表明，在任一瞬时，A、B 两点的速度相同，加速度也相同。因为点 A、B 是任取的两点，因此可得如下结论：刚体平动时，其上各点的轨迹形状相同；同一瞬时，各点的速度相等，加速度也相等。

综上所述，对于平动刚体，只要知道其上任一点的运动就知道了整个刚体的运动。所以，研究刚体的平动，可以归结为研究刚体内任一点（例如机构的连接点、质心等）的运动，也就是归结为上一章所研究过的点的运动学问题。

【例 5-1】 荡木用两根等长的绳索平行吊起，如图 5-3 所示。已知 $O_1O_2 = AB$，绳索长 $O_1A = O_2B = l$，摆动规律为 $\varphi = \varphi_0 \sin(\pi t/4)$。试求当 $t = 0$ 和 $t = 2s$ 时，荡木中点 M 的速度和加速度。

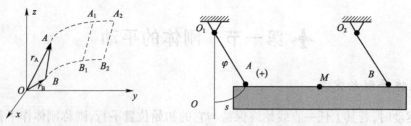

图 5-2 刚体平动的特点　　　　图 5-3 荡木的平动

【解】 根据题意，O_1ABO_2 是一平行四边形，运动中荡木 AB 始终平行于固定不动的连线 O_1O_2，故荡木作平动。由平动刚体的特点知：在同一瞬时，荡木上各点的速度、加速度相等，即有 $v_M = v_A$，$a_M = a_A$。因此欲求点 M 的速度、加速度，只需求出点 A 的速度、加速度即可。

点 A 不仅是荡木上的一点，而且也是摆索 O_1A 上的一个端点（机构的连接点）。点 A 沿圆心在 O_1、半径为 l 的圆弧运动，规定弧坐标 s 向右为正，则点 A 的运动方程为

$$s = l\varphi = l\varphi_0 \sin\frac{\pi}{4}t$$

得任一瞬时 t 点 A 的速度、加速度为

$$v = \dot{s} = \frac{\pi l \varphi_0}{4} \cos\frac{\pi}{4}t$$

$$a_\tau = \dot{v} = -\frac{\pi^2 l \varphi_0}{16} \sin\frac{\pi}{4}t$$

$$a_n = \frac{v^2}{\rho} = \frac{v^2}{l} = \frac{\pi^2 l \varphi_0^{\,2}}{16} \cos^2\frac{\pi}{4}t$$

当 $t = 0$ 时，$\varphi = 0$，摆索 O_1A 位于铅垂位置，此时

$$v_M = v_A = \frac{\pi l \varphi_0}{4}$$

$$a_\tau = 0$$

$$a_n = \frac{v^2}{\rho} = \frac{v^2}{l} = \frac{\pi^2 l \varphi_0^2}{16}$$

$$a_M = \sqrt{a_\tau^2 + a_n^2} = \frac{\pi^2 l \varphi_0^2}{16}$$

加速度的方向与 a_n 相同,即铅垂向上。

当 $t = 2\mathrm{s}$ 时,$\varphi = \varphi_0$,此时

$$v_M = 0$$

$$a_\tau = -\frac{\pi^2 l \varphi_0}{16}$$

$$a_n = 0$$

$$a_M = \sqrt{a_\tau^2 + a_n^2} = \frac{\pi^2 l \varphi_0}{16}$$

加速度的方向与 a_τ 相同,即沿轨迹的切线方向,指向弧坐标的负向。

✈ 第二节 刚体的定轴转动

一、刚体的定轴转动

1. 刚体定轴转动的定义

刚体运动时,若其体内或其扩展部分有一直线始终保持不动,则称刚体作定轴转动。该固定不动的直线称为转轴或轴线。定轴转动是工程中较为常见的一种运动形式。例如电机的转子、飞机发动机的转轴、变速箱中的齿轮以及绕固定铰链开关的门窗等,都是刚体绕定轴转动的实例。

2. 刚体的转动方程

设有一刚体绕固定轴 z 转动,如图 5-4 所示。为了确定刚体的位置,过轴 z 作 A、B 两个平面,其中 A 为固定平面;B 是与刚体固连并随同刚体一起绕 z 轴转动的平面。两平面间的夹角用 φ 表示,它确定了刚体的位置,称为刚体的转角。转角 φ 的符号规定如下:从 z 轴的正向往负向看去,自固定面 A 起沿逆时针转向所量得的 φ 取为正值,反之为负值。

定轴转动刚体具有一个自由度,取转角 φ 为广义坐标。当刚体转动时,随时间 t 变化,是时间 t 的单值连续函数,即

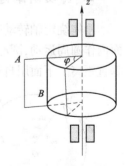

图 5-4 刚体的定轴转动

$$\varphi = f(t) \tag{5-3}$$

该方程称为刚体定轴转动的转动方程,简称为刚体的转动方程。

3. 角速度和角加速度

角速度表征刚体转动的快慢及转向，用字母 ω 表示，它等于转角 φ 对时间的一阶导数，即

$$\omega = \dot{\varphi} \tag{5-4}$$

单位为 rad/s(弧度/秒)。

角加速度表征刚体角速度变化的快慢，用字母 α 表示，它等于角速度 ω 对时间的一阶导数，或等于转角 φ 对时间的二阶导数，即

$$\alpha = \dot{\omega} = \ddot{\varphi} \tag{5-5}$$

单位为 rad/s²(弧度/秒²)。

角速度 ω、角加速度 α 都是代数量，若为正值，则其转向与转角 φ 的增大转向一致；若为负值，则相反。

如果 ω 与 α 同号(即转向相同)，则刚体作加速转动；如果 ω 与 α 异号，则刚体作减速转动。

机器中的转动部件或零件，常用转速 n(每分钟内的转数，以 r/min 为单位)来表示转动的快慢。角速度与转速之间的关系是

$$\omega = \frac{2\pi n}{60} = \frac{\pi n}{30} \tag{5-6}$$

4. 匀变速转动和匀速转动

若角加速度不变，即 α 等于常量，则刚体作匀变速转动(当 ω 与 α 同号时，称为匀加速转动；当 ω 与 α 异号时，称为匀减速转动)。这种情况下，有

$$\omega = \omega_0 + \alpha t \tag{5-7}$$

$$\phi = \phi_0 + \omega_0 t + \frac{1}{2}\alpha t^2 \tag{5-8}$$

$$\omega^2 - \omega_0^2 = 2\alpha(\phi - \phi_0) \tag{5-9}$$

其中 ω_0 和 α_0 分别是 $t=0$ 时的角速度和转角。

对于匀速转动，$\alpha = 0$，$\omega =$ 常量，则有

$$\varphi = \varphi_0 + \omega t \tag{5-10}$$

二、转动刚体内各点的速度和加速度

刚体绕定轴转动时，转轴上各点都固定不动，其他各点都在通过该点并垂直于转轴的平面内作圆周运动，圆心在转轴上，圆周的半径 R 称为该点的转动半径，它等于该点到转轴的垂直距离。下面用自然法研究转动刚体上任一点的运动量(速度、加速度)与转动刚体本身的运动量(角速度、角加速度)之间的关系。

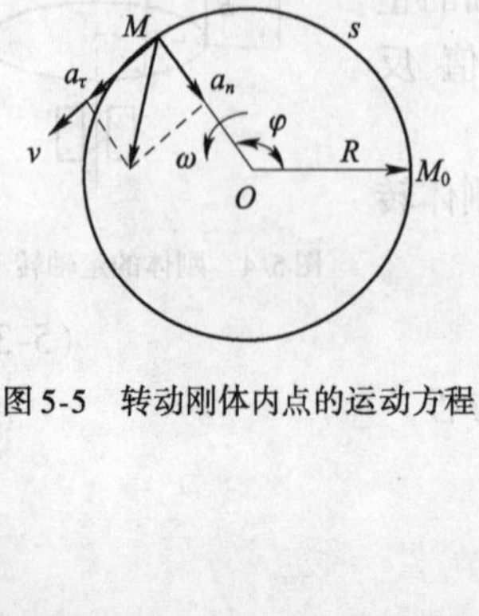

1. 以弧坐标表示的点的运动方程

如图 5-5 所示，刚体绕定轴 O 转动。开始时，动平面在 OM_0 位置，经过一段时间 t，动平面转到 OM 位置，对应的转角为 φ，刚体上一点由 M_0 运动到了 M。以固定点 M_0 为弧坐标 s 的原点，按 φ 角的正向规定弧坐标的正向，于是，由图 5-5 可知 s 与 φ 有如下关系

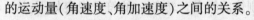

图 5-5　转动刚体内点的运动方程

$$s = R\varphi \tag{5-11}$$

2. 点的速度

任一瞬时,点 M 的速度 v 的值为

$$v = \dot{s} = R\dot{\varphi} = R\omega \tag{5-12}$$

即转动刚体内任一点的速度,其大小等于该点的转动半径与刚体角速度的乘积,方向沿轨迹的切线(垂直于该点的转动半径 OM),指向刚体转动的一方。速度分布规律如图 5-6 所示。

3. 点的加速度

任一瞬时,点 M 的切向加速度 a_τ 的值为

$$a_\tau = \dot{v} = R\dot{\omega} = R\alpha \tag{5-13}$$

即转动刚体内任一点的切向加速度的大小,等于该点的转动半径与刚体角加速度的乘积,方向沿轨迹的切线,指向与 α 的转向一致。如图 5-7a)所示。

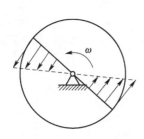

图 5-6 转动刚体内点的速度

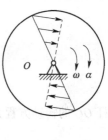

图 5-7 转动刚体内点的加速度

点 M 的法向加速度 a_n 的大小为

$$a_n = \frac{v^2}{\rho} = \frac{(R\omega)^2}{R} = R\omega^2$$

因此

$$a_n = R\omega^2 \tag{5-14}$$

即转动刚体内任一点的法向加速度的大小,等于该点的转动半径与刚体角速度平方的乘积,方向沿转动半径并指向转轴。如图 5-7a)所示。

点 M 的全加速度 a 等于其切向加速度 a_τ 与法向加速度 a_n 的矢量和,如图 5-7a)所示。其大小为

$$a = \sqrt{a_\tau^2 + a_n^2} = \sqrt{(R\alpha)^2 + (R\omega^2)^2} = R\sqrt{\alpha^2 + \omega^4} \tag{5-15}$$

用 θ 表示 a 与转动半径 OM(即 a_n)之间的夹角,则

$$\tan\theta = \frac{|a_\tau|}{a_n} = \frac{|R\alpha|}{R\omega^2} = \frac{\alpha}{\omega^2} \tag{5-16}$$

由上述分析可以看出,刚体定轴转动时,其上各点的速度、加速度有如下分布规律:

(1)转动刚体内各点速度、加速度的大小,都与该点的转动半径成正比。

(2)转动刚体内各点速度的方向,垂直于转动半径,并指向刚体转动的一方。

(3)同一瞬时,转动刚体内各点的全加速度与其转动半径具有相同的夹角 θ,并偏向角加速度 α 转向的一方。

加速度分布规律如图 5-7b)所示。

【例 5-2】 杆 AB 在铅垂方向以恒速 v 向下运动,并由 B 端的小轮带动半径为 R 的圆弧杆 OC 绕轴 O 转动,如图 5-8 所示。设运动开始时,$\varphi = \pi/4$,试求杆 OC 的转动方程、任一瞬时的角速度以及点 C 的速度。

【解】 (1)建立 OC 杆的转动方程。取点 O 为坐标原点,作铅直向下的 Ox 轴。杆 AB 上点 B 的位置坐标可表示为

$$x_B = OB = 2R\cos\varphi$$

将上式对时间求一阶导数,并注意到杆 AB 作平动,有 $\dot{x}_B = v$,得

$$v = \dot{x}_B = -2R\sin\varphi \times \dot{\varphi} \tag{1}$$

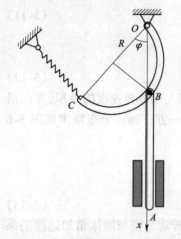

图 5-8 转动方程和转动角速度的求解

整理后积分,有

$$\int_{\frac{\pi}{4}}^{\varphi} \sin\varphi \mathrm{d}\varphi = -\int_0^t \frac{v}{2R}\mathrm{d}t$$

得

$$\cos\varphi = \frac{1}{2}\left(\sqrt{2} + \frac{vt}{R}\right) \tag{2}$$

故杆 OC 的转动方程为

$$\varphi = \arccos\left[\frac{1}{2}\left(\sqrt{2} + \frac{vt}{R}\right)\right] \tag{3}$$

(2)求杆 OC 的角速度。

由式(1)得

$$\omega = \dot{\varphi} = -\frac{v}{2R\sin\varphi} \tag{4}$$

由式(2)得

$$\sin\varphi = \sqrt{1-\cos^2\varphi} = \frac{1}{2}\sqrt{2 - 2\sqrt{2}\frac{vt}{R} - \left(\frac{vt}{R}\right)^2}$$

代入式(4),最后得任一瞬时 OC 杆的角速度为

$$\omega = -\frac{v}{\sqrt{2R^2 - 2\sqrt{2}Rvt - (vt)^2}}$$

(3)求点 C 的速度。

$$v_C = OC \times \omega = 2R\omega = -\frac{2Rv}{\sqrt{2R^2 - 2\sqrt{2}Rvt - (vt)^2}}$$

方向垂直于 OC 连线,指向右下方。

【例 5-3】 图 5-9 所示为一对外啮合的圆柱齿轮。已知齿轮 Ⅰ 的角速度是 ω_1,角加速度是 α_1。齿轮 Ⅰ 和 Ⅱ 的节圆半径分别是 r_1 和 r_2,齿数分别是 z_1 和 z_2。试求齿轮 Ⅱ 的角速度 ω_2 和角加速度 α_2。

【解】 齿轮的啮合可以看作两节圆之间的啮合。

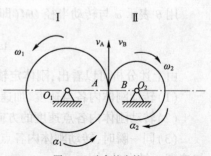

图 5-9 啮合的齿轮

设 A 和 B 是齿轮 I 和 II 节圆上相啮合的点,在这两啮合点间无相对滑动。因而它们必须具有相同的速度和相同的切向加速度。于是,有

$$|v_A| = |v_B|, |a_A^\tau| = |a_B^\tau|$$

但

$$|v_A| = r_1|\omega_1|, |v_B| = r_2|\omega_2|, |a_A^\tau| = r_1|\alpha_1|, |a_B^\tau| = r_2|\alpha_2|$$

故得

$$r_1|\omega_1| = r_2|\omega_2|, r_1|\alpha_1| = r_2|\alpha_2|$$

或

$$\left|\frac{\omega_1}{\omega_2}\right| = \left|\frac{\alpha_1}{\alpha_2}\right| = \frac{r_2}{r_1}$$

一对啮合齿轮的模数$\left(模数 = \dfrac{节圆直径}{齿数}\right)$相等,因此它们的半径 r 与齿数 z 成正比。于是,得

$$\left|\frac{\omega_1}{\omega_2}\right| = \left|\frac{\alpha_1}{\alpha_2}\right| = \frac{r_2}{r_1} = \frac{z_2}{z_1} \tag{5-17}$$

即一对啮合齿轮的角速度和角加速度的大小都反比于节圆半径和齿数。通常把主动轮与从动轮的角速度之比称为这对齿轮啮合的传动比。设齿轮 I 是主动轮,齿轮 II 是从动轮,并以带有脚标的符号 i_{12} 表示传动比,则有

$$i_{12} = \left|\frac{\omega_1}{\omega_2}\right| = \frac{r_2}{r_1} = \frac{z_2}{z_1} \tag{5-18}$$

三、角速度矢和角加速度矢

1. 矢量表示的角速度和角加速度

在分析较为复杂的运动问题时,用矢量表示转动刚体的角速度与角加速度通常较为方便。角速度的矢量表示方法如下:当刚体转动时,从转轴上任取一点作为起点,沿转轴作一矢量 $\vec{\omega}$,如图 5-10 所示,使其模等于角速度的绝对值;指向按右手螺旋法则由角速度的转向确定,即从矢量 $\vec{\omega}$ 的末端向起点看,刚体绕转轴应作逆时针转向的转动。该矢量 $\vec{\omega}$ 称为转动刚体的角速度矢。

若以 $\vec{k}$ 表示沿转轴 z 正向的单位矢量,则转动刚体的角速度矢可写成

$$\vec{\omega} = \omega \vec{k} \tag{5-19}$$

同样,转动刚体的角加速度也可用一个沿轴线的矢量表示,称为角加速度矢,即

$$\vec{\alpha} = \alpha \vec{k} \tag{5-20}$$

注意到 $\vec{k}$ 是一常矢量,于是

$$\vec{\alpha} = \alpha \vec{k} = \dot{\omega} \vec{k} = \dot{\vec{\omega}} \tag{5-21}$$

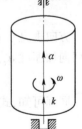

图 5-10 角速度矢和角加速度矢

即角加速度矢等于角速度矢对时间的一阶导数。

因为角速度矢、角加速度矢的起点可在轴线上任意选取,所以 $\vec{\omega}$、$\vec{\alpha}$ 都是滑动矢量。

2. 矢积表示的点的速度和加速度

根据角速度和角加速度的矢量表示法,刚体内任一点的速度和加速度可以用矢积表示。

如图 5-11 所示,在轴线上任选一点 O 为原点,点 M 的矢径以 $\vec{r}$ 表示,则点 M 的速度可以用角速度矢与它的矢径的矢积表示,即

$$\vec{v} = \vec{\omega} \times \vec{r} \tag{5-22}$$

根据矢积的定义,$\vec{\omega} \times \vec{r}$ 仍是一个矢量,它的大小是

$$|\vec{\omega} \times \vec{r}| = |\vec{\omega}| \cdot |\vec{r}| \sin\theta = |\vec{\omega}| \cdot R = |\vec{v}| \tag{5-23}$$

式中:θ——角速度矢 ω 与矢径 r 间的夹角。

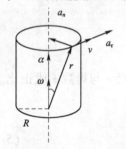

图 5-11 矢积表示的速度和加速度

由此可得矢积的大小等于 M 点速度的大小。

矢积 $\vec{\omega} \times \vec{r}$ 的方向垂直于 $\vec{\omega}$ 和 $\vec{r}$ 所组成的平面,从矢量 $\vec{v}$ 的末端向始端看,ω 按逆时针方向转过角 θ 与 $\vec{r}$ 重合(符合右手法则),可以看出,矢积 $\vec{\omega} \times \vec{r}$ 的方向正好与 M 点的速度方向相同。由此可得:绕定轴转动刚体上任一点的速度矢等于刚体的角速度矢与该点矢径的矢积。

绕定轴转动刚体上的任一点的加速度也可以用矢积表示。点 M 的加速度为

$$a = \frac{dv}{dt} \tag{5-24}$$

将式(5-22)代入,得

$$\vec{a} = \frac{d}{dt}(\vec{\omega} \times \vec{r}) = \frac{d\vec{\omega}}{dt} \times \vec{r} + \vec{\omega} \times \frac{d\vec{r}}{dt} \tag{5-25}$$

已知 $\frac{d\vec{\omega}}{dt} = \vec{\alpha}$,$\frac{d\vec{r}}{dt} = \vec{v}$,于是得

$$\vec{a} = \vec{\alpha} \times \vec{r} + \vec{\omega} \times \vec{v} \tag{5-26}$$

式中第一项的大小为

$$|\vec{\alpha} \times \vec{r}| = |\alpha| \times |r| \sin\theta = |\alpha| \cdot R \tag{5-27}$$

方向垂直于 $\vec{\alpha}$ 和 $\vec{r}$ 所构成的平面,指向符合右手法则。由此可见,矢积 $\vec{\alpha} \times \vec{r}$ 即为点 M 的切向加速度 a_τ,即

$$\vec{a_\tau} = \vec{\alpha} \times \vec{r} \tag{5-28}$$

同理可知,式(5-26)的第二项等于点 M 的法向加速度,即

$$\vec{a_n} = \vec{\omega} \times \vec{v} \tag{5-29}$$

至此可得结论:转动刚体内任一点的切向加速度等于刚体的角加速度矢与该点矢径的矢积;法向加速度等于刚体角速度与该点速度矢的矢积。

第六章 点的合成运动

第四章中分析了点相对于一个坐标系的运动。本章研究点相对于两个坐标系运动时运动量之间的关系,即研究点的合成运动问题。

✈ 第一节 相对运动、绝对运动和牵连运动

在不同的参考体中研究同一个物体的运动,看到的运动情况是不同的。例如,图 6-1 所示的自行车沿水平地面直线行驶,其后轮上的点 M,对于站在地面的观察者来说,轨迹为旋轮线,但对于骑车者,轨迹则是圆。

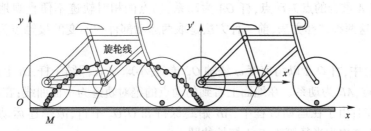

图 6-1 自行车沿水平地面的运动

同一个物体相对于不同的参考体的运动量之间,存在着确定的关系。例如图 6-1 中,点 M 相对于地面作旋轮线运动,若以车架为参考体,车架本身作直线平动,点 M 相对于车架作圆周运动,点 M 的旋轮线运动可视为车架的平动和点 M 相对于车架的圆周运动的合成。将一种运动看作为两种运动的合成,这就是合成运动的方法。

可用合成运动的方法解决的问题,大致分为三类:

(1)把复杂的运动分解成两种简单的运动,求得简单运动的运动量后,再加以合成。这种化繁为简的研究问题的方法,在解决工程实际问题时,具有重要意义。

(2)讨论机构中运动构件运动量之间的关系。例如图 6-2 所示的曲柄摇杆机构,已知曲柄 OA 的角速度,用合成运动的方法求得摇杆 O_1B 的角速度。

(3)研究无直接联系的两运动物体运动量之间的关系。例如,大海上有甲、乙两艘行船,可用合成运动的方法求在甲船上所看到的乙

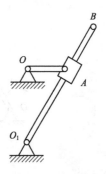

图 6-2 曲柄摇杆机构

船的运动量。

在点的合成运动中,将所考察的点称为动点。动点可以是运动刚体上的一个点,也可以是一个被抽象为点的物体。在工程问题中,一般将静坐标系(简称为静系)$Oxyz$固连于地球,而把动坐标系(简称为动系)$Ox'y'z'$建立在相对于静系运动的物体上,习惯上也将该物体称为动系。图6-1中,静系固连于地球,动系则固连于车架。静系一般可不画出来,和地球相固连时也不必说明。动系也可不画,但一定要指明取哪个物体作为动系。

选定了动点、动系和静系以后,可将运动区分为三种:

(1)动点相对于静系的运动称为绝对运动。在静系中看到的动点的轨迹为绝对轨迹。

(2)动点相对于动系的运动称为相对运动。在动系中看到的动点的轨迹为相对轨迹。

(3)动系相对于静系的运动称为牵连运动。牵连运动为刚体运动,它可以是平动、定轴转动或复杂运动。

仍以图6-1为例,取后车轮上的点M为动点,车架为动系,点M相对于地面的运动为绝对运动,绝对轨迹为旋轮线;点M相对于车架的运动为相对运动,相对轨迹为圆;车架的牵连运动为平动。

用合成运动的方法研究问题的关键在于合理的选择动点、动系。动点、动系的选择原则是:①动点相对于动系有相对运动。如在图6-1中,取后车轮上的点M为动点,就不能再取后轮为动系,必须把动系建立在车架上。②动点的相对轨迹应简单、直观。例如,在图6-2所示的曲柄摇杆机构中,取点A为动点,O_1B为动系,动点的相对轨迹为沿着AB的直线。若取杆O_1B上和点A重合的点为动点,杆OA为动系,动点的相对轨迹不便直观地判断,为一平面曲线。对比这两种选择方法,前一种方法是取两运动部件的不变的接触点为动点,故相对轨迹简单。

在图6-3a)中,杆O_1A以角速度ω绕轴O_1转动,小球M在固结于杆AB上的环形管内运动,取M为动点,AB为动系。在地面上看到的动点的绝对轨迹为平面曲线;在AB上观察,M的相对轨迹为圆;由于在运动过程中,AB始终保持和O_1O_2平行,故牵连运动为平动,动系AB上各点的轨迹均为半径等于O_1A杆长的圆。

在图6-3b)所示机构中,偏心轮以角速度ω绕轴O_1转动,从而推动杆ABC上下运动。在该机构中,由于偏心轮和推杆的接触点对于两物体来说,都不是确定的点,如取某一物体上的瞬时接触点为动点,另一个物体为动系,相对轨迹较难判断。注意到偏心轮轮心到推杆的距

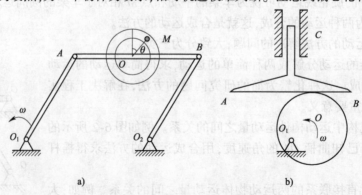

图6-3 摇杆机构和偏心轮的运动

离保持不变,可取轮心 O 为动点,推杆 ABC 为动系。偏心轮作定轴转动,动点的绝对轨迹为圆;因推杆 ABC 为平底,且点 O 到 BC 的距离不变,故相对轨迹为水平直线;牵连运动为铅垂直线平动。

绝对运动和相对运动是同一个动点相对于不同的坐标系的运动,它们的运动描述方法是完全相同的。如图 6-4 所示,动点 M 作空间曲线运动,取动、静两个坐标系,动点相对于静系 $Oxyz$ 的运动,用绝对矢径 $\vec{r}$、绝对速度 $\vec{v}_a$、绝对加速度 $\vec{a}_a$ 来表示。它们之间的关系为

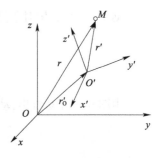

图 6-4 动点 M 的空间曲线运动

$$\left.\begin{array}{l}\vec{v}_a = \dot{\vec{r}} \\ \vec{a}_a = \dot{\vec{v}}_a = \ddot{\vec{r}}\end{array}\right\} \tag{6-1}$$

动点相对于动系 $O'x'y'z'$ 的运动,用相对矢径 r'、相对速度 v_r、相对加速度 a_r 来表示,即

$$\left.\begin{array}{l}\vec{r'} = x'\vec{i'} + y'\vec{j'} + z'\vec{k'} \\ \vec{v}_r = \dot{x}'\vec{i'} + \dot{y}'\vec{j'} + \dot{z}'\vec{k'} \\ \vec{a}_r = \ddot{x}'\vec{i'} + \ddot{y}'\vec{j'} + \ddot{z}'\vec{k'}\end{array}\right\} \tag{6-2}$$

牵连运动是刚体运动,是整个动系的运动。将某一瞬时动系上和动点相重合的一点称为牵连点。牵连点的速度、加速度称为动点的牵连速度和牵连加速度,分别用 v_e 和 a_e 来表示。牵连点是一个瞬时的概念,随着动点的运动,动系上牵连点的位置亦不断变动。例如,图 6-5 所示的圆盘绕轴 O 作定轴转动,滑块 M 在圆盘上沿直槽由 O 向外滑动。取滑块为动点,圆盘为动系,t_1 瞬时,圆盘上与动点 M 重合的一点是 A 点,圆盘上的点 A 为 t_1 瞬时的牵连点;t_2 瞬时,M 到达 B 处,圆盘上的点 B 为 t_2 瞬时的牵连点,牵连速度、牵连加速度分别如图 6-5 所示。

静系和动系是两个不同的坐标系,若已知动系的运动规律,可通过坐标变换求得动点绝对运动方程和相对运动方程的关系。以平面问题为例,如图 6-6 所示,设 Oxy 为静系,$O'x'y'z'$ 为动系,M 是动点。动点的绝对运动方程为

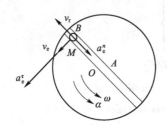

图 6-5 牵连点的速度和加速度
v_r—相对速度;v_e-牵连速度;a_e^n-牵连法向加速度;a_e^τ-牵连切向加速度

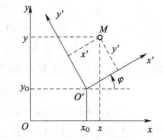

图 6-6 动点 M 在静系和动系中的关系

$$\left.\begin{array}{l}x = x(t) \\ y = y(t)\end{array}\right\} \tag{6-3}$$

动点的相对运动方程为

$$\left.\begin{array}{l}x' = x'(t) \\ x' = y'(t)\end{array}\right\} \tag{6-4}$$

动系 $O'x'y'z'$ 相对于静系 Oxy 的运动可由式(6-5)完全描述,即

$$\left.\begin{array}{l}x_0 = f_1(t) \\ y_0 = f_2(t) \\ \varphi = f_3(t)\end{array}\right\} \quad (6-5)$$

由图 6-6 容易看出,动点 M 在静系中的坐标 x, y 与其在动系中的坐标 x', y' 有如下关系

$$\left.\begin{array}{l}x = x_0 + x'\cos\varphi - y'\sin\varphi \\ y = y_0 + x'\sin\varphi + y'\cos\varphi\end{array}\right\} \quad (6-6)$$

利用上述关系式,已知牵连运动方程,可由相对运动方程求得绝对运动方程,或由绝对运动方程求得相对运动方程。

【例6-1】 点 M 相对于动系 $O'x'y'$ 沿半径 $r = 40\text{mm}$ 的圆周以速度 $v = 40\text{mm/s}$ 作匀速圆周运动,动系 $O'x'y'$ 相对于静系 Oxy 以匀角速度 $\omega = 1\text{rad/s}$ 绕点 O 作定轴转动,如图6-7所示。初始时 $O'x'y'$ 与 Oxy 重合,点 M 和点 O 重合。试求点 M 的绝对轨迹。

【解】 动点的相对运动和动系牵连运动情况已知,可通过坐标变换建立动点的绝对运动方程,然后再求绝对轨迹。

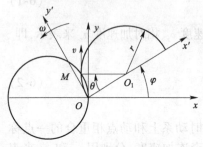

图6-7 点 M 的运动

连接 O_1M,由图可见

$$\theta = \frac{vt}{r} = t$$

点 M 的相对运动方程为

$$\begin{array}{l}x' = OO_1 - O_1M\cos\theta = 40(1 - \cos t) \\ y' = O_1M\sin\theta = 40\sin t\end{array}$$

动系牵连运动方程为

$$\left.\begin{array}{l}x_0 = x_0 = 0 \\ y_0 = y_0 = 0 \\ \varphi = \omega t = t\end{array}\right\}$$

利用坐标变换式(6-6),得点 M 的绝对运动方程为

$$\left.\begin{array}{l}x = 40(1 - \cos t)\cos t - 40\sin t\sin t = 40(\cos t - 1) \\ y = 40(1 - \cos t)\sin t + 40\sin t\cos t = 40\sin t\end{array}\right\}$$

从运动方程中消去时间 t,得 M 的轨迹

$$(x + 40)^2 + y^2 = 1600$$

由式可见,动点的绝对轨迹为圆,该圆的圆心在 O_1x 轴上,半径为 40mm。

✈ 第二节　点的速度合成定理

下面研究点的相对速度、牵连速度和绝对速度三者之间的关系。

设动点 M 在相对运动中的相对轨迹为曲线 AB,如图6-8所示。为了容易理解,设想 AB

为一金属线，动参考系即固定在此线上，而将动点看成是沿金属线滑动的一极小圆环。

在瞬间 t，动点是位于曲线 AB 的点 M，经过极短的时间间隔 Δt 后，动参考系 AB 运动到新位置 $A'B'$；同时，动点沿弧 MM_1 运动到点 M'，弧 MM' 为动点的绝对轨迹。如果在动参考系上观察动点 M 的运动，则它沿曲线 AB 运动到点 M_2，弧 MM_2 是动点的相对轨迹。在瞬间 t，曲线 AB 上与动点重合的那一点，则沿弧 MM' 运动到点 M_1。矢量 MM'、MM_2 和 MM_1 分别为动点的绝对位移、相对位移和牵连位移。

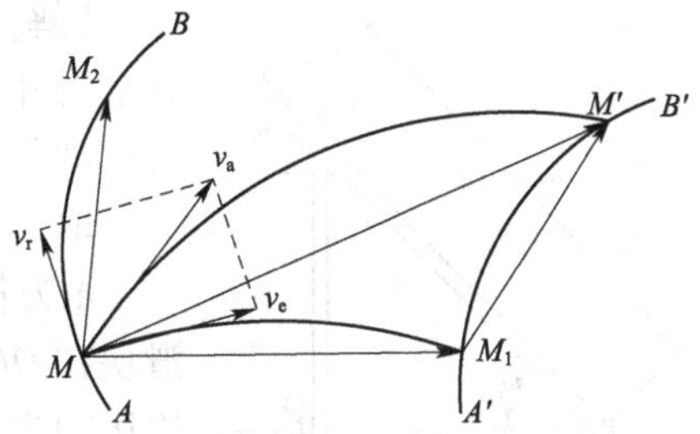

根据速度的定义，动点 M 在瞬时 t 的绝对速度为

$$v_\mathrm{a} = \lim_{\Delta t \to 0} \frac{\overline{MM'}}{\Delta t} \tag{6-7}$$

图 6-8 动点 M 的相对轨迹

它的方向沿绝对轨迹 MM_1 的切线。

相对速度为

$$v_\mathrm{r} = \lim_{\Delta t \to 0} \frac{\overline{MM_2}}{\Delta t} \tag{6-8}$$

它的方向沿相对轨迹 MM_2 的切线。

牵连速度为曲线 AB 上与动点 M 重合的那一点在瞬时 t 的速度，即

$$v_\mathrm{e} = \lim_{\Delta t \to 0} \frac{\overline{MM_1}}{\Delta t} \tag{6-9}$$

它的方向沿曲线 MM_1 的切线。

连接 M_1 和 M' 两点。由图中矢量关系可得

$$\overline{MM'} = \overline{MM_1} + \overline{M_1 M'} \tag{6-10}$$

以 Δt 除上式两端，并令 $\Delta t \to 0$，取极限，得

$$\lim_{\Delta t \to 0} \frac{\overline{MM'}}{\Delta t} = \lim_{\Delta t \to 0} \frac{\overline{MM_1}}{\Delta t} + \lim_{\Delta t \to 0} \frac{\overline{M_1 M'}}{\Delta t} \tag{6-11}$$

将上式中各项与三种速度的定义比较，可见，上式左端是动点在瞬时 t 的绝对速度 v_a；等号右端第一项为动点在瞬时 t 的牵连速度 v_e；第二项等于动点在瞬时 t 的相对速度，因为当 $\Delta t \to 0$ 时，曲线 $A'B'$ 趋近于 AB，故有

$$\lim_{\Delta t \to 0} \frac{\overline{M_1 M'}}{\Delta t} = \lim_{\Delta t \to 0} \frac{\overline{MM_2}}{\Delta t} = v_\mathrm{r} \tag{6-12}$$

于是，上式的等式可写成

$$\vec{v}_\mathrm{a} = \vec{v}_\mathrm{e} + \vec{v}_\mathrm{r} \tag{6-13}$$

由此得到点的速度合成定理：动点在某瞬时的绝对速度等于它在该瞬时的牵连速度与相对速度的矢量和。即动点的绝对速度可以由牵连速度与相对速度所构成的平行四边形的对角线来确定。这个平行四边形称为速度平行四边形。

应该指出，在推导速度合成定理时，并未限制动参考系作什么样的运动，因此这个定理适用于任何运动的情况，即动参考系可作平动、转动或其他任何较复杂的运动。

下面举例说明点的速度合成定理的应用。

【例 6-2】 图 6-9 所示的摆杆机构中的滑杆 AB 以匀速 u 向上运动,铰链 O 与滑槽间的距离为 l,开始时 $\varphi = 0$,试求 $\varphi = \pi/4$ 时摆杆 OD 上 D 点的速度的大小。

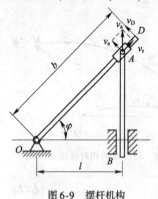

图 6-9 摆杆机构

【解】 D 是作定轴转动刚体上的点,要求点 D 的速度,必须先求得杆 OD 的角速度。因此,应通过对两运动部件的连接点 A 的运动分析,由已知运动量求得待求运动量。

取 A 为动点,杆 OD 为动系。

A 为作直线平动的杆 AB 上的点,其绝对轨迹为铅垂直线。滑块在 OD 上滑动,A 的相对轨迹为沿 OD 的直线。动系 OD 的牵连运动为绕轴 O 的定轴转动。

作动点的速度平行四边形如图 6-9 所示。作速度图时,先作大小、方向已知的矢量 v_a,v_r 大小未知,方向沿相对轨迹;v_e 大小未知,方向垂直于 OD 连线;根据 v_a 应在速度平行四边形的对角线方向,可定出 v_e、v_r 的正确指向。

由图可见

$$v_e = v_a \cos 45° = \frac{\sqrt{2}}{2}u$$

杆 OD 作定轴转动,得

$$\omega = \frac{v_e}{OA} = \frac{\frac{\sqrt{2}}{2}u}{\sqrt{2}l} = \frac{u}{2l}$$

由图可知,ω 为逆时针转向。D 点的速度大小

$$v_D = b\omega = \frac{bu}{2l}$$

方向垂直于 OD,指向如图所示。

【例 6-3】 军舰以 20 节的速度前进,直升飞机以 18km/h 的速度垂直降落,如图 6-10a)所示,求直升机相对于军舰的速度。

【解】 选取直升飞机为动点;动系 $O'x'y'$,固连于军舰;静系 $Oxyz$ 固连于海岸。

由题意可知,直升机相对于海岸的运动为绝对运动,其为方向垂直向下的直线运动,运动速度为 18km/h;军舰相对于海岸的运动为牵连运动,其为水平方向的直线运动,运动速度为 20 节;直升机相对于军舰的运动为相对运动,运动方向及速度均未知。

作动点的速度平行四边形如图 6-10b)所示。作速度图时,先作大小、方向已知的矢量 $\vec{v_a}$ 和 $\vec{v_e}$,利用速度合成定理,则 $\vec{v_r}$ 的大小和方向即可求出。

因为 $\vec{v_a} = \vec{v_e} + \vec{v_r}$,则

$$v_r = \sqrt{v_e^2 + v_a^2} = 41.18 \text{km/h}$$

$$\tan\alpha = \frac{v_a}{v_e} = 0.486$$

$$\alpha = 25.92°$$

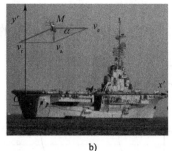

a) b)

图 6-10 直升机在军舰上的降落

第三节 点的加速度合成定理

一、牵连运动为平动时

加速度合成关系与速度合成不同,它与动系的运动形式有关。下面先讨论牵连运动为平动时点的加速度合成定理。

设动系 $O'x'y'z'$ 相对于静系 $Oxyz$ 作平动,而动点 M 相对于动系运动,如图 6-11 所示,其相对位置矢径为 $\vec{r'} = x'\vec{i'} + y'\vec{j'} + z'\vec{k'}$。其中:$\vec{i'}$、$\vec{j'}$、$\vec{k'}$ 分别为动系三个坐标轴 $O'x'$、$O'y'$ 和 $O'z'$ 的单位矢量。由于动系作平动,因此 $\vec{i'}$、$\vec{j'}$、$\vec{k'}$ 方向都不变,即为常矢量。动点 M 的相对速度和相对加速度则可按点的运动学的方法求得,即

$$\vec{v}_r = \frac{\mathrm{d}x'}{\mathrm{d}t}\vec{i'} + \frac{\mathrm{d}y'}{\mathrm{d}t}\vec{j'} + \frac{\mathrm{d}z'}{\mathrm{d}t}\vec{k'} \tag{6-14}$$

$$\vec{a}_r = \frac{\mathrm{d}^2 x'}{\mathrm{d}t^2}\vec{i'} + \frac{\mathrm{d}^2 y'}{\mathrm{d}t^2}\vec{j'} + \frac{\mathrm{d}^2 z'}{\mathrm{d}t^2}\vec{k'} \tag{6-15}$$

因为动系作平动,所以在同一瞬间,动点的牵连速度、牵连加速度与动系上的其他点(如原点 O')的速度和加速度相同,即

$$v_e = v_{O'} \tag{6-16}$$

$$a_e = a_{O'} = \frac{\mathrm{d}v_{O'}}{\mathrm{d}t} \tag{6-17}$$

根据速度合成定理 $v_a = v_{O'} + v_r$,有

$$\vec{v}_a = \vec{v}_{O'} + \left(\frac{\mathrm{d}x'}{\mathrm{d}t}\vec{i'} + \frac{\mathrm{d}y'}{\mathrm{d}t}\vec{j'} + \frac{\mathrm{d}z'}{\mathrm{d}t}\vec{k'}\right) \tag{6-18}$$

将上式对时间求一阶导数,并注意动系作平动时 $\vec{i'}$、$\vec{j'}$ 和 $\vec{k'}$ 均为常矢量,则得动点的绝对加速度为

$$\vec{a}_a = \frac{\mathrm{d}\vec{v}_a}{\mathrm{d}t} = \frac{\mathrm{d}\vec{v}_{O'}}{\mathrm{d}t} + \left(\frac{\mathrm{d}^2 x'}{\mathrm{d}t^2}\vec{i'} + \frac{\mathrm{d}^2 y'}{\mathrm{d}t^2}\vec{j'} + \frac{\mathrm{d}^2 z'}{\mathrm{d}t^2}\vec{k'}\right) \tag{6-19}$$

将式(6-15)和式(6-17)代入式(6-18),则得

$$\vec{a}_a = \vec{a}_e + \vec{a}_r \tag{6-20}$$

上式表明:当牵连运动为平动时,动点的绝对加速度等于它的牵连加速度与相对加速度的矢量和。

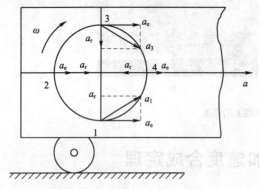

图 6-11 车厢内圆轮上点的加速度

【例 6-4】 如图 6-11 所示,在以水平加速度 a 作平动的车厢内有一圆轮以匀角速度 ω 绕中心轴转动。轮轴通过 O 并与加速度 a 的方向垂直。已知轮的半径为 R,求轮缘上的点 1、2、3 和 4 在图示瞬间的加速度。

【解】 取轮上的点 1、2、3 和 4 为动点,与车厢固连的坐标系为动系,即牵连运动为平动,各点的牵连加速度等于 a;各点的相对运动是以 O 为圆心,半径为 R 的圆周运动,相对加速度如图 6-11 所示。由于圆轮匀速转动,相对加速度只有法向分量,它们的大小都等于 $R\omega^2$。于是各点的绝对加速度等于牵连加速度与相对加速度的矢量的和,合成结果列于表 6-1 中。

表 6-1 加速度合成结果

点	加速度大小	加速度与水平线的夹角
1	$\sqrt{a^2 + R^2\omega^4}$	$\arctan\dfrac{R\omega^2}{a}$(偏向上)
2	$a + R\omega^2$	0
3	$\sqrt{a^2 - R^2\omega^4}$	$\arctan\dfrac{R\omega^2}{a}$(偏向下)
4	$a - R\omega^2$	0

【例 6-5】 凸轮在水平面上向右作减速运动,如图 6-12a)所示,求杆 AB 在图示位置时的加速度。设凸轮半径为 R,图示瞬时的速度和加速度分别为 v 和 a

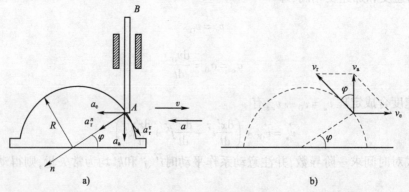

图 6-12 凸轮机构

【解】 以杆 AB 上的 A 为动点,凸轮为动系,则点的绝对轨迹为直线,相对轨迹为凸轮轮廓曲线,牵连运动为凸轮运动。由于牵连运动为平动,故点的加速度合成定理为

$$\vec{a}_a = \vec{a}_e + \vec{a}_r$$

其中：a_a 为所求的加速度，已知它的方向沿直线 AB，但指向及大小尚待定；a_e 为点的牵连加速度，因凸轮作平动，故 $a_e = a$。由于 A 的相对轨迹为曲线，于是其相对加速度 a_r 可分为两个分量；切向分量 a_r^τ 的方向沿凸轮切向，但大小和指向未知，法向分量 a_r^n 的方向如图 6-12a)所示，大小为

$$a_r^n = \frac{v_r^2}{R}$$

式中的相对速度 v_r 可根据点的速度合成定理求出，它的方向如图 6-12b)所示，大小为

$$v_r = \frac{v_e}{\sin\varphi} = \frac{v}{\sin\varphi}$$

于是

$$a_r^n = \frac{1}{R} \frac{v^2}{\sin^2\varphi}$$

加速度合成定理可写出如下形式

$$\vec{a}_a = \vec{a}_e + \vec{a}_r^\tau + \vec{a}_r^n$$

假设 a_a 和 a_r^τ 的指向如图 6-12a)所示。为计算 a_a 的大小，将上式投影到法线 n 上，得

$$a_a = \frac{1}{\sin\varphi}\left(a\cos\varphi + \frac{v^2}{R\sin^2\varphi}\right) = a\cot\varphi + \frac{v^2}{R\sin^3\varphi}$$

当 $\varphi < 90°$ 时，$a_a > 0$ 说明 a_n 假设的指向是其真实的指向。

二、牵连运动为定轴转动时

当牵连运动为转动时，点的加速度合成定理的一般形式是

$$\vec{a}_a = \vec{a}_e + \vec{a}_r + \vec{a}_k \tag{6-21}$$

式中：a_k——科里奥利(G. G. de Coriolis 1792—1843)加速度，简称科氏加速度。

这就是牵连运动为转动时的加速度合成定理：牵连运动为转动时，动点的绝对加速度等于它的牵连加速度、相对加速度和科氏加速度的矢量和。

科氏加速度的大小和方向为

$$\vec{a}_k = 2\vec{\omega} \times \vec{v}_r \tag{6-22}$$

式中：ω——动系转动的角速度矢；

v_r——动点的相对速度。

根据矢积运算规则，a_k 的大小为

$$a_k = 2\omega v_r \sin\theta \tag{6-23}$$

式中：θ——ω 与 v_r 两矢量间最小夹角。

a_k 垂直于 ω 和 v_r 所构成的平面，指向由右手法则确定，如图 6-13 所示。

当 ω 与 v_r 平行时($\theta = 0°$ 或 180°)，$a_k = 0$；当 ω 与 v_r 垂直时($\theta = 90°$)，$a_k = 2\omega v^2$。可以用下面的例子来说明科氏加速度产生的原因。

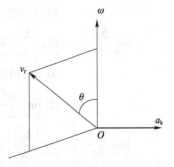

图 6-13 用右手法则确定科氏加速度的方向

设滑块 M 以相对速度 $v_r(t)$ 沿 AB 杆运动,而 AB 杆又以匀角速度 ω 绕 A 转动,如图 6-14a)所示。

设 t 时,滑块位于 M,相对速度为 v_r,牵连速度为 v_e,且 $v_e = AM \cdot \omega$,牵连加速度为 a_e,且 $a_e = a_e^n = AM \cdot \omega^2$,指向 A。

经过 Δt 后,滑块 M 随 AB 转过 $\Delta \varphi$ 而到达 M_1,设此时的相对加速度为 v_{r1},牵连速度为 v_{e1},且 $v_{e1} = AM_1 \cdot \omega$。则在 Δt 时间内,滑块 M 的绝对速度的改变量 $\Delta \vec{v}_a$ 为

$$\Delta \vec{v}_a = (\vec{v}_{r1} + \vec{v}_{e1}) - (\vec{v}_r + \vec{v}_e) = (\vec{v}_{r1} - \vec{v}_r) + (\vec{v}_{e1} - \vec{v}_e) \tag{6-24}$$

即

$$\Delta \vec{v}_a = \Delta \vec{v}_r + \Delta \vec{v}_e \tag{6-25}$$

$\Delta \vec{v}_r$ 和 $\Delta \vec{v}_e$ 如图 6-14b)、图 6-14c)所示,将 $\Delta \vec{v}_r$ 用两分量 $\Delta \vec{v}'_r$ 和 $\Delta \vec{v}''_e$ 表示,且 $\Delta \vec{v}'_r = \vec{v}_{r1} - \vec{v}_r$,将 $\Delta \vec{v}_e$ 也用两分量 $\Delta \vec{v}'_e$ 和 $\Delta \vec{v}''_e$ 表示,且 $\vec{v}''_e = \vec{v}_{e1} - \vec{v}_e$。这样 Δv_e 改写成为

$$\Delta \vec{v}_a = \Delta \vec{v}'_r + \Delta \vec{v}''_r + \Delta \vec{v}'_e + \Delta \vec{v}''_e \tag{6-26}$$

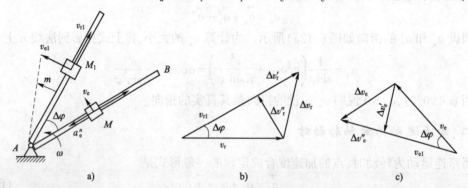

图 6-14 科氏加速度产生的原因

上式两边除以 Δt 后再取极限得

$$a_a = \lim_{\Delta t \to 0} \frac{\Delta v_a}{\Delta t} = \lim_{\Delta t \to 0} \frac{\Delta v'_r}{\Delta t} + \lim_{\Delta t \to 0} \frac{\Delta v'_e}{\Delta t} + \lim_{\Delta t \to 0} \frac{\Delta v''_r}{\Delta t} + \lim_{\Delta t \to 0} \frac{\Delta v''_e}{\Delta t} \tag{6-27}$$

式中: $\lim\limits_{\Delta t \to 0} \dfrac{\Delta v'_r}{\Delta t}$ —— $\lim\limits_{\Delta t \to 0} \dfrac{\Delta v'_r}{\Delta t} = a_r$,是观察者站在动系 AB 上看到的,即由于 v_r 大小的改变而引起的加速度,即相对加速度;

$\lim\limits_{\Delta t \to 0} \dfrac{\Delta v'_e}{\Delta t}$ —— $\lim\limits_{\Delta t \to 0} \left| \dfrac{\Delta v_e}{\Delta t} \right| \lim\limits_{\Delta t \to 0} \dfrac{v_e \Delta \varphi}{\Delta t} = v_e \cdot \dfrac{d\varphi}{dt} = AM \cdot \omega \cdot \omega = AM \cdot \omega^2$,而 $\lim\limits_{\Delta t \to 0} \dfrac{\Delta v'_e}{\Delta t}$ 的方向为 $\Delta v'_e$ 的极限方向;显然 $\Delta v'_e$ 的极限方向垂直于 v_e 沿 AB 方向而指向 A,因此 $\lim\limits_{\Delta t \to 0} \dfrac{\Delta v'_e}{\Delta t} = a_e$,是由于牵连速度方向发生改变而产生的;

$\lim\limits_{\Delta t \to 0} \dfrac{\Delta v''_r}{\Delta t}$ —— $\lim\limits_{\Delta t \to 0} \left| \dfrac{\Delta v''_r}{\Delta t} \right| = \lim\limits_{\Delta t \to 0} \dfrac{v_r \Delta \varphi}{\Delta t} = v_r \cdot \dfrac{d\varphi}{dt} = v_r \cdot \omega$,是 a_k 的一部分;它是由于牵连运动为转动,使 v_r 方向发生改变而产生的;它的方向为 $\Delta v''_r$ 的极限方向,显然垂直于 v_r 且与 ω 转向一致,符合式(6-22)的右手法则;

$$\lim_{\Delta t \to 0} \frac{\Delta v''_e}{\Delta t} - \lim_{\Delta t \to 0} \frac{\Delta v''_e}{\Delta t} = \lim_{\Delta t \to 0} \frac{mM_1 \cdot \omega}{\Delta t} = \omega \cdot \frac{mM_2}{\Delta t} = \omega \cdot v_r,$$ 也是 a_k 的一部分，是由于相对运动使牵连速度大小发生改变而产生的，其方向垂直于 v_r 且与 ω 的转向一致，同样符合式(6-22)的右手法则。

因而科氏加速度为

$$a_k = \lim_{\Delta t \to 0} \frac{\Delta v''_e}{\Delta t} + \lim_{\Delta t \to 0} \frac{\Delta v''_r}{\Delta t} \qquad (6-28)$$

在本例中

$$a_k = 2\omega v_r \sin 90° = 2\omega v_r \qquad (6-29)$$

可以用科氏加速度来解释北半球江河的右岸被冲刷，而在南半球左岸被冲刷这种自然现象。在北半球如果河流沿经线往北流，则河水的科氏加速度 a_k 指向左岸(图6-15)。由牛顿第三定律知，由于科氏惯性力成年累月地作用于右岸，导致右岸比左岸冲刷更严重。同样，不难解释南半球江河的左岸被冲刷的自然现象。

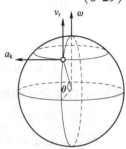

图6-15 北半球河水的科氏加速度

【例6-6】 偏心圆盘凸轮绕水平轴 O 以匀角速度作顺时针转动，使顶杆 AB 沿水平导槽运动，如图6-16a)所示，导槽的轴线通过 O 轴，凸轮半径为 R，偏心距是 $OC = e$。在图示瞬间，盘的圆心 C 在轴 O 的正上方。试求该瞬间时导杆的速度和加速度。

【解】 (1) 选取动点、动系和静系

取顶杆的端点 A 为动点，凸轮为动系，机座为静系。

(2) 运动分析

A 点的绝对运动为水平直线运动；相对运动是沿凸轮轮廓的圆周运动；牵连运动是凸轮绕固定轴 O 的转动。

(3) 速度分析

A 点的绝对速度 v_a 就是待求的顶杆速度，已知其方向为水平；A 点的相对速度 v_r 沿圆周的切线方向，其大小未知；牵连速度 v_e 垂直 OA，指向向下，其大小为

$$v_e = OA \cdot \omega = \sqrt{R^2 - e^2}\,\omega$$

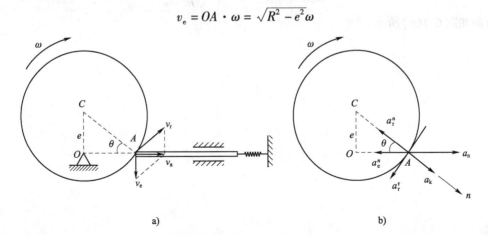

图6-16 偏心圆盘凸轮的运动

根据点的速度合成定理：$\vec{v}_a = \vec{v}_e + \vec{v}_r$，画出速度平行四边形。由几何关系求得

$$v_a = v_e \tan\theta = \sqrt{R^2-e^2} \times \omega \times \frac{e}{\sqrt{R^2-e^2}} = e\omega$$

$$v_r = \frac{v_e}{\cos\theta} = \sqrt{R^2-e^2} \times \omega \times \frac{R}{\sqrt{R^2-e^2}} = R\omega$$

v_a 和 v_r 的方向如图 6-16a) 所示。

(4) 加速度分析

A 点的绝对加速度 $\vec{a}_a$ 就是顶杆的加速度，设其方向向右，大小待求；相对加速度可分为切向和法向两个分量，法向分量的大小为

$$a_r^n = \frac{v_r^2}{R} = R\omega^2$$

方向指向圆心 C；切向分量 $\vec{a}_r^\tau$ 的大小未知，方向沿圆周切线，假设指向左下方；牵连运动是匀速转动，因此牵连加速度 a_e 只有法向分量 $\vec{a}_e^n$，方向指向轴 O，其大小为

$$a_r^n = OA \cdot \omega^2 = \sqrt{R^2-e^2} \cdot \omega^2$$

科氏加速度 a_k 的大小为

$$a_k = 2\omega v_r \sin 90° = 2\omega v_r = 2R\omega^2$$

方向为 v_r 的指向顺 ω 转过 90°，即沿半径 CA 背离圆心 C。根据牵连运动为转动时的加速度合成定理，有

$$\vec{a}_a = \vec{a}_e^n + \vec{a}_r^n + \vec{a}_r^\tau + \vec{a}_k$$

该矢量方程只有 $\vec{a}_a$ 和 $\vec{a}_r^\tau$ 的大小未知，故可以求解。取 An 轴垂直 a_r^τ，上述矢量方程在该轴上的投影为

$$\vec{a}_a \cos\theta = -\vec{a}_e \cos\theta - \vec{a}_r^n + \vec{a}_k$$

代入各值，求得顶杆的加速度为

$$a_a = \frac{1}{\cos\theta}(a_k - a_r^n) - a_e = \frac{e^2}{\sqrt{R^2-e^2}}\omega^2$$

其方向如图 6-16b) 所示。

第七章
刚体的平面运动

第五章讨论了刚体的两种基本运动——平动和定轴转动,本章将研究刚体的平面运动,分析刚体平面运动的简化与分解、平面运动刚体的角速度与角加速度以及刚体上各点的速度与加速度。

✈ 第一节　平面运动的概述和分解

一、平面运动的定义与简化

1. 平面运动的定义

刚体运动时,若其上各点到某一固定平面的距离始终保持不变,则称刚体的这种运动为平面运动。刚体的平面运动是工程中常见的一种运动形式,例如图 7-1a)所示的车轮沿直线轨道的滚动,图 7-1b)所示的曲柄连杆机构中连杆 AB 的运动以及图 7-1c)所示的行星齿轮机构中动齿轮 A 的运动等。不难看出,平面运动刚体上各点的轨迹都是平面曲线(或直线)。

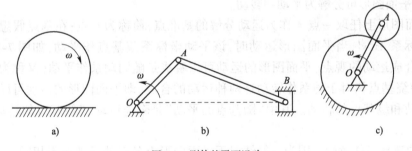

图 7-1　刚体的平面运动

2. 平面运动的简化

设一刚体作平面运动,运动中刚体内每一点到固定平面I的距离始终保持不变,如图 7-2 所示。作一个与固定平面Ⅰ平行的平面Ⅱ来截割刚体,得截面 S,该截面称为平面运动刚体的平面图形。刚体运动时,平面图形 S 始终在平面Ⅱ内运动,即始终在其自身平面内运动,而刚体内与 S 垂直的任一直线 A_1AA_2 都作平动。因此,只要知道平面图形上点 A 的运动,便可知道 A_1AA_2 线上所有各点的运动。从而,只要知道平面图形 S 内各点的运动,就可以知道整个刚体的运动。由此可知,平面图形上各点的运动可以代表刚体内所有各点的运动,即刚

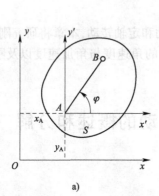

图7-2 平面图形

体的平面运动可以简化为平面图形在其自身平面内的运动。

3. 平面图形的运动方程

平面图形在其自身平面内运动时,共有三个自由度,设 AB 是平面图形上任一线段,可取 x_A、y_A 和 φ 为广义坐标,如图7-3a)所示。平面图形运动时,x_A、y_A 和 φ 都是时间 t 的函数,即

$$\left.\begin{array}{l} x_A = f_1(t) \\ y_A = f_2(t) \\ \varphi = f_3(t) \end{array}\right\} \tag{7-1}$$

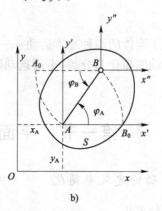

图7-3 平面图形的运动

这就是平面图形的运动方程,也就是刚体平面运动的运动方程。

二、平面运动分解为平动和转动

由式(7-1)可知,若 x_A、y_A 保持不变,平面图形作定轴转动。若 φ 为常数,平面图形作平动。因此,平面图形可分解为平动和转动。

在平面图形上任取一点 A 作为运动分解的基准点,简称为基点;在基点假想地安上一个平动坐标系 $Ax'y'$,当平面图形运动时,该平动坐标系随基点作平动,如图7-3a)所示。这样按照合成运动的观点,平面图形的运动可以看成是随同动系作平动(又称为随同基点的平动)和绕基点相对于动系作转动这两种运动的合成,即平面图形的运动可以分解为随基点的平动和绕基点的转动。其中"随基点的平动"是牵连运动,"绕基点的转动"是相对运动。

基点的选择是任意的。因为一般情况下平面图形上各点的运动各不相同,所以选取不同的点作为基点时,平面图形运动分解后的平动部分与基点的选择有关;而转动部分的转角是相对于平动坐标系而言的,选择不同的基点时,图形的转角仍然相同。如图7-3b)所示,选 A 为基点时,线段 AB 从 AB_0 转至 AB,转角为 $\varphi_A = \varphi$,而选 B 为基点时,线段 AB 从 BA_0 转至 AB,转角为 φ_B,从图上可见,$\varphi_A = \varphi_B$,即平面图形相对于不同的基点的转角相等,在同一瞬时平面图形绕基点转动的角速度、角加速度也相等。因此平面图形运动分解后的转动部分与基点的选择无关。对于角速度、角加速度而言,无须指明是绕哪个基点转动的,而统称为平面图形的角速度、角加速度。

第二节 平面图形上各点的速度

一、基点法和速度投影定理

1. 基点法

平面图形的运动可以看成是牵连运动(随同基点 A 的平动)与相对运动(绕基点 A 的转动)的合成,因此平面图形上任意一点 B 的运动也可用合成运动的概念进行分析,其速度可用速度合成定理求解。

因为牵连运动是平动,所以点 B 的牵连速度就等于基点 A 的速度 v_A,而点 B 的相对速度就是点 B 随同平面图形绕基点 A 转动的速度,以 v_{BA} 表示,其大小等于 $BA\omega$(ω 为图形的角速度),方向垂直于 BA 连线而指向图形的转动方向,如图 7-4 所示。

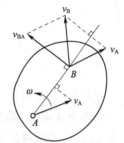

图 7-4 基点法

以 v_A 和 v_{BA} 为两邻边作出速度平行四边形,则点 B 的绝对速度由这个平行四边形的对角线所表示,即

$$\vec{v}_B = \vec{v}_A + \vec{v}_{BA} \tag{7-2}$$

上式称为速度合成的矢量式。注意到 A、B 是平面图形上的任意两点,选取点 A 为基点时,另一点 B 的速度由式(7-2)确定;但若选取点 B 为基点,则点 A 的速度表达式应写为 $\vec{v}_A = \vec{v}_B + \vec{v}_{AB}$。由此可得速度合成定理:平面图形上任一点的速度等于基点的速度与该点随图形绕基点转动速度的矢量和。

应用式(7-2)分析求解平面图形上点的速度问题的方法称为速度基点法,又叫做速度合成法。式(7-2)中共有三个矢量,各有大小和方向两个要素,总计六个要素,要使问题可解,一般应有四个要素是已知的。考虑到相对速度 v_{BA} 的方向必定垂直于连线 BA,于是只需再知道任何其他三个要素,即可解得剩余的两个未知量。

2. 速度投影定理

定理 同一瞬时,平面图形上任意两点的速度在这两点连线上的投影相等。

证明 设 A、B 是平面图形上的任意两点,速度分别为 v_A 和 v_B,如图 7-4 所示。将式(7-2)投影到 AB 连线上,并注意到 v_{BA} 垂直于 AB,在 AB 连线上的投影为零,则可得 v_B 在连线 AB 上的投影$(\vec{v}_B)_{AB}$ 等于 v_A 在连线 AB 上的投影$(\vec{v}_A)_{AB}$,即

$$(\vec{v}_B)_{AB} = (\vec{v}_A)_{AB} \tag{7-3}$$

于是定理得到了证明。

这个定理反映了刚体不变形的特性,因刚体上任意两点间的距离应保持不变,所以刚体上任意两点的速度在这两点连线上的投影应该相等,否则,这两点间的距离不是伸长,就要缩短,这将与刚体的性质相矛盾。因此,速度投影定理不仅适用于刚体作平面运动,而且也适用于刚体的一般运动。

应用速度投影定理求解平面图形上点的速度问题,有时是很方便的。但由于式(7-3)中不出现转动时的相对速度,故用此定理不能直接解得平面图形的角速度。

二、瞬心法

应用基点法求平面图形上各点的速度时,基点是可以任意选取的。如果选取图形上瞬时速度等于零的一点作为基点,则图形上任一点的速度只等于绕瞬时速度为零的基点的转动速度,这种方法称为瞬心法。求解问题时,采用瞬心法有时更为方便。

定理 一般情况下,在每一瞬时,平面图形上都唯一地存在一个速度为零的点。

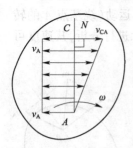

图7-5 瞬心法

证明 设有一平面图形 S,如图7-5所示。取图形上的点 A 为基点,它的速度为 v_A,图形的角速度的绝对值为 ω,转向如图所示。图形上任一点 M 的速度可按下式计算

$$\vec{v}_M = \vec{v}_A + \vec{v}_{MA} \tag{7-4}$$

如果点 M 在 v_A 的垂线 AN 上,(由 v_A 到 AN 的转向与图形的转向一致),由图中看出,v_A 和 v_{MA} 在同一直线上,而方向相反,故 v_M 的大小为

$$v_M = v_A - \omega \cdot AM \tag{7-5}$$

由上式可知,随着点 M 在垂线 AN 上的位置不同,v_M 的大小也不同,因此总可以找到一点 C,这点的瞬时速度等于零。如令

$$AC = \frac{v_A}{\omega} \tag{7-6}$$

则

$$v_C = v_A - \omega \cdot AC = 0 \tag{7-7}$$

定理得证。在某一瞬时,平面图形内速度等于零的点称为瞬时速度中心,或简称为速度瞬心。

求出速度瞬心的位置后,根据图形的转动角速度,就可以求得图形上各点的速度,这种方法称为瞬时速度中心法,简称速度瞬心法或瞬心法。即平面图形内各点的速度大小与该点至速度瞬心的距离成正比,方向垂直于该点与速度瞬心的连线,指向转动前进一方。图形上各点的速度分布与图形在该瞬时以角速度 ω 绕速度瞬心 C 转动时一样(图7-6)。

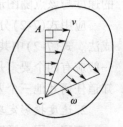

图7-6 瞬心法确定各点的速度

应该指出的是,在每一瞬时,平面图形上必有一点成为速度瞬心,而在不同瞬时,速度瞬心在图形上的位置是不同的。

综上所述,若已知平面图形在某一瞬时的角速度及其速度瞬心的位置,则平面图形上任一点的速度的大小和方向都可以确定。那么下面讨论如何确定平面图形的速度瞬心,通常有以下几种方法:

(1)已知图形上某一点的速度 v_A 以及图形的角速度 ω。这种情况下速度瞬心 C 必定在过点 A 并垂直于 v_A 的线段上,速度瞬心 C 至点 A 的距离 $AO = v_A/\omega$。

(2)已知平面图形上 A、B 两点的速度方位,且 v_A 和 v_B 不平行。分别过 A、B 两点作 v_A 和 v_B 的垂线,两条垂线的交点就是图形的速度瞬心(图7-7)。此时图形角速度 $\omega = v_A/CA = v_B/CB$。

(3) 已知平面图形上 A、B 两点的速度方位,且 v_A 和 v_B 平行。对此分下面两种情况加以讨论。

① 若这两个速度矢量同时垂直于这两点的连线,且速度大小不等[图 7-8a)]或指向相反[(图 7-8b)],其速度瞬心 C 必在连接 AB 与速度矢量 v_A 和 v_B 端点连线的交点上。此时图形角速度 $\omega = v_A/CA = v_B/CB$。

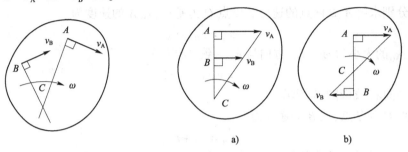

图 7-7 瞬心的确定法一　　　图 7-8 瞬心的确定法二

② 若这两个速度矢量与连线 AB 不垂直[图 7-9a)]。这时速度瞬心在无穷远处,因而在该瞬时平面图形的角速度 $\omega = 0$。应用速度投影定理也可以证明 $v_A = v_B$。该瞬时图形上各点的速度都相同,其速度分布情况与刚体平移时一样,这种情况下图形的运动称为瞬时平移。若已知 $v_A = v_B$,并且两个速度同时垂直于连线 AB[图 7-9b)],这时图形也作瞬时平移。瞬时平移时图形上各点的速度相等,但各点的加速度未必相等,因为图形的加速度一般不为零。

(4) 平面图形沿某一固定表面作无滑动滚动时,其与固定面的接触点 C 就是速度瞬心。因为在此瞬时,C 点相对固定表面的速度为零,所以它的绝对速度就为零(图 7-10),在不同瞬时,轮缘上的点相继与地面接触而成为各瞬时车轮的速度瞬心。

【例 7-1】 火车以速度 v_0 沿水平直线轨道行驶,设车轮的半径为 r,在轨道上滚动而无滑动,如图 7-10 所示。试求轮缘上 A、B 两点的速度。

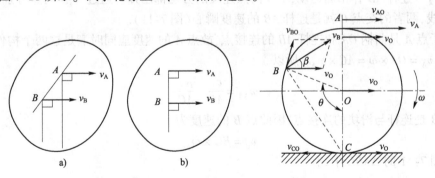

图 7-9 瞬时平动　　　图 7-10 火车轮的运动

【解】 车轮作平面运动,已知轮心的速度 v_0,为求车轮上各点的速度,应先求出车轮的角速度 ω。由于车轮在轨道上滚动而无滑动,因此轮缘上与轨道相接触的点 C 的速度必等于零。

设以轮心 O 为基点,则点 C 的速度可表示为

$$\vec{v}_C = \vec{v}_0 + \vec{v}_{CO}$$

式中 v_C 等于零，v_O 与 v_{CO} 方向水平，但指向相反。故由

$$v_C = v_O - v_{CO} = v_O - r\omega = 0$$

得

$$\omega = \frac{v_O}{r}$$

下面分别求解 A、B 两点的速度。以点 O 为基点，点 A 的速度为

$$\vec{v}_A = \vec{v}_O + \vec{v}_{AO}$$

式中 v_{AO} 的大小为 $\omega r = v_O$，方向与 v_O 一致，所以得

$$v_A = v_O + v_{AO} = 2v_O$$

方向也水平向右，如图 7-5 所示。

仍以点 O 为基点，点 B 的速度为

$$\vec{v}_B = \vec{v}_O + \vec{v}_{BO}$$

式中 v_O 的大小和方向均已知，v_{BO} 的大小为 $v_{BO} = r\omega = v_O$，方向垂直于 OB，指向右上方。作速度平行四边形，因 $v_{BO} = v_O$，故两三角形为等腰三角形，设 v_B 与 v_O 的夹角为 β，由几何关系得

$$\beta = 90° - \frac{\theta}{2}$$

$$v_B = 2v_O \cos\left(90 - \frac{\theta}{2}\right) = 2v_O \sin\frac{\theta}{2}$$

从图中可以看出，$\angle BCO = 90 - \theta/2$，因此 v_B 垂直于 BC，即沿 BA 方向。

本题也可用速度瞬心法求解，过程略。

【例 7-2】 如图 7-11 所示的曲柄滑块机构中，曲柄 $OA = r$，以匀角速度 ω 转动，连杆 $AB = l$。试求当曲柄与 O、B 连线的夹角为 $\varphi = \omega t$ 时（φ 为已知），滑块 B 的速度 v_B 和连杆 AB 的角速度 ω_{AB}。

【解】 连杆 AB 作平面运动，A、B 两点速度的方位都已知。通过 A、B 两点分别作出 v_A、v_{AB} 的垂线，两者的交点 C 就是连杆 AB 的速度瞬心（图 7-11）。

由于点 A 是曲柄 OA 和连杆 AB 的连接点，故点 A 的速度应同时满足这两个构件的运动情况，即 $v_A = OA \times \omega = AC \times \omega_{AB}$，所以

$$\omega_{AB} = \frac{v_A}{AC} = \frac{r\omega}{AC} \tag{1}$$

点 B 是连杆与滑块的连接点，因此点 B 的速度为

$$v_B = BC \times \omega_{AB} \tag{2}$$

在图 7-11 的 $\triangle ABC$ 中，有

$$\frac{AB}{\sin(90° - \varphi)} = \frac{AC}{\sin(90° - \psi)} = \frac{BC}{\sin(\varphi + \psi)}$$

所以

$$AC = \frac{\sin(90° - \psi)}{\sin(90° - \varphi)} AB = \frac{\cos\psi}{\cos\varphi} l$$

$$BC = \frac{\sin(\varphi + \psi)}{\sin(90° - \varphi)} AB = \frac{\sin(\varphi + \psi)}{\cos\varphi} l$$

将 AC 的值代入式(1),得连杆 AB 的角速度

$$\omega_{AB} = \frac{\cos\varphi}{\cos\psi} \times \frac{r}{l}\omega$$

式中 $\psi = \arcsin\left(\frac{r}{l}\sin\varphi\right)$。由 v_A 的指向可知 ω_{AB} 是顺时针方向的。

将 BC 和 ω_{AB} 的值代入式(2),得滑块 B 的速度

$$v_B = \frac{\sin(\varphi+\psi)}{\cos\psi}r\omega$$

由 ω_{AB} 的转向可知,v_B 的指向如图 7-11 所示。

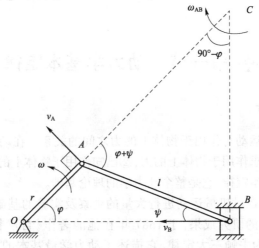

图 7-11 曲柄连杆滑块机构

本题也可用基点法和速度投影法求解,过程略。

第八章 质点动力学

第一节 动力学基本定律

一、牛顿三大定律

动力学研究物体的运动与作用于物体上的力之间的关系。在动力学中,有两类基本问题:①已知物体的运动,求作用于物体上的力;②已知作用于物体上的力,求物体的运动。

本节介绍动力学基本定律,它是整个动力学的理论基础。

动力学基本定律是在对机械运动进行大量的观察及实验的基础上建立起来的。这些定律是牛顿总结了前人的研究成果,于 1687 年在他的著作《自然哲学之数学原理》中明确提出的,所以通常称为牛顿三大定律,它描述了动力学最基本的规律,是古典力学体系的核心。

第一定律 任何质点如不受力作用,则将保持其原来静止的或匀速直线运动的状态。

这个定律说明任何物体都具有保持静止或匀速直线运动状态的特性,物体的这种保持运动状态不变的固有属性称为惯性,而匀速直线运动称为惯性运动,所以第一定律又称为惯性定律。

另一方面,这个定律也说明质点受力作用时,将改变静止或匀速直线运动的状态,说明力是改变质点运动状态的原因。

第二定律 质点受力作用时所获得的加速度的大小与作用力的大小成正比,与质点的质量成反比,加速度的方向与力的方向相同。

如果用 m 表示质点的质量,F 和 a 分别表示作用于质点上的力和质点的加速度,我们只要选取适当的单位,则第二定律可表示为

$$a = \frac{F}{m} \tag{8-1}$$

或

$$ma = F \tag{8-2}$$

上述方程建立了质量、力和加速度之间的关系,称为质点动力学的基本方程,它是推导

其他动力学方程的出发点。若质点同时受几个力的作用,则力 F 应理解为这些力的合力。

这个定律给出了质点运动的加速度与其所受力之间的瞬时关系,说明作用力并不直接决定质点的速度,力对于质点运动的影响是通过加速度表现出来的,速度的方向可完全不同于作用力的方向。

同时,这个定律说明质点的加速度不仅取决于作用力,而且与质点的质量有关。若使不同的质点获得同样的加速度,质量较大的质点则需要较大的力,这说明较大的质量具有较大的惯性。由此可知,质量是质点惯性的度量。由于平动物体可以看作质点,所以质量也是平动物体惯性的度量。在国际单位制中,质量的单位为 kg,物体的质量 m 和重力 W 的关系为

$$W = mg \tag{8-3}$$

或

$$m = \frac{W}{g} \tag{8-4}$$

式中 g 是重力加速度。这里再次强调:质量和重力是两个不同的概念。质量是物体惯性的度量,在古典力学中作为不变的常量;而重力是地球对于物体的引力,由于在地面各处的重力加速度值略有不同,因此物体的重力是随地域不同而变的量,并且只在地面附近的空间内才有意义。

第三定律 作用力和反作用力总是同时存在,大小相等、方向相反且在同一直线上,但分别作用在两个物体上。

这个定律在静力学公理中已叙述过,它对运动着的物体同样适用。

二、惯性坐标系

应该指出,上述的动力学基本定律是建立在绝对运动的基础上,牛顿所理解的"绝对运动"系指在宇宙中存在着绝对静止的与物质无关的"死的"空间,而质点是在这样的空间里运动,也就是说把坐标系固连于这样绝对静止的空间里,而质点的运动称为绝对运动,与绝对运动相对应的时间被理解为与物质运动无关的绝对时间。因此,在古典力学中,时间与空间是不相干的。在动力学里,把适用于牛顿定律的这种参考坐标系称为惯性坐标系。

但是,宇宙中的任何物体都是运动的,根本不存在绝对静止的空间,自然也找不到绝对静止的惯性坐标系。对于一般工程问题,可以取与地球相固连的坐标系作为惯性坐标系,能符合工程要求。如果考虑到地球自转的影响,可选取地心为原点、而三个坐标轴分别指向三颗恒星的坐标系。

第二节 质点运动微分方程

一、质点运动微分方程

本节由动力学基本方程建立质点的运动微分方程,解决质点动力学的两类基本问题。设质量为 m 的自由质点 M 在变力 F 作用下运动,如图 8-1 所示。

根据动力学基本方程 $ma = F$，因 $a = \dot{v} = \ddot{r}$，得

$$ma = m\dot{v} = m\ddot{r} = F \tag{8-5}$$

就是矢量形式的质点运动微分方程。

将上式投影在直角坐标轴上，则得

$$\left.\begin{array}{l} m\ddot{x} = F_x \\ m\ddot{y} = F_y \\ m\ddot{z} = F_z \end{array}\right\} \tag{8-6}$$

这就是直角坐标形式的质点运动微分方程。

在实际应用中，采用自然坐标系有时更为方便。如图 8-2 所示，过 M 点作运动轨迹的切线、法线和副法线。将式(8-5)投影在自然轴上，则得

$$\left.\begin{array}{l} ma_\tau = m\ddot{s} = F_\tau \\ ma_n = m\dfrac{v^2}{\rho} = F_n \\ F_b = 0 \end{array}\right\} \tag{8-7}$$

这就是自然坐标形式的质点运动微分方程。

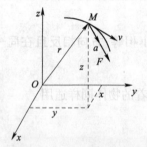
图 8-1 矢量法运动微分方程

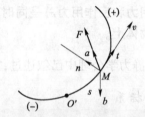
图 8-2 自然法运动微分方程

用投影形式的质点运动微分方程解决质点动力学问题是个基本的方法。在解决实际问题时，要注意根据问题的条件作受力分析和运动分析。对第一类基本问题——已知运动求力，计算比较简单，只要确定质点的加速度，代入式(8-6)或式(8-7)中，即可解得需求力。对第二类问题——已知力求运动，这种问题的求解归结为联立微分方程组的积分，积分常数根据已知条件(如运动的初始条件，即 $t=0$ 时质点的坐标值和速度值)确定，当力的变化规律复杂时，求解比较困难。计算时要根据力的表达形式(力为常数，还是时间或坐标的函数)及需求量的不同来分离变量。

二、飞机的机动飞行

研究飞机性能和飞行轨迹时，常把飞机看作质量集中在质心的质点，下面应用质点运动微分方程分析飞机在空中的机动飞行。机动飞行是指飞机飞行状态改变，也即运动参数改变的飞行，通常可分为垂直平面内的机动飞行(平飞加减速、爬升和下降)和水平平面内的机动飞行(转弯或盘旋)。下面分别进行介绍。

1. 平飞加减速

实现平飞加减速要保持平飞条件 $L = G$（图 8-3），其运动微分方程为

$$\left.\begin{aligned}L &= G \\ \frac{G}{g}\frac{dv}{dt} &= P - D\end{aligned}\right\} \tag{8-8}$$

2. 爬升和下降

爬升和下降是同时改变高度和速度的机动飞行,爬升时飞机的受力图如图 8-4、图 8-5 所示,其运动微分方程为

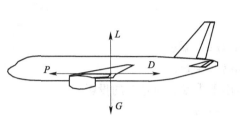

图 8-3　飞机平飞加减速受力图　　　　图 8-4　飞机爬升受力图

$$\left.\begin{aligned}\frac{G}{g}\frac{dv}{dt} &= p - D - G\sin\theta \\ \frac{G}{g}V\frac{d\theta}{dt} &= L - G\cos\theta\end{aligned}\right\} \tag{8-9}$$

类似地,下降时的运动微分方程为

$$\left.\begin{aligned}\frac{G}{g}\frac{dv}{dt} &= p - D + G\sin\theta \\ \frac{G}{g}V\frac{d\theta}{dt} &= G\cos\theta - L\end{aligned}\right\} \tag{8-10}$$

3. 转弯和盘旋

飞机转弯或盘旋时,为了获得向心力,必须滚转一定的角度 γ,滚转角 γ 是飞机对称面与铅垂方向的夹角(图 8-6),其运动微分方程为

$$\left.\begin{aligned}P &= D \\ Y\cos\gamma &= G \\ Y\sin\gamma &= \frac{G}{g}\cdot\frac{V^2}{R}\end{aligned}\right\} \tag{8-11}$$

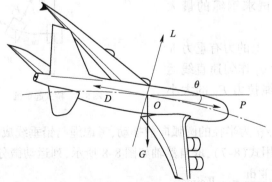 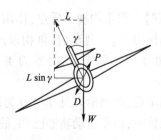

图 8-5　飞机下降受力图　　　　图 8-6　飞机转弯受力图

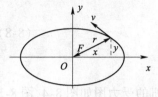

图 8-7 质点在有心力下的运动

【例 8-1】 设质量为 m 的质点 M 在 Oxy 平面内运动,如图 8-7 所示,其运动方程为:$x = a\cos kt, y = b\sin kt$。式中 a、b 及 k 都是常数,试求作用于质点上的力 F。

【解】 由运动方程消去时间 t,得

$$\frac{x^2}{a_2} + \frac{y^2}{b^2} = 1$$

显然这是椭圆方程。

将运动方程取两次微分,得

$$\ddot{x} = -k^2 a\cos kt = -k^2 x$$
$$\ddot{y} = -k^2 b\sin kt = -k^2 y$$

将上式各乘以该质点的质量 m,则得到作用于质点上的力 F 的投影为

$$F_x = m\ddot{x} = -k^2 mx$$
$$F_y = m\ddot{y} = -k^2 my$$

因此力 F 的大小及方向余弦为

$$F = \sqrt{F_x^2 + F_y^2} = k^2 m \sqrt{x^2 + y^2} = k^2 mr$$

$$\cos\alpha = \frac{F_x}{F} = -\frac{x}{r}$$

$$\cos\beta = \frac{F_y}{F} = -\frac{y}{r}$$

式中 $r = \sqrt{x^2 + y^2}$ 是椭圆中心 O 引向质点 M 的矢径 $\vec{OM}$ 的大小,而矢径 $\vec{OM}$ 的方向余弦为

$$\cos\alpha' = \frac{x}{r}, \cos\beta' = \frac{y}{r}$$

可见力 F 与矢径 $\vec{r}$ 成比例,而方向相反,即力 F 的方向恒指向椭圆中心 O,可表示为

$$F = -k^2 mr$$

这种力称为有心力。

【例 8-2】 如图 8-8 所示,桥式起重机上跑车悬吊一重为 W 的重物,沿水平横梁作匀速运动,其速度为 v_0,重物的重心至悬挂点的距离为 l;由于突然刹车,重物的重心因惯性绕悬挂点 O 向前摆动,试求钢绳的最大拉力。

【解】 将重物视为质点,作用于其上的力有重力 W 和绳的拉力 F_{T0}。刹车前,重物以速度 v_0 作匀速直线运动,即处于平衡状态,这时重力 W 与绳拉力 F_{T0} 的大小相等。

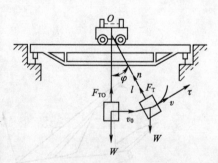

图 8-8 桥式起重机

刹车后,重物沿以悬挂点 O 为圆心、l 为半径的圆弧向前摆动,考虑绳与铅垂线成 φ 角的任意位置时,由于运动轨迹已知,故应用式(8-7),取自然轴如图 8-8 所示,列运动微分方程

$$\frac{W}{g}\frac{\mathrm{d}v}{\mathrm{d}t} = -W\sin\varphi \tag{1}$$

$$\frac{W}{g}\frac{v^2}{l} = F_T - W\cos\varphi \tag{2}$$

由式(2)得

$$F_T = W\left(\cos\varphi + \frac{v^2}{gl}\right)$$

其中 v 及 $\cos\varphi$ 均为变量。由式(1)知重物作减速运动,故可判断出在初始位置 $\varphi=0$ 时绳的拉力最大,其值为

$$F_{T\max} = W\left(1 + \frac{v_0^2}{gl}\right)$$

可见在一般情况下,钢绳拉力由两部分组成,一部分是重物的重力引起的静拉力 $F_{T0} = W$,另一部分是由于加速度而引起的附加动拉力。系数 $(1 + v_0^2/gl)$ 称为动荷系数,以 K_d 表示,即

$$K_d = \frac{F_{T\max}}{F_{T0}} = 1 + \frac{v_0^2}{gl}$$

它表示物体加速运动时动拉力与静拉力之比值。如果加速度越大,则动荷系数及动拉力就越大,设计钢绳时应考虑动荷影响。为了避免绳中产生过大的附加动拉力,跑车的行车速度不能太大,应力求平稳;在不影响吊装工作安全的条件下,绳应尽量长些,以减少动荷系数。

【例 8-3】 质量为 m 的物体 A 在均匀重力场中沿铅垂线由静止落下,受到空气阻力的作用。假定阻力 F_d 与速度平方成比例,即 $F_d = cv^2$,阻力系数 c 单位取 kg/m,数值由实验测定。试求物体 A 的运动规律。

【解】 物体 A 的初速度为零,受重力和阻力的作用,必沿铅垂方向作直线运动,所以取固定坐标系 Ox 铅垂向下,如图 8-9a)所示,原点 O 为物体的初始位置。将物体置于轴 Ox 正向的任意位置进行受力分析和运动分析,则物体的运动微分方程为

$$m\dot{v} = mg - cv^2 \tag{1}$$

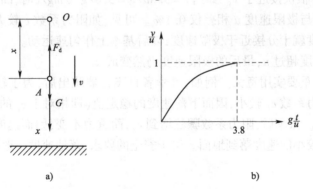

图 8-9 物体在重力场中的下降

由式(1)可知,当 $v = \sqrt{mg/c} = u$ 时,加速度变成零,所以 u 是物体的极限速度。以 m 除式(1)两端,并代入 u 值,得

$$\frac{dv}{dt} = \frac{g}{u^2}(u^2 - v^2)$$

考虑到运动初始条件,当 $t=0$ 时,$x_0=0$,$v_0=0$。分离变量,取定积分,有

$$\int_0^v \frac{u\mathrm{d}y}{u^2-v^2} = \int_0^t \frac{g}{u}\mathrm{d}t$$

式中 $\frac{1}{u^2-v^2} = \frac{1}{2u}\left(\frac{1}{u-v}+\frac{1}{u+v}\right)$,求出积分

$$\frac{1}{2}\ln\left(\frac{u+v}{u-v}\right) = \frac{g}{u}t$$

即

$$\frac{u+v}{u-v} = e^{\frac{2gt}{u}}$$

由此求得速度

$$v = u\frac{e^{\frac{2gt}{u}}-1}{e^{\frac{2gt}{u}}+1} = u\frac{e^{\frac{gt}{u}}-e^{-\frac{gt}{u}}}{e^{\frac{gt}{u}}+e^{-\frac{gt}{u}}} \tag{2}$$

利用双曲函数,式(2)可表示为

$$v = u\tanh\left(\frac{gt}{u}\right) \tag{3}$$

这就是物体 A 的速度随时间变化的规律,如图 8-9b)所示,其中 tanh 是双曲正切。

为求出物体的运动规律 $x(t)$,需把式(2)再次积分,有

$$\int_0^x \mathrm{d}x = \int_0^t \frac{u^2}{g} \frac{\mathrm{d}(e^{\frac{gt}{u}}+e^{-\frac{gt}{u}})}{e^{\frac{gt}{u}}+e^{-\frac{gt}{u}}}$$

于是得

$$x = \frac{u^2}{g}\ln\frac{e^{\frac{gt}{u}}+e^{-\frac{gt}{u}}}{2} = \frac{u^2}{g}\ln\left(\cosh\frac{gt}{u}\right)$$

这就是物体 A 的运动方程。由式(3)知,当 $t\to\infty$ 时,v 趋近于极限速度 u。实际上,当 t 增大时,$\tanh(gt/u)$ 很快接近于 1。如当 $t=3.8u/g=3.8/g\sqrt{mg/c}$ 时,$\tanh(gt/u)=0.999$,这时质点的速度 v 与极限速度 u 相差仅 0.1%。可见,如阻力系数 c 较大或物体较轻,则不需要多久,物体速度就十分接近于极限速度,以后基本上作匀速运动。

若物体的初速度超过 u,最后的极限速度仍然变成 u。

本例所述具有重要实用意义。例如,跳伞者自飞行器跳出后,为了较快降落,起初并不张伞,这时空气阻力系数 c_1 较小,因而下落速度的稳定值(即相对于 c_1 的极限速度)较大,一般可达 50~60m/s。张伞后,阻力系数骤然增到 c_2,而重力不变,因而速度将减小,迅速趋向新的稳定值,并以较小的速度落到地面。出于安全的要求,落地速度一般不超过 4~5m/s。

第九章
动 量 定 理

上一章分析了质点的动力学问题,对于质点系的动力学问题,可建立每一质点的运动微分方程,但很难联立求解这一微分方程组。而在实际工程中,往往不需要研究质点系中每个质点的运动。动力学普遍定理(包括动量定理、动量矩定理、动能定理)从不同的侧面揭示了质点系整体运动特征的变化与其受力之间的关系,建立了运动特征量(如动量、动量矩和动能)与力的作用效果(如冲量、力矩和功)之间的关系。应用这些定理可以较为方便地求解质点系的动力学问题。

✈ 第一节　动量与冲量的概念

我们知道子弹质量虽小当其速度很大时,却可产生极大的杀伤力;轮船靠岸时速度虽小但因其质量很大,操纵不慎便可将码头撞坏。这说明物体运动的强弱不仅与它的速度有关而且与其质量有关,因此可以用物体的质量与其速度的乘积来度量物体运动的强弱。

一、质点的动量

质点的质量与速度的乘积,称为质点的动量。即

$$p = mv \tag{9-1}$$

质点的动量是矢量,方向与质点速度的方向一致。质点的动量是质点运动的基本特征之一。

动量的量纲为 $\dim p = \mathrm{MLT}^{-1}$,在国际单位制中,动量的单位为 $\mathrm{kg \cdot m/s}$。

二、质点系的动量

如图9-1所示,质点系运动时,某一瞬时,第 i 个质点的动量为

$$p_i = m_i v_i$$

而质点系的动量定义为质点系中各质点动量的矢量和,即

$$p = \sum m_i v_i \tag{9-2}$$

由第三章中质心的概念知,质点系质心的位置矢可表示为

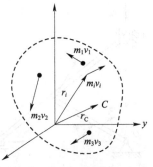

图9-1　质点系的动量

$$r_C = \frac{\sum m_i r_i}{m} \tag{9-3}$$

两边对时间求导可得

$$v_C = \frac{\sum m_i v_i}{m} \tag{9-4}$$

式中：$\vec{v}_C$——质点系质心的速度；
m——质点系的质量。

因此式(9-2)可写成

$$p = m v_C \tag{9-5}$$

上式表明：质点系的动量等于质点系的质量乘以质心的速度。这相当于将质点系的质量集中于质心点的动量。因此质点系的动量描述了质心的运动，从一个侧面反映了质点系的整体运动。它为计算质点系，特别是刚体的动量提供了简便的方法。例如车轮作平面运动，质心的速度为 v_C，则车轮动量为 mv_C（m 为车轮的总质量）；若圆轮绕质心 C 转动，由于质心即转轴，$v_C = 0$，则其动量为 $mv_C = 0$。

三、质点系动量的计算

某一瞬时质点系的动量既可按式(9-2)分别求出质点系中各质点的动量然后叠加，也可根据质点系质心的速度按式(9-5)计算。需要注意的是动量为矢量，有大小和方向。

四、冲量的概念

物体运动状态的改变不仅与作用在其上的力有关，而且与力作用的时间有关。如工人推车厢沿铁轨由静止开始运动，当推力大于阻力时，经过一段时间车厢可得到一定的速度；如若改用机车牵引，只需很短的时间便可达到工人推车厢的速度。为了反映力在一段时间内对物体作用的累积效果，我们把力与其作用时间的乘积称为冲量，用 I 表示。冲量是矢量，方向与力的方向一致。在时间段 $t_2 - t_1$ 内，若力 F 是常力，则此力的冲量为

$$I = F(t_2 - t_1) \tag{9-6}$$

如力 F 是变力，可将力作用的时间分成无数微小的时间间隔 dt，在 dt 时间内力可看成是常力，因而在 dt 时间内的冲量（称元冲量）为

$$dI = F dt \tag{9-7}$$

积分式(9-7)可得在时间 $t_2 - t_1$ 内的冲量为

$$I = \int_{t_1}^{t_2} F dt \tag{9-8}$$

【例9-1】 如图9-2所示的椭圆规，$OC = AC = BC = l$，曲柄 OC 与连杆 AB 质量不计，滑块 A、B 的质量均为 m，曲柄以角速度 ω 转动。试求系统在图示位置时的动量。

【解】 方法一：

利用式(9-2)，有

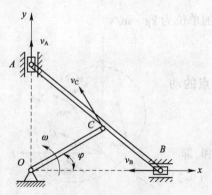

图9-2 椭圆规系统的动量

$$p = m_A v_A + m_B v_B \tag{1}$$

用点的运动学方法求 A、B 两点的速度 v_A 与 v_B 的大小

$$y_A = 2l\sin\varphi$$
$$v_{Ay} = 2l\dot{\varphi}\cos\varphi = 2l\omega\cos\varphi$$
$$x_B = 2l\cos\varphi$$
$$v_{Bx} = -2l\dot{\varphi}\sin\varphi = -2l\omega\sin\varphi \tag{2}$$

将式(2)代入式(1),得系统动量为

$$p = 2l\omega m(-\sin\varphi \vec{i} + \cos\varphi \vec{j}) \tag{3}$$

方法二:
利用式(9-5),有

$$p = mv_C \tag{4}$$

系统的质量为 $m_A + m_B = 2m$,质心在 C 点,C 点的速度可表示为

$$v_C = l\omega(-\sin\varphi \vec{i} + \cos\varphi \vec{j})$$

代入式(4),得到与式(3)相同的结果。

✈ 第二节 动量定理

一、质点的动量定理

一质点的质量为 m,受到力 F 的作用加速度为 a,由牛顿第二定律可得

$$m\vec{a} = \vec{F}$$

改写为

$$\frac{\mathrm{d}}{\mathrm{d}t}(m\vec{v}) = \vec{F} \tag{9-9}$$

式中:mv——质点的动量。
因此得

$$\frac{\mathrm{d}\vec{p}}{\mathrm{d}t} = \vec{F} \tag{9-10}$$

上式表明:质点动量对时间的导数等于作用在该质点上的力。这就是质点动量定理的微分形式。将式(9-10)改写为

$$\mathrm{d}\vec{p} = \vec{F}\mathrm{d}t \tag{9-11}$$

对上式积分,积分上下限取时间由 t_1 到 t_2,速度由 v_1 到 v_2 得

$$p_2 - p_1 = \int_{t_1}^{t_2} F \mathrm{d}t = I \tag{9-12}$$

式(9-12)为质点动量定理的积分形式,即在某一时间段内,质点动量的变化等于作用于质点上的力在同一时间段内的冲量。

二、质点系的动量定理

考察一由 n 个质点组成的质点系,对其中第 i 质点应用动量定理式(9-10),可得

$$\frac{d\vec{p_i}}{dt} = \vec{F_i} = \vec{F_i^e} + \vec{F_i^i} \tag{9-13}$$

式中：F_i^e——该质点所受的质点系外力；

F_i^i——该质点所受的质点系内力。

这样的方程共有 n 个，将这 n 个方程两端分别相加，可得

$$\sum \frac{d\vec{p_i}}{dt} = \sum \vec{F_i^e} + \sum \vec{F_i^i} \tag{9-14}$$

交换求导和求和的顺序，上式可改写为

$$\frac{d\vec{p}}{dt} = \sum \vec{F_i^e} + \sum \vec{F_i^i} \tag{9-15}$$

因为质点系内各质点间的相互作用的内力总是大小相等方向相反，成对出现，因此内力的矢量和必为零，即 $\sum \vec{F_i^i} = 0$，所以式(9-15)可写成

$$\frac{d\vec{p}}{dt} = \sum \vec{F_i^e} \tag{9-16}$$

上式表明：质点系的动量对时间的导数等于作用于质点系上所有外力的矢量和，这就是质点系动量定理的微分形式。式(9-16)也可写成

$$d\vec{p} = \sum \vec{F_i^e} dt \tag{9-17}$$

若在 $t = t_1$ 时质点系的动量为 p_1；在 $t = t_2$ 时的动量为 p_2，则对式(9-17)两边积分可得

$$p_2 - p_1 = \sum I_i^e \tag{9-18}$$

此即质点系动量定理的积分形式，即在某一时间段内质点系动量的改变量等于在此段时间内作用于质点系上外力冲量的矢量和。

由质点系动量定理可知，只有外力才能改变质点系的动量，而内力则不能。但内力却能改变个别质点的动量，要改变整个质点系的动量只有依靠外力。

质点系动量定理是矢量方程，具体应用时通常取投影形式，如式(9-16)和式(9-18)在直角坐标轴上的投影式为

$$\left. \begin{array}{l} \dfrac{dp_x}{dt} = \sum F_{ix}^e \\[4pt] \dfrac{dp_y}{dt} = \sum F_{iy}^e \\[4pt] \dfrac{dp_z}{dt} = \sum F_{iz}^e \end{array} \right\} \tag{9-19}$$

$$\left. \begin{array}{l} p_{2x} - p_{1x} = \sum I_{ix}^e \\ p_{2y} - p_{1y} = \sum I_{iy}^e \\ P_{2z} - p_{1z} = \sum I_{iz}^e \end{array} \right\} \tag{9-20}$$

三、动量守恒

如作用于质点系的外力的矢量和恒等于零，即 $\sum F_i^e = 0$，则由式(9-16)或式(9-17)可知，在运动过程中质点系的动量保持不变，即

$$\vec{p} = \vec{p}_1 = \vec{p}_2 = 常矢量$$

如作用于质点系的外力的矢量和在某一轴上的投影恒等于零,如 $\sum F_{xi}^e = 0$,则根据式(9-19)或式(9-20)可知,在运动过程中质点系的动量在该轴上的投影保持不变,即

$$p_x = p_{x1} = p_{x2} = 常量$$

以上结论称为质点系动量守恒定律。可见,要使质点系动量发生变化,必须有外力作用。

质点系动量守恒定律是自然界的普遍客观规律之一,在工程技术上应用很广。如枪炮的"后座"、火箭和喷气飞机的反推作用等都可以用动量守恒定律加以研究。

【例9-2】 如图9-3a)所示,质量为 m_1 的矩形板可在垂直于板面的光滑平面上运动,板上有一半径为 R 的圆形凹槽,一质量为 m_2 的甲虫以相对速度 v_r 沿凹槽匀速运动。初始时板静止,甲虫位于圆形凹槽的最右端(即 $\theta = 0°$)。试求甲虫运动到图示位置时,板的速度和加速度及地面作用在板上的约束力。

【解】 以板和甲虫组成的质点系为研究对象,这样板与甲虫间的相互作用力为内力可不考虑。作出质点系运动到一般位置的受力图,如图9-3b)所示。

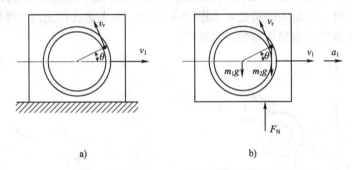

图9-3 甲虫在矩形板上的运动

(1)求板的速度和加速度

板作平动,设其速度为 v_1,方向如图9-3b)所示,则板的动量为 m_1v_1,取板为动系,甲虫为动点,设甲虫相对地面的速度为 v_2,则甲虫的动量为 m_2v_2,系统的动量为

$$p = m_1v_1 + m_2v_2 = m_1v_1 + m_2(v_1 + v_r) \tag{1}$$

由于水平方向无外力作用,故系统水平方向的动量守恒,即

$$p_x = p_{x0} \tag{2}$$

根据初始条件,当 $t = 0$ 时 $v_{10} = 0$,v_{20} 垂直于 x 轴,所以 $p_{x0} = 0$。在任一时刻

$$p_x = m_1v_1 + m_2(v_1 - v_r\sin\theta)$$

将 p_{x0} 和 p_x 代入式(2)后整理可得

$$v_1 = \frac{m_2 v_r \sin\theta}{m_1 + m_2}$$

将上式对时间求导,可得板的加速度

$$a_1 = \frac{dv_1}{dt} = \frac{m_2 v_r \dot\theta \cos\theta}{m_1 + m_2}$$

设甲虫沿圆形凹槽爬行的弧长为 $s = R\theta$,则 $s = v_r t = R\theta$。该式对时间求导可得 $\dot\theta = v_r/R$。将其代入上式,便可求得

$$a_1 = \frac{m_2 v_r^2 \cos\theta}{(m_1+m_2)R}$$

(2) 求地面作用在板上的约束力

系统受力如图9-3b)所示,其中 F_N 即为需求的约束力。将式(1)在 y 轴上投影得

$$p_y = m_2 v_r \cos\theta \tag{3}$$

由动量定理式(9-19)可知

$$\frac{dp_y}{dt} = F_N - m_1 g - m_2 g \tag{4}$$

将式(3)代入式(4)计算可得

$$m_1 v_r(-\sin\theta)\theta = F_N - m_1 g - m_2 g$$

$$F_N = (m_1+m_2)g - \frac{m_2 v_r^2 \sin\theta}{R}$$

【例9-3】 火炮(包括炮车与炮筒)的质量是 m_1,炮弹的质量是 m_2,炮弹相对炮车的发射速度是 v_r,炮筒对水平面的仰角是 α,如图9-4所示。设火炮放在光滑水平面上,且炮筒与炮车固连,试求火炮的后座和炮弹的发射速度。

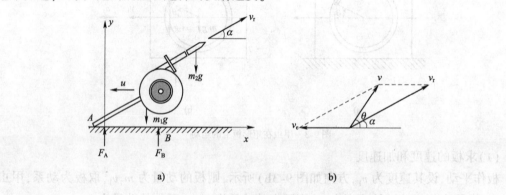

图9-4 炮弹的发射

【解】 取火炮和炮弹(包括炸药)整个系统作为研究对象。

设火炮的后座速度是 u,炮弹发射的速度是 v,对水平面的仰角是 θ,如图9-4b)所示。

炸药(其质量略去不计)的爆炸力是内力,作用在系统上的外力在水平轴 x 的投影都是零,即有 $\sum F_{ix}=0$。

可见,系统的动量在轴 x 上的投影守恒,考虑到初始瞬时系统处于静止,即有 $p_{0x}=0$,于是有

$$p_x = m_2 v \cos\theta - m_1 u = 0$$

另一方面,对炮弹应用速度合成定理,可得

$$v = v_e + v_r$$

考虑到 $v_e = u$,并将上式投影到 x 和 y 上,就得到

$$v\cos\theta = v_r \cos\alpha - u$$

$$v\sin\theta = v_r \sin\alpha$$

联立求解上列三个方程,即得

$$u = \frac{m_2}{m_1+m_2} v_r \cos\theta$$

$$v = \sqrt{1 - \frac{(2m_1+m_2)m_2}{(m_1+m_2)^2}\cos^2\alpha} \times v_r$$

$$\tan\theta = \left(1 + \frac{m_2}{m_1}\right)\tan\alpha$$

【例 9-4】 如图 9-5 所示，飞机在空中巡航时，若发动机进口处的气流速度为 v_0，出口的速度为 v_1，设发动机进口的截面积为 A_0，空气的密度为 ρ_0，压强为 P_0，出口的截面积为 A_1。求发动机产生的推力 F 的大小？出口的压力与进口的压力之比（EPR）为多少？

【解】 取 dt 时间段进行研究，在 dt 时间内进入发动机的空气质量为

$$dm = v_0 \cdot dt \cdot A_0 \cdot \rho_0$$

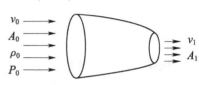

图 9-5 飞机发动机的推力

根据动量定理，在某一时间段内质点系动量的改变量等于在此段时间内作用于质点系上外力冲量的矢量和，则

$$F \cdot dt = (v_0 \cdot dt \cdot A_0 \cdot \rho_0)(v_1 - v_0)$$

根据上式可得

$$F = (v_0 \cdot A_0 \cdot \rho_0)(v_1 - v_0) = \rho_0 \cdot A_0(v_1 \cdot v_0 - v_0^2)$$

又由于发动机的推力可以表示为 $F = P_1 \cdot A_1 - P_0 \cdot A_0$，则

$$P_1 = \frac{F + P_0 \cdot A_0}{A_1}$$

$$\text{EPR} = \frac{P_1}{P_0} = \frac{F + P_0 \cdot A_0}{P_0 \cdot A_1} = \frac{\rho_0 \cdot A_0 (v_1 \cdot v_0 - v_0^2) + P_0 \cdot A_0}{P_0 \cdot A_1}$$

第三节 质心运动定理

一、质心运动定理

由式（9-5），将质点系的动量表达式 $\vec{P} = m \cdot \vec{v}_C$ 代入质点系的动量定理的式（9-16），可得

$$\frac{d}{dt}(m\vec{v}_C) = \sum \vec{F}_i^e \tag{9-21}$$

引入质心的加速度 $a_C = dv_C/dt$，则上式可写成

$$m\vec{a}_C = \sum \vec{F}_i^e \tag{9-22}$$

上式表明：质点系的质量与其质心加速度的乘积，等于作用在该质点系上所有外力的矢量和。这就是质心运动定理。把式（9-22）和牛顿第二定律的表达式 $m\vec{a} = \vec{F}$ 相比，可以看出它们在形式上相似。因此质心运动定理也可叙述为：质点系质心的运动，可看成是一个质点的运动，此质点集中了整个质点系的质量及其所受的外力。

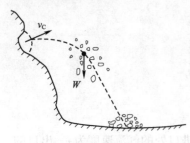

图 9-6 爆破山石时土石块的落点

例如在爆破山石时，土石块向各处飞落，如图 9-6 所示。将土石块看成一质点系，不计空气阻力，质点系仅受重力作用，在质心 C 上集中了质点系的全部质量，并作用了质点系的全部重力，则质心 C 的运动就像一个质点在重力作用下作抛射运动一样，根据它的轨迹，就可以推断出大部分土石块将落在何处。

式 (9-22) 是质心运动定理的矢量形式，具体计算时可将其投影到直角坐标轴上

$$\left. \begin{array}{l} ma_{Cx} = \sum F_{ix}^e \\ ma_{Cy} = \sum F_{iy}^e \\ ma_{Cz} = \sum F_{iz}^e \end{array} \right\} \tag{9-23}$$

或投影到自然轴上

$$\left. \begin{array}{l} ma_C^n = \sum F_{in}^e \\ ma_C^\tau = \sum F_{i\tau}^e \\ \sum F_{ib}^e = 0 \end{array} \right\} \tag{9-24}$$

二、质心运动守恒

由质心运动定理可知，内力不能影响质心的运动。如果作用于质点系的外力的矢量和恒等于零，则质心做匀速直线运动；若质心原来是静止的，则其位置保持不动。如果作用于质点系的外力在某一轴上的投影的代数和恒等于零，则质心在该轴上的速度投影保持不变；若质心的速度投影原来就等于零，则质心沿该轴就没有位移。这两个推论称为质心运动守恒定律。

例如，汽车开动时，发动机中的气体压力对汽车整体来说是内力，仅靠它是不能使汽车的质心运动的。汽车所以能行驶，是因为主动轮与地面接触处受到一个向前的外力（摩擦力）的作用，这个外力使汽车的质心向前运动。在日常生活中，我们知道，在非常光滑的地面上走路很困难；在静止的小船上，人向前走，船往后退，等等。这些都是因为水平方向外力很小，人的质心或人与船的质心趋向于保持静止的缘故。

【例 9-5】 电动机的外壳用螺栓固定在水平基础上，外壳与定子的总质量为 m_1。质心位于转轴的中心 O_1，转子质量为 m_2，如图 9-7 所示。由于制造和安装时的误差，转子的质心 O_2 到 O_1 的距离为 e。若转子匀速转动，角速度为 ω。求基础的支座反力。

【解】 取电动机外壳、定子与转子组成的质点系为研究对象。这样就可不考虑使转子转动的电磁内力偶和转子轴与定子轴承间的内约束力。外力有重力 m_1g、m_2g 及基础的反力 F_x、F_y 和反力偶 M_0。取坐标轴如图 9-7 所示，质心坐标为

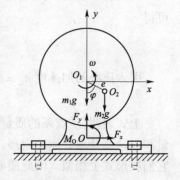

图 9-7 电动机的支座反力

$$x_C = \frac{m_2 e\sin\omega t}{m_1 + m_2}$$

$$y_C = \frac{-m_2 e\cos\omega t}{m_1 + m_2}$$

由质心运动定理式(9-23)得

$$(m_1 + m_2)a_{Cx} = F_x$$

$$(m_1 + m_2)a_{Cy} = F_y - (m_1 + m_2)g$$

将质心坐标对时间求二阶导数,代入上式整理后可得基础的支座反力为

$$F_x = -m_2 e\omega^2 \sin\omega t$$

$$F_y = (m_1 + m_2)g + m_2 e\omega^2 \cos\omega t$$

电机不转时,基础上只有向上的反力,可称为静反力;电机转动时基础的反力可称为动反力。动反力与转速 ω^2 成正比,当转子的转速很高时,其数值可达到静反力的几倍,甚至几十倍。而且,这种约束力是周期性变化的,必然引起电机和基础的振动。

基础动反力的最大和最小值分别为

$$F_{x\max} = m_2 e\omega^2$$

$$F_{x\min} = -m_2 e\omega^2$$

$$F_{y\max} = (m_1 + m_2)g + m_2 e\omega^2$$

$$F_{y\min} = (m_1 + m_2)g - m_2 e\omega^2$$

【例9-6】 如图9-8所示,在静止的小船上,一人自船头走到船尾,设人质量为 m_2,船的质量为 m_1,船长 l,水的阻力不计,试求船的位移。

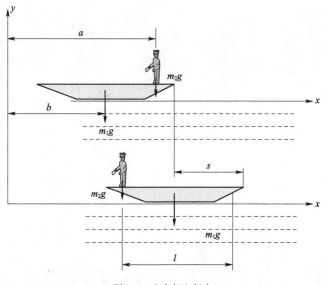

图9-8 人在船上行走

【解】 取人与船为研究对象,因不计水的阻力,故外力在水平轴上的投影之和等于零,即 $\sum F_{ix} = 0$,则有

$$\dot{x}_C = \dot{x}_{C0}$$

又因系统初始时静止,因此质心在水平轴上保持不变,即有

$$x_C = x_{C0}$$

取坐标轴如图 9-8 所示,在人走动前,系统的质心坐标为

$$x_{C0} = \frac{m_2 a + m_1 b}{m_2 + m_1}$$

人走到船尾时,船移动的距离为 s,则质心的坐标为

$$x_C = \frac{m_2(a-l+s) + m_1(b+s)}{m_2 + m_1}$$

将上式带入 $x_C = x_{C0}$,可以求得小船移动的位移为

$$s = \frac{m_2 l}{m_2 + m_1}$$

第十章
动量矩定理

本章介绍动量矩定理,它建立了质点系动量矩与外力主矩之间的关系,并以此为基础,导出刚体定轴转动微分方程和刚体平面运动微分方程。

✈ 第一节 动量矩的概念

动量是描述质点系机械运动强弱的一个物理量,但它只能反映质点系随质心的平动,而不能反映质点系相对于质心的转动。例如,圆轮绕质心转动时,无论它怎样转动,圆轮的动量恒为零,可见,此时动量就不能描述该圆轮的运动,而必须用动量矩这一物理量来描述。

一、质点的动量矩

1. 质点对固定点的动量矩

设质点 M 的质量为 m,某瞬时的速度为 v,质点相对于固定点 O 的矢径为 r,如图 10-1 所示。与第三章中空间力对点之矩的定义相似,质点对固定点的动量矩定义为:质点 M 的动量对 O 点的矩,称为质点对于 O 点的动量矩,即

$$\vec{L}_O = \vec{M}_O(mv) = \vec{r} \times \vec{mv} \tag{10-1}$$

可见,质点对于固定点 O 的动量矩是固定矢量,它垂直于矢径 $\vec{r}$ 与 $\vec{mv}$ 所形成的平面,指向按右手法则确定,其大小为

$$|\vec{L}_O| = |\vec{M}_O(mv)| = mvr\sin\varphi = 2A_{\triangle OMA}$$

式中:$A_{\triangle OMA}$ ——三角形 OMA 的面积。

2. 质点对固定轴的动量矩

与空间力对轴之矩的定义相似,质点对固定轴的动量矩定义为:质点动量 mv 在 Oxy 平面内的投影 $(\vec{mv})_{xy}$ 对于点 O 的矩,称为质点对于 z 轴的动量矩,即

$$L_z = M_z(mv) = \pm 2A_{\triangle OMA} \tag{10-2}$$

图 10-1 质点对固定点的动量矩

质点对于固定轴 z 的动量矩是代数量,其正负号的规定与空间力对轴之矩的正负号规定相同。

质点对固定点 O 的动量矩与对固定轴 z 的动量矩的关系为:质点对固定点 O 的动量矩在过 O 点的某一轴 z 上的投影,等于质点对 z 轴的动量矩,即

$$[L_O]_z = L_z \tag{10-3}$$

动量矩的量纲为 $\dim L = ML^2T^{-1}$。在国际单位制中,动量矩的单位为 $kg \cdot m^2/s$。

二、质点系的动量矩

质点系中各质点对固定点 O 的动量矩的矢量和称为质点系对固定点 O 的动量矩,或质点系动量对 O 点的主矩,即

$$\vec{L}_O = \sum \vec{L}_{Oi} = \sum \vec{M}_O(m_iv_i) = \sum \vec{r}_i \times \overrightarrow{m_iv_i} \tag{10-4}$$

同样,质点系中各质点对同一轴 z 的动量矩的代数和称为质点系对固定轴 z 的动量矩,即

$$L_z = \sum L_{zi} = \sum M_z(m_iv_i) \tag{10-5}$$

由式(10-1)~式(10-5)容易得到

$$[L_O]_z = L_z \tag{10-6}$$

即质点系对固定点 O 的动量矩在过 O 点的某一轴 z 上的投影,等于质点系对 z 轴的动量矩。

刚体的平动和转动是刚体的两种基本运动,对于这两种运动刚体的动量矩,可根据动量矩的定义进行计算。刚体平动时,可将刚体视为一个全部质量集中于质心的质点来计算其动量矩。下面计算刚体定轴转动时的动量矩。

三、定轴转动刚体对转轴的动量矩

设刚体以角速度 ω 绕固定轴 z 转动,如图10-2所示,则它对转轴的动量矩为

$$\begin{aligned}L_z &= \sum L_{zi} = \sum M_z(m_iv_i) = \sum m_iv_ir_i \\ &= \sum m_i(r_i\omega)r_i = \omega\sum m_ir_i^2 = \omega\sum mr^2\end{aligned} \tag{10-7}$$

令 $J_z = \sum mr^2$,J_z 称为刚体对于 z 轴的转动惯量。则

$$L_z = J_z\omega \tag{10-8}$$

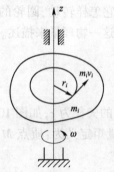

图 10-2 定轴转动刚体对转轴的动量矩

即定轴转动刚体对其转轴的动量矩等于刚体对转轴的转动惯量与转动角速度的乘积。

✈ 第二节 转动惯量

一、转动惯量的概念

由上节可知,刚体对某轴 z 的转动惯量 J_z 等于刚体内各质点的质量与该质点到轴 z 的距离平方的乘积之和,即

$$J_z = \sum mr^2 \tag{10-9}$$

可见,转动惯量恒为正标量,其大小不仅与刚体质量大小和质量的分布情况有关,还与 z 轴的位置有关。转动惯量是刚体定轴转动时惯性的度量,这一点将在本章第四节中说明。

当质量连续分布时,刚体对 z 轴的转动惯量可写为

$$J_z = \int_M r^2 dm \tag{10-10}$$

转动惯量的量纲为 $\dim L = ML^2$，在国际单位制中，转动惯量的单位为 $kg \cdot m^2$。

二、回转半径

工程上常把刚体的转动惯量表示为

$$J_z = m\rho_z^2 \quad 或 \quad \rho_z = \sqrt{\frac{J_z}{m}} \tag{10-11}$$

式中，ρ_z 称为刚体对 z 轴的回转半径（或惯性半径），即物体的转动惯量等于该物体的质量与回转半径平方的乘积。

式（10-11）说明，如果把刚体的质量全部集中于与转轴垂直距离为 ρ_z 的一点处，则这一集中质量对于 z 轴的转动惯量，就正好等于原刚体的转动惯量。

几何形状相同的均质刚体的回转半径是相同的。在国际单位制中，回转半径的单位为 m。

三、转动惯量的计算

刚体转动惯量的计算是以式（10-9）和式（10-10）为依据的。对于几何形状简单的均质刚体，一般可用积分法计算，或查阅有关工程手册；对于由几个简单形体组合而成的复合形体，可用组合法进行计算，即先求出其中各简单形体对指定轴的转动惯量，然后相加即得复合形体对该轴的转动惯量；在已知刚体对质心轴的转动惯量时，可应用平行轴定理，来计算刚体对平行于质心轴的某轴的转动惯量；对于不便计算的形状复杂的刚体或非均质刚体，其转动惯量可用本章第四节中介绍的实验法测定。

【例 10-1】 长为 l，质量为 m 的均质细长杆，如图 10-3 所示。试求：
(1) 杆件对于过质心 C 且与杆的轴线相垂直的 z 轴的转动惯量。
(2) 杆件对于过杆端 A 且与 z 轴平行的 z_1 轴的转动惯量。
(3) 杆件对于 z 轴和 z_1 轴的回转半径。

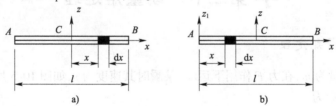

图 10-3 均质细长杆的转动惯量

【解】 设杆的线密度（单位长度的质量）为 ρ_l，则 $\rho_l = m/l$。现取杆上一微段 dx，如图 10-3a）所示，其质量为 $dm = \rho_l dx$，则由式（10-10）知，杆件对于 z 轴的转动惯量为

$$J_z = \int_{-l/2}^{l/2} x^2 dm = \int_{-l/2}^{l/2} x^2 \rho_l dx = \int_{-l/2}^{l/2} x^2 \frac{m}{l} dx = \frac{1}{12}ml^2$$

同样，如图 10-3b）所示，则杆件对于 z_1 轴的转动惯量为

$$J_{z1} = \int_0^l x^2 dm = \int_0^l x^2 \frac{m}{l} dx = \frac{1}{3}ml^2$$

J_{z1} 也可应用平行轴定理进行计算，有

$$J_{z1} = J_z + m\left(\frac{l}{2}\right)^2 = \frac{1}{12}ml^2 + \frac{1}{4}ml^2 = \frac{1}{3}ml^2$$

结果与积分法相同。求出转动惯量后,可得杆件对两轴的回转半径分别为

$$\rho_z = \sqrt{\frac{J_z}{m}} = \frac{1}{2\sqrt{3}}$$

$$\rho_{z1} = \sqrt{\frac{J_{z1}}{m}} = \frac{1}{\sqrt{3}}$$

【例 10-2】 半径为 R,质量为 m 的均质薄圆盘,如图 10-4 所示,试求圆盘对于过中心 O 且与圆盘平面相垂直的 z 轴的转动惯量。

【解】 设圆盘的面密度(单位面积的质量)为 ρ_A,则 $\rho_A = m/\pi R^2$,现取圆盘上一半径为 r、宽度为 dr 的圆环分析,如图 10-4 所示。该圆环的质量为

$$dm = \rho_A dA = \frac{m}{\pi R^2} \times 2\pi r dr = \frac{2mr}{R^2}dr$$

由于圆环上各点到 z 轴的距离均为 r,于是此圆环对于 z 轴的转动惯量为

$$dJ_z = r^2 dm = \frac{2m}{R^2}r^3 dr$$

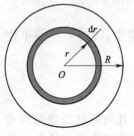

图 10-4 均质薄圆盘的转动惯量

因此整个圆盘对于 z 轴的转动惯量为

$$J_z = \int_0^R \frac{2m}{R^2}r^3 dr = \frac{1}{2}mR^2$$

相应的回转半径为

$$\rho_z = \sqrt{2}R/2$$

第三节 动量矩定理

一、质点动量矩定理

设质点的质量为 m,在力 F 作用下运动,某瞬时其速度为 v,如图 10-5 所示,则该质点对固定点 O 的动量矩为

$$\vec{L}_O = \vec{r} \times m\vec{v}$$

将上式对时间求一阶导数,有

$$\frac{d}{dt}\vec{L}_O = \frac{d}{dt}(\vec{r} \times m\vec{v}) = \frac{d\vec{r}}{dt} \times m\vec{v} + \vec{r} \times \frac{d}{dt}(m\vec{v}) \quad (10\text{-}12)$$

因为 O 为固定点,故有

$$\frac{d\vec{r}}{dt} \times m\vec{v} = \vec{v} \times m\vec{v} = 0 \quad (10\text{-}13)$$

又根据质点的动量定理,有

$$\frac{d\vec{P}}{dt} = \frac{d}{dt}(m\vec{v}) = \vec{F} \quad (10\text{-}14)$$

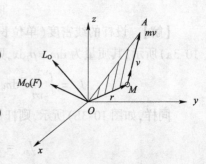

图 10-5 质点的动量矩定理

因此得

$$\frac{\mathrm{d}}{\mathrm{d}t}\vec{L}_O = \vec{r}\times\vec{F} = \vec{M}_O(F) \quad (10\text{-}15)$$

将式(10-15)向过 O 点的固定轴投影,并将质点对固定点的动量矩与对轴的动量矩之间的关系式和力对点之矩与力对轴之矩的关系式代入,得

$$\left.\begin{array}{l}\dfrac{\mathrm{d}L_x}{\mathrm{d}t} = M_x(F)\\[6pt]\dfrac{\mathrm{d}L_y}{\mathrm{d}t} = M_y(F)\\[6pt]\dfrac{\mathrm{d}L_z}{\mathrm{d}t} = M_z(F)\end{array}\right\} \quad (10\text{-}16)$$

式(10-15)和式(10-16)表明:质点对任一固定点(或轴)的动量矩对时间的一阶导数,等于作用于质点上的力对同一点(或轴)之矩。这就是质点的动量矩定理。其中式(10-15)为矢量形式,而式(10-16)为投影形式。

二、动量矩守恒

由质点系的动量矩定理可知,质点系的内力不能改变质点系的动量矩,只有作用于质点系的外力才能使质点系的动量矩发生变化。

当 $\sum M_O(F^e)=0$ 时,L_O = 常矢量;

当 $\sum M_z(F^e)=0$ 时,L_z = 常量。

即当外力系对某一固定点(或某固定轴)的主矩(或力矩的代数和)等于零时,则质点系对该点(或该轴)的动量矩保持不变,这就是质点系的动量矩守恒定律。

应当注意,上述动量矩定理的形式只适用于对固定点或固定轴,在本章第五节中将介绍质点系相对于质心的动量矩定理。而质点系相对于一般动点或动轴的动量矩定理,形式将更复杂,本书不作讨论。

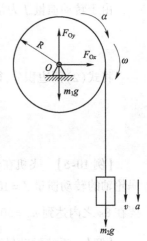

图 10-6 动量矩定理的应用

【例 10-3】 质量为 m_1、半径为 R 的均质圆轮绕定轴 O 转动,如图 10-6 所示。轮上缠绕细绳,绳端悬挂质量为 m_2 的物块。试求物块的加速度。

【解】 以整个系统为研究对象,先进行运动分析。设在图示瞬时,物块的速度为 v,加速度为 a,由运动学关系,圆轮的角速度为 $\omega = v/R$,因此系统的动量矩为

$$L_O = -J_O\omega - m_2 vR = -\left(\frac{1}{2}m_1 R^2\frac{v}{R} + m_2 vR\right) = -\left(\frac{1}{2}m_1 + m_2\right)vR$$

再进行受力分析。系统所受外力如图 10-6 所示,其中 $m_1 g$、$m_2 g$ 为主动力,F_{Ox}、F_{Oy} 为轴 O 处的约束力。根据动量矩定理

$$\frac{\mathrm{d}L_O}{\mathrm{d}t} = \sum M_O$$

有

$$-\frac{\mathrm{d}\left(\frac{1}{2}m_1+m_2\right)vR}{\mathrm{d}t}=-m_2gR$$

即

$$-\left(\frac{1}{2}m_1+m_2\right)Ra=-m_2gR$$

得物块的加速度

$$a=\frac{m_2}{\left(\frac{1}{2}m_1+m_2\right)}g=\frac{2m_2}{m_1+2m_2}g$$

【例 10-4】 已知飞机发动机转动部分对于涡轮轴的转动惯量固定为 J，在发动机失效时的转速为 n_0，空气所产生的阻力矩与角速度成正比，即 $M=\alpha\omega$，而 α 为常数。问经过多长时间其转速降为原来的一半？

【解】 因为初始角速度 $\omega_0=n_0\cdot 2\pi$，系统的动量矩为 $L=J\cdot\omega$

根据动量矩定理 $\dfrac{\mathrm{d}L_0}{\mathrm{d}t}=\sum M_0$，则有

$$\frac{\mathrm{d}J\omega}{\mathrm{d}t}=M=\alpha\omega \tag{1}$$

由于转动惯量 J 为常数，式(1)可写为 $J\cdot\mathrm{d}\omega=\alpha\omega\mathrm{d}t$，即

$$J\cdot\frac{\mathrm{d}\omega}{\omega}=\alpha\cdot\mathrm{d}t \tag{2}$$

将式(2)两边积分，得 $\int_{n_02\pi}^{n_0\pi}J\cdot\dfrac{\mathrm{d}\omega}{\omega}=\int_0^t\alpha\mathrm{d}t$，求解可得当转速降为原来一半时，所用的时间

$$t=-\frac{J}{\alpha}\cdot\ln\frac{n_0\pi}{n_02\pi}=\frac{J}{\alpha}\cdot\ln 2$$

【例 10-5】 飞机在着陆过程中，发动机处于慢车状态。已知飞机发动机转动部分对于涡轮轴的转动惯量 $J=1000\mathrm{kg}\cdot\mathrm{m}^2/\mathrm{s}$，设慢车转速 $n_1=5\mathrm{r/s}$，遇紧急情况飞机需要复飞时，n 要在 8s 之内达到 $n_2=50\mathrm{r/s}$，若发动机在加速时的加速力矩 $m=a(n/n_1-1)^{\frac{1}{2}}$，求 a 的大小。

【解】 系统的动量矩为 $L=J\cdot\omega$，根据动量矩定理 $\dfrac{\mathrm{d}L_0}{\mathrm{d}t}=\sum M_0$，则有

$$\frac{\mathrm{d}J\omega}{\mathrm{d}t}=m=a\left(\frac{n}{n_1}-1\right)^{\frac{1}{2}} \tag{1}$$

由于角速度 $\omega=n\cdot 2\pi$，则式(1)可写为

$$2\pi\cdot J\cdot\frac{\mathrm{d}n}{\mathrm{d}t}=a\left(\frac{n}{n_1}-1\right)^{\frac{1}{2}} \tag{2}$$

即

$$2\pi \cdot J \cdot \frac{\sqrt{n_1}}{\sqrt{n-n_1}} \cdot dn = a \cdot dt$$

将式(2)两边积分,可得

$$\int_{n_1}^{n_2} 2\pi \cdot J \cdot \sqrt{n_1} \cdot \frac{dn}{\sqrt{n-n_1}} = \int_0^t a\, dt$$

则

$$4\pi \cdot J \cdot \sqrt{n_1(n_2-n_1)} = at \tag{3}$$

由式(3)可求得

$$a = \frac{4\pi \times 1000 \times \sqrt{5 \times (50-5)}}{8} = 7500\pi$$

第十一章 动能定理

能量转换与功之间的关系是自然界中各种形式运动的普遍规律,在机械运动中则表现为动能定理。动能定理从能量的角度来分析质点和质点系的动力学问题。

本章介绍动能定理及其应用,并将综合运用动力学普遍定理分析较复杂的动力学问题。

第一节 动能的概念和计算

一、质点的动能

动能是物体机械运动强弱的又一种度量。设质点的质量为 m,在某一位置时的速度为 v,则该质点的动能等于它的质量与速度平方乘积的一半,用 E_k 表示,即

$$E_k = \frac{1}{2}mv^2 \tag{11-1}$$

由上式可知,动能恒为正值,它是一个与速度方向无关的标量。动能的量纲为 $\dim E_k = ML^2T^{-2}$。在国际单位制中动能的单位为 N·m(牛·米),即 J(焦耳)。

动能和动量都是表征物体机械运动的量,都与物体的质量和速度有关,但各有其特点和适用的范围。动量为矢量,是以机械运动形式传递运动时的度量;而动能为标量,是机械运动形式转化为其他运动形式(如热、电等)的度量。

二、质点系的动能

质点系内各质点的动能的总和,称为质点系的动能,即

$$E_k = \sum \frac{1}{2}m_i v_i^2 \tag{11-2}$$

式中:m_i、v_i——分别表示质点系中任一质点的质量和速度的大小。

刚体是由无数质点组成的质点系,刚体作不同的运动时,各质点的速度分布不同,故刚体的动能应按照刚体的运动形式来计算。

三、平动刚体的动能

当刚体作平动时,在每一瞬时刚体内各质点的速度都相同,以刚体质心的速度 v_c 为代

表,于是,由式(11-2)可得平动刚体的动能

$$E_k = \sum \frac{1}{2}m_i v_i^2 = \frac{1}{2}v_C^2 \sum m_i = \frac{1}{2}mv_C^2 \tag{11-3}$$

上式表明:平动刚体的动能等于刚体的质量与其质心速度平方乘积的一半。

四、定轴转动刚体的动能

设刚体在某瞬时绕固定轴 z 转动的角速度为 ω,则与转动轴 z 相距为 r_i、质量为 m_i 的质点的速度为 $v_i = r_i \cdot \omega$。于是,由式(11-2)可得定轴转动刚体的动能

$$E_k = \sum \frac{1}{2}m_i v_i^2 = \frac{1}{2}m_i r_i^2 \omega^2 = \frac{1}{2}\left(\sum m_i r_i^2\right)\omega^2 = \frac{1}{2}J_z \omega^2$$

故

$$E_k = \frac{1}{2}J_z \omega^2 \tag{11-4}$$

上式表明:定轴转动刚体的动能等于刚体对转轴的转动惯量与角速度平方乘积的一半。

五、平面运动刚体的动能

刚体作平面运动时,任一瞬时的速度分布可看成绕其速度瞬心作瞬时转动,因此,该瞬时的动能可按式(11-4)进行计算。

取刚体质心 C 所在的平面图形如图 11-1 所示,设图形中的点 P 是某瞬时的瞬心,ω 是平面图形转动的角速度,于是,平面运动刚体的动能为

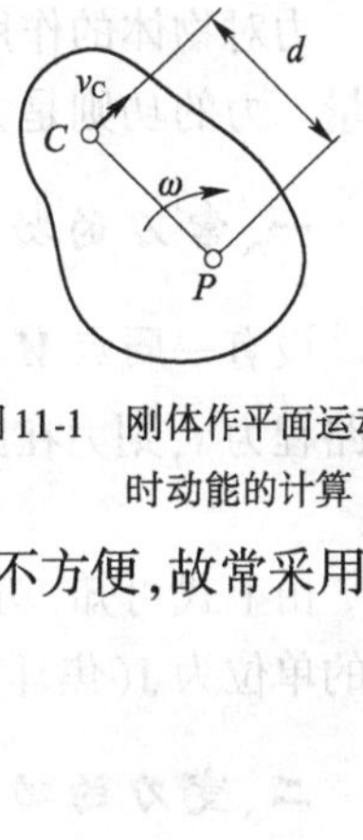

$$E_k = \frac{1}{2}J_P \omega^2 \tag{11-5}$$

图 11-1 刚体作平面运动时动能的计算

式中:J_P——刚体对速度瞬心的转动惯量。

由于速度瞬心 P 的位置随时间而改变,应用式(11-5)进行计算有时不方便,故常采用另一种形式。

根据转动惯量的平行轴定理有

$$J_P = J_C + md^2$$

式中:m——刚体的质量;
$\quad d$——另外一支轴与质心轴的垂直距离;
$\quad J_C$——刚体对于质心的转动惯量。

代入式(11-5),可得

$$E_k = \frac{1}{2}(J_C + md^2)\omega^2 = \frac{1}{2}J_C\omega^2 + \frac{1}{2}m(d\omega)^2$$

因为 $v_C = d\omega$,故

$$E_k = \frac{1}{2}mv_C^2 + \frac{1}{2}J_C\omega^2 \tag{11-6}$$

上式表明:平面运动刚体动能等于刚体随质心平动动能与绕质心转动动能之和。

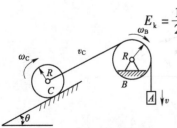

图 11-2 系统动能的计算

【**例 11-1**】 在图 11-2 所示系统中,均质定滑动轮 B(视为

均质圆盘)和均质圆柱体 C 的质量均为 m_1,半径均为 R,圆柱体 C 沿倾角为 θ 的斜面作纯滚动,重物 A 的质量为 m_2,不计绳的伸长与质量。在图示瞬时,重物 A 的速度为 v。试求系统的动能。

【解】 对系统进行运动分析,A 物体作平动,速度为 v;滑轮 B 作定轴转动,角速度 $\omega_B = v/R$;圆柱体 C 作平面运动,质心 C 的速度为 $v_C = v$,角速度 $\omega_C = v_C/R = v/R$,则由式(11-3)~式(11-6)分别计算刚体 A、B、C 的动能,即

$$E_{kA} = \frac{1}{2}m_2 v^2$$

$$E_{kB} = \frac{1}{2}J_B \omega_B^2 = \frac{1}{2}\left(\frac{1}{2}m_1 R^2\right)\left(\frac{v}{R}\right)^2 = \frac{1}{4}m_1 v^2$$

$$E_{kC} = \frac{1}{2}m_1 v_C^2 + \frac{1}{2}J_C \omega_C^2 = \frac{1}{2}m_1 v^2 + \frac{1}{2}\left(\frac{1}{2}m_1 R^2\right)\left(\frac{v}{R}\right)^2 = \frac{3}{4}m_1 v^2$$

系统的动能为各刚体动能之和,即

$$E_k = E_{kA} + E_{kB} + E_{kC} = \frac{1}{2}m_2 v^2 + \frac{1}{4}m_1 v^2 + \frac{3}{4}m_1 v^2 = \frac{1}{2}(m_2 + 2m_1) v^2$$

第二节 功的概念和计算

力对物体的作用效果可以有各种度量。力的冲量是力在一段时间内对物体作用效果的度量。力的功则是力在其作用点所经过的一段路程中对物体作用效果的度量。

一、常力的功

设有一质点 M 在常力 F 的作用下沿直线运动,如图 11-3 所示。若质点由 M_1 处移至 M_2 的路程为 s,则力在路程 s 中所作功的定义为

$$W = Fs\cos\theta \tag{11-7}$$

由上式可知,功是标量,可为正、负或零。功的量纲为 $\dim W = ML^2T^{-2}$,在国际单位制中,功的单位为 J(焦耳)。

二、变力的功

设有质点 M 在变力 F 的作用下沿曲线运动,如图 11-4 所示。将曲线 M_1M_2 分成无限多个微段 ds,在这一段弧长内,力 F 可视为不变,于是由式(11-7)得到在 ds 路程中力所作的微小功或称元功为

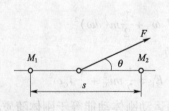

图 11-3 常力的功

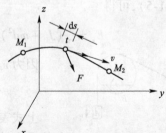

图 11-4 变力的功

$$d'W = Fds\cos(F,\tau) = F dr = F_\tau ds \tag{11-8}$$

因为力 F 的元功不一定能表示为某一函数 W 的全微分,故采用符号 d'。变力在曲线 M_1M_2 上所作的功等于在此段路程中所有元功的总和,即

$$W = \int_{M_1M_2} F\cos(F,\tau) ds = \int_{M_1}^{M_2} \vec{F} \cdot d\vec{r} = \int_{s_1}^{s_2} F_\tau ds \tag{11-9}$$

式中:s_1、s_2——分别表示质点在起止位置时的弧坐标。

上式为沿曲线 M_1M_2 的线积分,其值一般与路径有关,并可化为坐标积分。

将 $\vec{F} = F_x\vec{i} + F_y\vec{j} + F_z\vec{k}, d\vec{r} = dx\vec{i} + dy\vec{j} + dz\vec{k}$,代入元功的表达式,得

$$d'W = \vec{F} \cdot d\vec{r} = F_x dx + F_y dy + F_z dz \tag{11-10}$$

于是力 F 在 M_1M_2 路程上的功为

$$W = \int_{M_1}^{M_2} \vec{F} \cdot d\vec{r} = \int_{M_1}^{M_2} (F_x dx + F_y dy + F_z dz) \tag{11-11}$$

上式称为功的解析表达式。

三、合力的功

设质点 M 受力系 $F_1, F_2, \cdots, F_n$ 的作用,它的合力为

$$\vec{F}_R = \vec{F}_1 + \vec{F}_2 + \cdots + \vec{F}_n \tag{11-12}$$

则质点的合力 F_R 的作用下沿有限曲线 M_1M_2 所作的功为

$$W = \int_{M_1}^{M_2} \vec{F}_R \cdot d\vec{r} = \int_{M_1}^{M_2} (\vec{F}_1 + \vec{F}_2 + \cdots \vec{F}_n) \cdot d\vec{r}$$

$$= \int_{M_1}^{M_2} \vec{F}_1 \cdot d\vec{r} + \int_{M_1}^{M_2} \vec{F}_2 \cdot d\vec{r} + \cdots + \int_{M_1}^{M_2} \vec{F}_n \cdot d\vec{r} \tag{11-13}$$

即

$$W = W_1 + W_2 + \cdots + W_n \tag{11-14}$$

上式表明:作用于质点的合力在任一路程中所作的功,等于各分力在同一路程中所作的功的代数和。

四、常见力的功

1. 重力的功

设质量为 m 的质点 M,由 M_1 沿曲线 M_1M_2 运动到 M_2,如图 11-5 所示。重力 mg 在直角坐标轴上的投影为

$$\left.\begin{array}{l} F_x = 0 \\ F_y = 0 \\ F_z = -mg \end{array}\right\}$$

代入式(11-11),可得重力在曲线 M_1M_2 上的功为

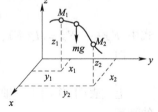

图 11-5 重力的功

$$W = \int_{z_1}^{z_2} F_z dz = \int_{z_1}^{z_2} (-mg) dz = -mg(z_2 - z_1) = mgh \tag{11-15}$$

式中:h——$h = z_1 - z_2$,质点起止位置的高度差。

上式表明:重力的功等于质点的重量与起止位置间的高度差的乘积,而与质点的运动路

径无关。若质点 M 下降，h 为正值，重力作功为正；若质点 M 上升，h 为负值，重力作功亦为负。

对于质点系，重力作功为

$$W = mg(z_{C1} - z_{C2}) = mgh \tag{11-16}$$

式中：m——质点系质量；

h——$h = z_{C1} - z_{C2}$，质点系质心起止位置间的高度差。

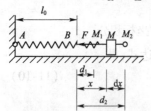

图11-6 弹性力的功

2. 弹性力的功

设质点 M 与弹簧连接，如图11-6所示，弹簧的自然长度为 l_0，在弹簧的弹性极限内，弹簧作用于质点的弹性力 F 的大小与弹簧的变形 δ（伸长或压缩）成正比，即

$$F = k\delta \tag{11-17}$$

式中：k——弹簧刚度系数，在国际单位制中，k 的单位为 N/m。

因此，当质点 M 由弹簧变形为 δ_1 处沿直线运动至变形为 δ_2 处时，弹性力的功

$$W = \int_{\delta_1}^{\delta_2} (-F) d\delta = \int_{\delta_1}^{\delta_2} (-k\delta) d\delta = \frac{k}{2}(\delta_1^2 - \delta_2^2) \tag{11-18}$$

可以证明，当质点的运动轨迹不是直线时，弹性力的功的表达式(11-18)仍然是正确的。上式表明：弹性力的功等于弹簧的起始变形与终止变形的平方差和刚度系数的乘积的一半，而与质点运动的路径无关。

3. 平动刚体上力的功

当刚体作平动时，刚体内各点的位移都相同，若以质心 C 的位移 $d r_C$ 代表刚体的位移，则刚体从 M_1 点运动到 M_2 点时作用于刚体上力系的功为

$$W = \int_{M_1}^{M_2} \sum F_i \cdot d\vec{r}_C = \int_{M_1}^{M_2} F_R \cdot dr_C \tag{11-19}$$

式中：F_R——$F_R = \sum F_i$，为作用于刚体的力系上的主矢。

4. 定轴转动刚体上力的功、力偶的功

设刚体绕定轴 z 转动，一力 F 作用在刚体上 M 点，如图11-7所示。将力 F 分解成三个分力：平行于 z 轴的力 F_z，沿 M 点运动轨迹的切向力 F_τ 和沿径向方向的力 F_r。若刚体转动一微小转角 $d\varphi$，则 M 点有一微小位移 $ds = rd\varphi$，其中 r 是 M 点的转动半径。由于 F_z 和 F_r 都不作功。则力 F 所作的功等于切向力 F_τ 所作的功。故力 F 在位移 ds 中的元功为

$$d'W = F_\tau ds = F_\tau rd\varphi$$

式中：$F_\tau r$——$F_\tau r = M_z(F)$，是力 F 对于转动轴 z 之矩。

即

$$d'W = M_z(F) d\varphi \tag{11-20}$$

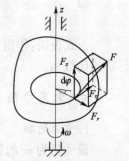

图11-7 定轴转动刚体上力的功

上式表明：作用于定轴转动刚体上的力的元功，等于该力对转动轴之矩与刚体微小转角的乘积。

当刚体转过一角度（即有角位移）$\varphi_2 - \varphi_1$ 时，由式(11-20)可得力 F 所作的功

$$W = \int_{\varphi_1}^{\varphi_2} M_z(\vec{F}) d\varphi \tag{11-21}$$

若 $M_z(F)$ 为常量，则

$$W = M_z(F)(\varphi_2 - \varphi_1) \tag{11-22}$$

如果在转动刚体上作用一个力偶,其力偶矩为 M,该力偶作用面与转动轴垂直,则力偶对转动轴 z 的矩为 M。因此,力偶的功可表示为

$$W = \int_{\varphi_1}^{\varphi_2} M d\varphi \tag{11-23}$$

若力偶矩为常量,则

$$W = M(\varphi_2 - \varphi_1) \tag{11-24}$$

【例 11-2】 重 9.8N 的滑块放在光滑的水平槽内,一端与刚度系数 $k = 50$N/m 的弹簧连接,另一端被一绕过定滑轮 C 的绳子拉住,如图 11-8a)所示。滑块在位置 A 时,弹簧具有拉力 2.5N。滑块在 20N 的绳子拉力作用下由位置 A 运动到位置 B。试计算作用于滑块的所有力的功之和。已知 $AB = 200$mm,不计滑轮的大小及轴承摩擦。

【解】 取滑块为研究对象,对其进行受力分析。在任一瞬时,滑块在离 A 点 x 距离处其受力图如图 11-8b)所示。滑块受力有重力 G,水平槽法向约束力 F_N,弹性力 F 及绳子拉力 F_T。由于重力 G、法向约束力 F_N 均与滑块的运动方向垂直,因此它们作功为零,即

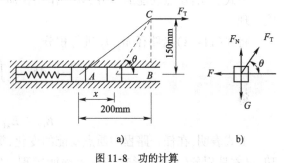

图 11-8 功的计算

$$W_G = W_{F_N} = 0$$

弹性力 F 作的功:设以 δ_1、δ_2 分别表示滑块在位置 A、B 处弹簧的变形,则有

$$\delta_1 = \frac{2.5}{50} = 0.05\text{m}$$

$$\delta_2 = 0.05 + 0.2 = 0.25\text{m}$$

得

$$W_F = \frac{k}{2}(\delta_1^2 - \delta_2^2) = \frac{1}{2} \times 50 \times (0.05^2 - 0.25^2) = -1.5\text{J}$$

拉力 F_T 作的功:由图 11-8a)可知,拉力 F_T 与 x 轴的夹角余弦为

$$\cos\theta = \frac{0.2 - x}{\sqrt{(0.2 - x)^2 + 0.15^2}}$$

得

$$W_{F_T} = \int_0^{0.2} F_T \cos\theta dx = \int_0^{0.2} 20 \times \frac{0.2 - x}{\sqrt{(0.2 - x)^2 + 0.15^2}} dx = 2\text{J}$$

所以,滑块从位置 A 运动到位置 B 时,作用于滑块上的所有力的功之和为

$$W = \sum W_i = W_G + W_{F_N} + W_F + W_{F_T} = 0.5\text{J}$$

第三节 动 能 定 理

一、质点的动能定理

设有质量为 m 的质点 M 在合力 F 的作用下沿曲线运动,如图 11-9 所示。根据动力学

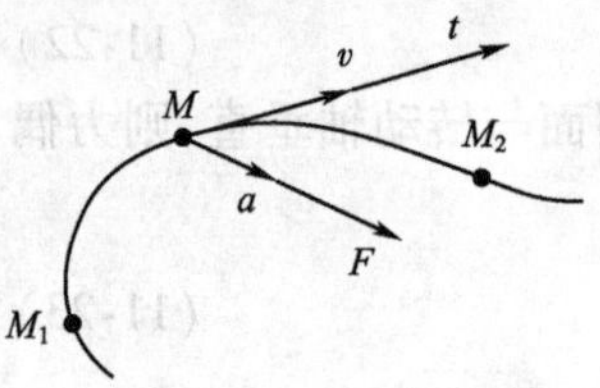

第二基本定律有 $ma = F$，将该式投影在切线方向，得

$$ma_\tau = F_\tau \tag{11-25}$$

即

$$m\frac{\mathrm{d}v}{\mathrm{d}t} = F_\tau \tag{11-26}$$

图 11-9　质点的曲线运动　　由于 $\mathrm{d}s = v\mathrm{d}t$，将上式右端乘以 $\mathrm{d}s$，左端乘以 $v\mathrm{d}t$ 后，可得

$$mv\mathrm{d}v = F_\tau \mathrm{d}s \tag{11-27}$$

即

$$\mathrm{d}E_k = \mathrm{d}\left(\frac{1}{2}mv^2\right) = \mathrm{d}'W \tag{11-28}$$

上式表明：质点动能的微分，等于作用在质点上的力的元功，这就是微分形式的质点动能定理。

将式(11-28)沿路径 M_1M_2 进行积分

$$\int_{v_1}^{v_2} \mathrm{d}E_k = \int_{M_1}^{M_2} F_\tau \mathrm{d}s \tag{11-29}$$

得

$$E_{k2} - E_{k1} = W \tag{11-30}$$

上式表明，在任一路程中质点动能的变化，等于作用于质点上的力在同一路程中所作的功，这就是积分(有限)形式的质点动能定理。它说明了机械运动中功和动能相互转化的关系。

从式(11-30)看出，若力作正功则质点的动能增加，即接收能量；若力作负功，则质点的动能减少，即输出能量，故可用动能 $mv^2/2$ 来度量质点因运动而具有的作功能力。

若作用于质点的力为常力或是质点位置坐标的已知函数，而质点的运动路程已知或相反为需求，解这类问题宜用有限形式的质点的动能定理。

【例 11-3】　质量为 m 的物体，自高处自由落下，落到下面有弹簧支持的板上，如图 11-10 所示。设板和弹簧的质量都可忽略不计，弹簧的刚度系数为 k。试求弹簧的最大压缩量。

【解】　以物体为研究对象，分析物体从位置Ⅰ到位置Ⅲ的整个过程，即对物体从开始下落到弹簧压缩到最大值的过程应用动能定理，在这一过程的始末位置质点的动能都等于零。在这一过程中，重力作的功为 $mg(h + \delta_{\max})$，弹簧力作的功为 $k(0 - \delta_{\max}^2)/2$，于是有

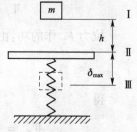

图 11-10　动能定理的应用

$$0 - 0 = mg(h + \delta_{\max}) - \frac{k}{2}\delta_{\max}^2$$

得

$$\delta_{\max} = \frac{mg}{k} \pm \frac{1}{k}\sqrt{m^2g^2 + 2kmgh}$$

由于弹簧的压缩量必定是正值，因此答案取正号，即

$$\delta_{\max} = \frac{mg}{k} + \frac{1}{k}\sqrt{m^2g^2 + 2kmgh}$$

从本例的分析可见，在质点从位置Ⅰ到位置Ⅲ的运动过程中，重力作正功，弹簧力作负

功,恰好抵消,因此质点在运动始、末两位置的动能是相同的。显然,质点在运动过程中动能是变化的,但在应用动能定理时不必考虑在始、末位置之间动能是如何变化的。

另外,本题也可将运动过程分为两个阶段进行分析,即分别对物体从位置 I 到位置 II、从位置 II 到位置 III 应用动能定理进行求解,请读者自己求解。

【例 11-4】 飞机在着陆时的垂直速度 $v_n = 0.5 \text{m/s}$,飞机重 100t,接地时两个主轮同时落地,且每个主起落架减震器的刚度系数 $k = 10000 \text{kN/m}$,求减震器的变形量。

【解】 以起落架为研究对象,设减震器的变形量为 δ,起落架从开始接地到完全停止的整个过程,重力作的功为 $mg\delta$,弹簧力作的功为 $2 \times \dfrac{k}{2}(0 - \delta^2)$,于是有

$$0 - \frac{1}{2}mv_n^2 = mg\delta - 2 \times \frac{k}{2}\delta^2$$

则

$$k\delta^2 - mg\delta - \frac{1}{2}mv_n^2 = 0$$

解得

$$\delta = \frac{mg \pm \sqrt{(mg)^2 + 2kmv_n^2}}{2k}$$

代入数值,取正值,可求得

$$\delta = 0.11 \text{m}$$

从该例可以看出,如果 v_n 过大,则 δ 也增大,因此要避免飞机的重着陆,应当控制好接地时的垂直速度。

【例 11-5】 飞机从离地后到达 35ft(英尺)(1 英尺 = 0.3048m)高前应在跑道上空,这段距离称为空中起飞段,已知飞机起飞离地速度为 v_{lof},到达 35ft 高时速度为 v_2,在爬升过程中阻力可以认为是常数。求飞机起飞的空中段的长度,用于加速的推力约占剩余推力的百分比。

【解】 假设空中段的长度为 s,飞机从离地后到达 35ft 高前这段时间内,重力做功为 $-mgh$,式中 $h = 35$ft,假设发动机的推力与阻力作用线与飞机轨迹重合,在整个过程大小恒定,所以推力做功为 $F_N s$,阻力做功为 $-Ds$,于是有

$$F_N s - Ds - mgh = \frac{1}{2}m(v_2^2 - v_{\text{lof}}^2) \tag{1}$$

则空中段的长度为

$$s = \frac{m(v_2^2 - v_{\text{lof}}^2) + 2mgh}{2(F_N - D)} \tag{2}$$

式(1)可以写为

$$(F_N - D)s = \frac{1}{2}m(v_2^2 - v_{\text{lof}}^2) + mgh \tag{3}$$

由式(3)可以看出,发动机的剩余推力 $F_N - D$,可以用来给飞机加速和爬高。假设用于加速的推力约占剩余推力的百分比为 k,则用于加速的推力可以表示为

$$(F_N - D)sk = \frac{1}{2}m(v_2^2 - v_{\text{lof}}^2)$$

求解得

$$k = \frac{\frac{1}{2}m(v_2^2 - v_{\text{lof}}^2)}{\frac{1}{2}m(v_2^2 - v_{\text{lof}}^2) + mgh} \times 100\% \quad (4)$$

例如 B757-200 飞机，在质量 100t、襟翼为 flap 5 时，$v_{\text{lof}} = 150$ 节，$v_2 = 155$ 节，则代入式 (4)，可得 $k = 70\%$，则表明一般情况下 70% 的剩余推力用于加速，30% 的剩余推力用于爬升。

二、质点系的动能定理

取质点系内任一质点，质量为 m_i，速度为 v_i，作用在该质点上的力为 F_i。根据质点的动能定理的微分形式有

$$dE_{ki} = d'W_i \quad (11\text{-}31)$$

式中：$d'W_i$——作用于这个质点的力所作的元功。

设质点系有 n 个质点，对于每个质点都可列出一个如上的方程，将 n 个方程相加，得

$$\sum_{i=1}^{n} dE_{ki} = \sum_{i=1}^{n} d'W_i \quad (11\text{-}32)$$

或

$$d(\sum E_{ki}) = \sum d'W_i \quad (11\text{-}33)$$

式中：$\sum E_{ki}$——质点系的动能，以 E_k 表示。

于是式(11-33)可写成

$$dE_k = \sum d'W_i \quad (11\text{-}34)$$

上式表明：质点系动能的微分，等于作用于质点系全部力所作的元功的和。这就是质点系动能定理的微分形式，对式(11-34)积分，得

$$E_{k2} - E_{k1} = \sum W_i \quad (11\text{-}35)$$

式中：E_{k1}、E_{k2}——分别为质点系在某一段运动过程中的初始瞬时和终止瞬时的动能。

上式表明：质点系在某一段运动过程中，动能的改变量，等于作用于质点系的全部力在这段过程中所作功的和。这就是质点系动能定理的积分形式。

三、理想约束

约束反力作功等于零的约束称为理想约束。如光滑接触面、光滑铰支座、固定端、一端固定的绳索等约束都是理想约束。光滑铰链、二力杆以及不可伸长的细绳等作为系统内的约束时，也都是理想约束。如图 11-11a)所示的铰链，铰链处相互作用的约束力 F 和 F' 是等值反向的，它们在铰链中心的任何位移 dr 上作功之和都等于零。又如图 11-11b)中，跨过光滑定滑轮的细绳对系统中两个质点的拉力 $F_1 = F_2$，如绳索不可伸长，则两端的位移 dr_1 和 dr_2 沿绳索的投影必相等，因而 F_1 和 F_2 两约束力作功之和等于零。至于图 11-11c)所示的二力杆对 A、B 两端的约束力，有 $F_1 = F_2$，两端位移沿 AB 连线的投影又是相等的，显然约束反力 F_1、F_2 作功之和也等于零。

一般情况下，滑动摩擦力与物体的相对位移反向，摩擦力作负功，不是理想约束，应用动

能定理时要计入摩擦力所作的功。但当轮子在固定面上只滚不滑时,接触点为瞬心,滑动摩擦力作用点位移为零,此时的滑动摩擦力不作功。因此,不计滚动摩阻时,纯滚动的接触点是理想约束。

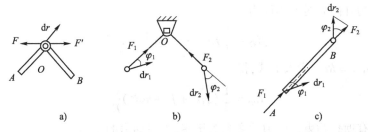

图 11-11 理想约束的功

在理想约束条件下,质点系动能的改变只与主动力作功有关,式(11-34)和(11-35)中只需计算主动力所作的功,这对动能定理的应用是非常方便的。

必须注意,作用于质点系的力既有外力,也有内力,在某些情形下,内力虽然等值反向,但所作功的和并不等于零。以图 11-12 所示系统中相互吸引的两质点 A 与 B 为例,说明如下:

由任意点 O 作连接 A、B 两点的矢径 $\vec{r}_A$ 和 $\vec{r}_B$,则作用于此两点上大小相等方向相反的两力 F_A 和 F_B 的元功各为 $\vec{F}_A \cdot d\vec{r}_A$ 和 $\vec{F}_B \cdot d\vec{r}_B$,因此元功之和为

$$d'\vec{W} = \vec{F}_A \cdot d\vec{r}_A + \vec{F}_B \cdot d\vec{r}_B = \vec{F}_A \cdot d\vec{r}_A - \vec{F}_A \cdot d\vec{r}_B = \vec{F}_A \cdot d(\vec{r}_A - \vec{r}_B)$$

由图 11-12 得知 $\vec{r}_A - \vec{r}_B = \vec{BA}$,考虑到 $\vec{F}_A$ 和 $\vec{BA}$ 的符号,则有

$$d'\vec{W} = -\vec{F}_A d(\vec{BA}) \tag{11-36}$$

可见,当质点系内质点间的距离发生变化时,内力功的总和一般不等于零。因此当机械系统内部包含发动机或变形元件(如弹簧等)时,内力的功应当考虑。

对于刚体来说,由于任何两点间的距离保持不变,因此,刚体内力的功之和恒等于零。

不可伸长的柔绳、钢索等所有内力作功的和也等于零。

在应用质点系的动能定理时,要根据具体情况仔细分析所有的作用力,以确定它是否作功。应注意:理想约束的约束力不作功,而质点系的内力作功之和并不一定等于零。

【例 11-6】 在绞车的主动轴 I 上作用一恒力偶 M 以提升重物,如图 11-13 所示。已知重物的质量为 m;主动轴 I 和从动轴 II 连同安装在轴上的齿轮等附件的转动惯量分别为 J_1 和 J_2,传动比 $i = \omega_1/\omega_2$,鼓轮的半径为 R。轴承的摩擦和吊索的质量均不计。绞车初始时静止,试求当重物上升的距离为 h 时的速度 v 及加速度 a。

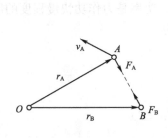

图 11-12 内力的功

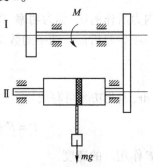

图 11-13 提升重物的绞车

【解】 取绞车和重物组成的质点系为研究对象。

系统初始瞬时静止,动能为

$$E_{k1} = 0$$

系统在重物升高 h 时的动能为

$$E_{k2} = \frac{1}{2}J_1\omega_1^2 + \frac{1}{2}J_2\omega_2^2 + \frac{m}{2}v^2$$

将 $\omega_1 = i\omega_2, v = R\omega_2$ 代入上式,得

$$E_{k2} = \frac{1}{2}(J_1 i^2 + J_2 + mR^2)\frac{v^2}{R^2}$$

质点系具有理想约束且内力功之和等于零,则主动力的功为

$$W = M\varphi_1 - mgh$$

因 $\varphi_1 = \varphi_2 i = ih/R$,式中 φ_1 和 φ_2 分别为轮 I 和轮 II 的转角,于是

$$W = (Mi - mgR)\frac{h}{R}$$

根据质点系动能定理可得

$$\frac{1}{2}(J_1 i^2 + J_2 + mR^2)\frac{v^2}{R^2} - 0 = (Mi - mgR)\frac{h}{R} \tag{1}$$

解得

$$v = \sqrt{\frac{2(Mi - mgR)Rh}{J_1 i^2 + J_2 + mR^2}}$$

将式(1)两端对时间求一阶导数,并注意到 $\dot{v} = a, \dot{h} = v$,得

$$(J_1 i^2 + J_2 + mR^2)\frac{va}{R^2} = (Mi - mgR)\frac{v}{R}$$

上式两端消去 v,可得重物的加速度

$$a = \frac{(Mi - mgR)R}{J_1 i^2 + J_2 + mR^2}$$

✈ 第四节 功率、功率方程、机械效率

一、功率

单位时间内力所作的功,称为功率,以 P 表示。功率是力作功快慢程度的度量,它是衡量机械性能的一项重要指标。功率的数学表达式为

$$P = \frac{d'W}{dt} \tag{11-37}$$

因为 $d'W = F \cdot dr$,因此功率可写成

$$P = F \cdot \frac{dr}{dt} = F \cdot v = F_\tau v \tag{11-38}$$

式中:v——力 F 作用点的速度。

上式表明:功率等于切向力与力作用点速度的乘积。例如,用机床加工零件时,切削力

越大,切削速度越高,则要求机床的功率越大。每台机床、每部机器能够输出的最大功率是一定的,因此用机床加工时,如果切削力较大,必须选择较小的切削速度,使二者的乘积不超过机床能够输出的最大功率。又如汽车上坡时,由于需要较大的驱动力,这时驾驶员一般选用低速挡,以求在发动机功率一定的条件下,产生最大的驱动力。

作用在转动刚体上的力的功率为

$$P = \frac{d'W}{dt} = M_z \frac{d\varphi}{dt} = M_z \omega \tag{11-39}$$

式中:M_z——力对转轴 z 的矩。

ω——角速度。

上式表明:作用于转动刚体上的力的功率等于该力对转轴的矩与角速度的乘积。

功率的量纲为 $\dim P = MLT^{-2} \cdot LT^{-1} = ML^2T^{-3}$

在国际单位制中,功率的单位为 W(瓦特),$1W = 1J/s, 1000W = 1kW$(千瓦)。

二、功率方程

取质点系动能定理的微分形式 $dE_k = \sum d'W_i$,两端除以 dt,得

$$\frac{dE_k}{dt} = \sum \frac{d'W_i}{dt} = \sum P_i \tag{11-40}$$

即质点系动能对时间的一阶导数,等于作用于质点系的所有力的功率的代数和,式(11-40)称为功率方程。

功率方程常用来研究机器在工作时能量的变化和转化的问题。电场对电机转子作用的力作正功,使转子转动,电场力的功率称为输入功率。由于皮带传动、齿轮传动和轴承与轴之间都有摩擦,摩擦力作负功,使一部分机械能转化为热能;传动系统中的零件也会相互碰撞,也要损失一部分功率。这些功率都取负值,称为无用功率或损耗功率。车床切削工件时,切削阻力对夹持在车床主轴上的工件作负功,这是车床加工零件必须付出的功率,称为有用功率或输出功率。每部机器的功率都可分为上述三部分。在一般情形下,式(11-40)可写成

$$\frac{dE_k}{dt} = P_{输入} - P_{有用} - P_{无用} \tag{11-41}$$

或

$$P_{输入} = P_{有用} + P_{无用} + \frac{dE_k}{dt} \tag{11-42}$$

上式表明:系统的输入功率等于有用功率、无用功率与系统动能的变化率之和。

三、机械效率

任何一部机器在工作时都需要从外界输入功率,同时由于一些机械能转化为热能、声能等,都将消耗一部分功率。在工程中,把有效功率(包括克服有用阻力的功率和使系统动能改变的功率)与输入功率的比值称为机器的机械效率,用 η 表示,即

$$\eta = \frac{有效功率}{输入功率} \tag{11-43}$$

其中,有效功率 $= P_{有用} + dE_k/dt$。由上式可知,机械效率表明机器对输入功率的有效利

用程度，它是评定机器质量好坏的指标之一，它与传动方式、制造精度与工作条件有关。一般机械或机械零件传动的效率可在手册或有关说明书中查到。显然，$\eta < 1$。

【例 11-7】 车床的电动机功率 $P = 5.4\text{kW}$。由于传动零件之间的摩擦，损耗功率占输入功率的 30%。如工件的直径 $d = 100\text{mm}$，转速 $n = 42\text{r/min}$，允许切削力的最大值为多少？若工件的转速改为 $n_1 = 112\text{r/min}$，问允许切削力的最大值为多少？

【解】 由题意知，车床的输入功率 $P = 5.4\text{kW}$，损耗的无用功率 $P_{\text{无用}} = P \times 30\% = 1.62\text{kW}$。当工件匀速转动时，有用功率为

$$P_{\text{有用}} = P - P_{\text{无用}} = 3.78\text{kW}$$

设切削力为 F，切削速度为 v，由

$$P_{\text{有用}} = Fv = F \times \frac{d}{2} \times \frac{n\pi}{30}$$

可得

$$F = \frac{60}{\pi dn} P_{\text{有用}}$$

当 $n = 42\text{r/min}$ 时，允许的最大切削为

$$F = \frac{60}{\pi \times 0.1 \times 42} \times 3.78 = 17.19\text{kN}$$

当 $n_1 = 112\text{r/min}$ 时，允许的最大切削力为

$$F = \frac{60}{\pi \times 0.1 \times 112} \times 3.78 = 6.45\text{kN}$$

第五节 势力场、势能、机械能守恒定律

一、势力场

如果质点在某空间中的任一位置，都受到一个大小和方向完全决定于质点位置的力的作用，则这部分空间称为力场。例如，地球表面附近的空间是重力场；当质点离地面较远时，质点将受到万有引力的作用，引力的大小和方向也完全决定于质点的位置，所以这部分空间称为万有引力场；系在弹簧上的质点受到弹簧的弹性力的作用，弹性力的大小和方向也只与质点的位置有关，因而在弹性力所及的空间称为弹性力场。

如果质点在某力场中运动时，作用在质点上的力所作的功与质点路径无关，只取决于质点的初始位置和终止位置，则该力场称为势力场，而质点所受的力称为有势力。例如：重力、万有引力及弹性力都是有势力，重力场、万有引力场及弹性力场都是势力场。

二、势能

在势力场中，质点从点 M 运动到任选的点 M_0，有势力所作的功称为质点在点 M 相对于点 M_0 的势能。用 E_P 表示，即

$$\vec{E}_P = \int_M^{M_0} \vec{F} \cdot \mathrm{d}\vec{r} = \int_M^{M_0} (F_x \mathrm{d}x + F_y \mathrm{d}y + F_z \mathrm{d}z) \tag{11-44}$$

点 M_0 的势能等于零，我们称它为零势能点。在势力场中，势能的大小是相对于零势能

点而言的。零势能点 M_0 可以任意选取,对于不同的零势能点,在势力场中同一位置的势能可有不同的数值。下面介绍几种常见的势能。

1. 重力场中的势能

在重力场中,取如图 11-14 所示坐标系。重力 mg 在各轴上的投影为

$$\left.\begin{array}{l} F_x = 0 \\ F_y = 0 \\ F_z = -mg \end{array}\right\}$$

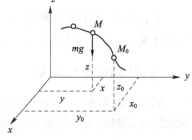

取 M_0 为零势能点,则点 M 的势能为

图 11-14 重力场中的势能

$$E_P = \int -mg\mathrm{d}z = mg(z - z_0) \tag{11-45}$$

2. 弹性力场中的势能

设弹簧的一端固定,另一端与物体连接,如图 11-15 所示,弹簧的刚度系数为 k。取点 M_0 为零势能点,则质点 M 的势能

$$E_P = \frac{k}{2}(\delta^2 - \delta_0^2) \tag{11-46}$$

式中:δ、δ_0——分别为弹簧在 M 和 M_0 时的变形量。

如果取弹簧的自然位置为零势能点,则有 $\delta_0 = 0$,于是得

$$E_P = \frac{k}{2}\delta^2 \quad E_P = \frac{k}{2}(\delta^2 - \delta_0^2) \tag{11-47}$$

3. 万有引力场中的势能

设质量为 m_1 的质点受质量为 m_2 物体的万有引力 F 作用,如图 11-16 所示。取点 M_0 为零势能点,则质点在点 M 的势能

$$\vec{E}_P = \int_M^{M_0} \vec{F} \cdot \mathrm{d}\vec{r} = \int_M^{M_0} \frac{fm_1m_2}{r^2} r_0 \cdot \mathrm{d}r \tag{11-48}$$

式中:f——引力常数;

r_0——质点的矢径方向的单位矢量。

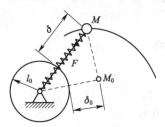

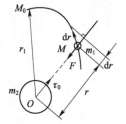

图 11-15 弹性力场中的势能　　图 11-16 万有引力场中的势能

$r_0 \cdot \mathrm{d}r$ 为矢径增量 $\mathrm{d}r$ 在矢径方向的投影,由图 11-16 可见,它应等于矢径长度的增量 $\mathrm{d}r$,即 $r_0 \cdot \mathrm{d}r = \mathrm{d}r$。设 r_1 是零势能点的矢径,于是有

$$E_P = \int_r^{r_1} -\frac{fm_1m_2}{r^2}\mathrm{d}r = fm_1m_2\left(\frac{1}{r_1} - \frac{1}{r}\right) \tag{11-49}$$

如果选取的零势能点在无穷远处,即 $r_1 = \infty$,于是得

$$E_P = -\frac{fm_1m_2}{r} \tag{11-50}$$

上式表明：万有引力作功只取决于质点运动的初始位置 M 和终止位置 M_0，与点的轨迹形状无关，万有引力场为势力场。

三、机械能守恒定律

质点系在某瞬时的动能与势能的代数和称为机械能。设质点系在运动过程中的初始瞬时和终止瞬时的动能分别为 E_{k1} 和 E_{k2}，所受力在这过程中所作的功为 W，根据动能定理有

$$E_{k2} - E_{k1} = W \tag{11-51}$$

若系统运动中，只有有势力作功，而有势力的功可用势能计算，即

$$E_{k2} - E_{k1} = W = E_{P1} - E_{P2} \tag{11-52}$$

则

$$E_{k2} + E_{P1} = E_{k1} + E_{P2} \tag{11-53}$$

上式表明：质点在势力场内运动时机械能保持不变，这就是机械能守恒定律。

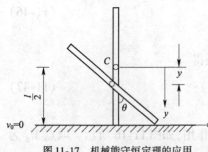

图 11-17 机械能守恒定理的应用

【例 11-8】 如图 11-17 所示，长为 l，质量为 m 的均质直杆，初瞬时直立于光滑的桌面上，当杆无初速度地倾倒后，求质心的速度（用杆的倾角 θ 和质心的位置表达）。

【解】 由于水平方向不受外力，且初始静止，故质心 C 铅垂下降。由于约束力不作功，主动力为有势力，因此可用机械能守恒定律求解。

初瞬时

$$T_1 = 0, v_1 = \frac{l}{2} \cdot mg$$

任一瞬时

$$T_2 = \frac{1}{2}J_C\dot{\theta}^2 + \frac{1}{2}m\dot{y}^2 = \frac{1}{24}ml^2\dot{\theta}^2 + \frac{1}{2}m\dot{y}^2, v_2 = mg\left(\frac{1}{2} - y\right)$$

又因为

$$y = \frac{l}{2}(1 - \cos\theta)$$

即

$$\dot{y} = \frac{l}{2}\sin\theta \cdot \dot{\theta}, \dot{\theta} = \frac{2\dot{y}}{l\sin\theta}$$

由机械能守恒定律

$$0 + \frac{l}{2}mg = \frac{1}{24}ml^2\dot{\theta}^2 + \frac{1}{2}m\dot{y}^2 + mg\left(\frac{l}{2} - y\right)$$

将 $\dot{\theta} = \frac{2\dot{y}}{l\sin\theta}$ 代入上式，化简后得

$$v_C = \dot{y} = \sqrt{\frac{6g\sin^2\theta}{1 + 3\sin^2\theta}y}$$

第十二章 达朗伯原理

达朗伯原理是一种解决非自由质点和质点系动力学问题的普遍方法。这种方法是用静力学中研究平衡问题的方法来研究动力学问题,因此又称为动静法。

第一节 质点惯性力的概念

当质点受到其他物体作用而使运动状态发生变化时,由于质点本身的惯性,对施力物体产生反作用力,这种反作用力称为质点的惯性力。惯性力的大小等于质点的质量与其加速度的乘积,方向与加速度的方向相反,但作用于施力物体上。若用 $\vec{F}_I$ 表示惯性力,则 $\vec{F}_I = -m\vec{a}$。

例如,工人沿光滑的水平直线轨道推动质量为 m 的小车,作用力为 $\vec{F}$,小车在力的方向上产生加速度 $\vec{a}$,有 $\vec{F} = m\vec{a}$。根据作用反作用定律,此时工人手上必受到小车的反作用力 $\vec{F}_I$,此力是由于小车具有惯性,力图保持其原来的运动状态,对手进行反抗而产生的,即小车的惯性力,有 $\vec{F}_I = -\vec{F} = -m\vec{a}$。

第二节 质点的达朗伯原理

设质量为 m 的质点 M,受主动力 $\vec{F}$ 和约束反力 $\vec{F}_N$ 的作用,沿曲线运动,产生加速度 $\vec{a}$,如图 12-1 所示。根据牛顿第二定律,有

$$\vec{F} + \vec{F}_N = m\vec{a} \quad (12-1)$$

此时质点由于运动状态发生改变,它的惯性力为

$$\vec{F}_I = -m\vec{a} \quad (12-2)$$

将以上两式相加,得

$$\vec{F} + \vec{F}_N + \vec{F}_I = \vec{0} \quad (12-3)$$

图 12-1 质点的达朗伯原理

上式表明:任一瞬时,作用于质点上的主动力、约束反力和虚加在质点上的惯性力在形式上组成平衡力系。这就是质点的达朗伯原理。

必须指出:由于质点的惯性力并不作用于质点本身,而是假想地虚加在质点上的,质点实际上也并不平衡。式(12-3)反映了力与运动的关系,实质上仍然是动力学问题,但它提供了将动力学问题转化为静力学平衡问题的研究方法。这种方法对求解质点的动力学问题并

未带来明显的方便,但在研究方法上显然是个新的突破,而且,它对求解非自由质点系的动力学问题是十分有益的。

【例 12-1】 如图 12-2a)所示,重量 $W_A = W_B = W$ 的两个物块 A 和 B,系在一无重软绳的两端,软绳绕过半径为 R 的无重定滑轮,光滑斜面的倾角为 θ。试求物块 A 下降的加速度及轴承 O 的约束反力。

【解】 先取物块 B 为研究对象,所受的外力为绳索的拉力 F_T、重力 W_B、光滑斜面的约束反力 F_{NB},虚加的惯性力为 F_{IB},如图 12-2b)所示。取图 12-2b)所示坐标系,根据质点达朗伯原理,可列出平衡方程为

$$\sum F_y = 0 \qquad F_{NB} - W_B\cos\theta = 0$$

可得

$$F_{NB} = W_B\cos\theta = W\cos\theta$$

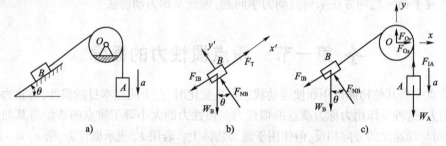

图 12-2 非质点系重物、定滑轮、斜面

再取物块 A、B 及滑轮和绳索所组成的系统为研究对象。质点系的外力有两个物块的重力 W_A 和 W_B,轴承 O 的约束反力 F_{Ox} 和 F_{Oy},及光滑斜面的约束反力 F_{NB}。虚加上惯性力 F_{IA} 和 F_{IB},如图 12-2c)所示。惯性力的大小为 $F_{IA} = F_{IB} = Wa/g$。

质点系的外力和惯性力组成一平面力系。选取图 12-2c)所示坐标系,并取 O 点为矩心,根据质点系达朗伯原理,列平衡方程,并注意到 $F_{NB} = W_B\cos\theta$,有

$$\sum F_x = 0 \qquad F_{Ox} - F_{IB}\cos\theta - F_{NB}\sin\theta = 0$$

$$\Rightarrow F_{Ox} = \frac{W}{g}a\cos\theta + W\sin\theta\cos\theta \tag{1}$$

$$\sum F_y = 0 \qquad F_{Oy} + F_{IA} - W_A - F_{IB}\sin\theta - W_B + F_{NB}\cos\theta = 0$$

$$\Rightarrow F_{Oy} = -\frac{W}{g}a(1-\sin\theta) + W(1+\sin^2\theta) \tag{2}$$

$$\sum M_O = 0 \qquad W_B R\sin\theta - W_A R + F_{IA}R + F_{IB}R = 0$$

$$\Rightarrow W(\sin\theta - 1)R + \frac{2W}{g}Ra = 0 \tag{3}$$

由式(3)得

$$a = \frac{g}{2}(1-\sin\theta) \tag{4}$$

将式(4)代入式(1)、式(2),得

$$F_{Ox} = \frac{W}{2}(1+\sin\theta)\cos\theta, \quad F_{Oy} = \frac{W}{2}(1+\sin\theta)^2$$

理论力学习题集及解析

第一章　静力学的基本概念和物体的受力分析

1. 试画出习图 1-1 中构件 AB 的受力图。未画重力的物体的重量均不计,所有接触处均为光滑接触。

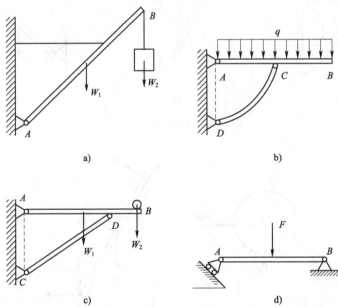

习图 1-1

答案：

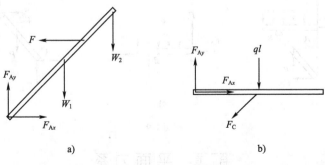

解图 1-1

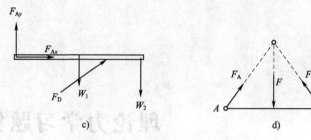

解图 1-1

2. 画出下列每个标注字符的物体的受力图(习图1-2)。题图中未画重力的各物体的自重不计，所有接触处均为光滑接触。

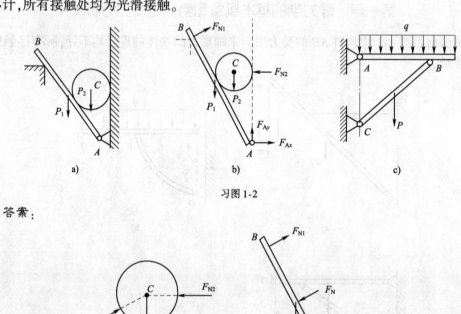

习图 1-2

答案：

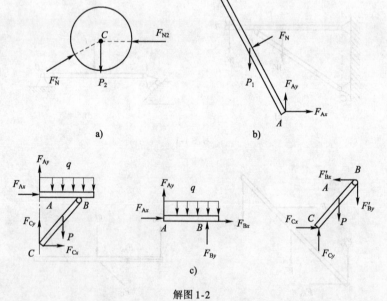

解图 1-2

第二章 平面力系

1. 试计算习图2-1中力 F 对点 O 之矩。

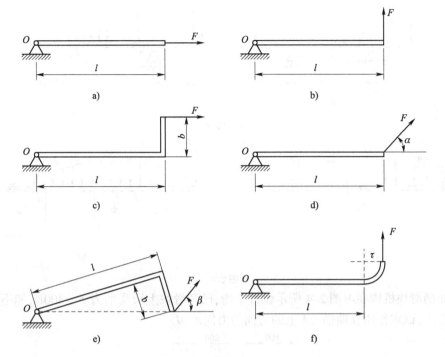

习图 2-1

答案：a) $M_O(F) = 0$；b) $M_O(F) = Fl$；c) $M_O(F) = -Fb$；d) $M_O(F) = Fl\sin\alpha$；

e) $M_O(F) = F\sin\beta \sqrt{l^2 + b^2}$；f) $M_O(F) = F(l + \tau)$。

2. 平面力系中各力大小分别为 $F_1 = 60\sqrt{2}$kN，$F_2 = F_3 = 60$kN，作用位置如习图 2-2 所示，图中尺寸的单位为 mm。试求力系向 O 点和 O_1 点简化的结果。

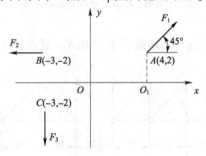

习图 2-2

答案：力系向 O 点简化，主矢 $\vec{F}_R = \vec{0}$，主矩 $M_O = 420$kN·mm；

力系向 O_1 点简化，主矢 $\vec{F}_R = \vec{0}$，主矩 $M_{O1} = M_O + M_{O1}(\vec{F}_R) = 420$kN·mm。

3. 外伸梁的支承和载荷如习图 2-3 所示。已知 $F = 2$kN，$M = 2.5$ kN·m，$q = 1$kN/m。不计梁重，试求梁的支座反力。

答案：a) 受力如解图 2-3a) 所示。

$F_{Ax} = 0$，$F_{By} = 4$kN，$F_{Ay} = -1$kN，方向与图中反向。

b) 受力如解图 2-3b) 所示。

$F_{Bx} = 0$，$F_{Ay} = 3.75$kN，$F_{By} = -0.25$kN，方向与图中反向。

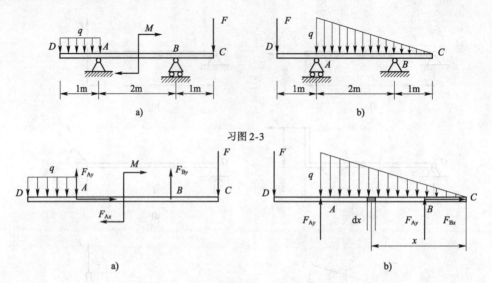

习图 2-3

解图 2-3

4. 曲柄滑块机构在习图 2-4 所示位置平衡，已知滑块上所受的力 $F=400\text{N}$，如不计所有构件的重量，试求作用在曲柄 OA 上的力偶的力偶矩 M。

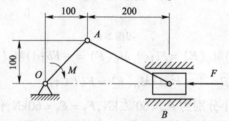

习图 2-4 （尺寸单位：mm）

答案：$M = 60\text{ N}\cdot\text{m}$

5. 屋架桁架如习图 2-5 所示，已知载荷 $F=10\text{kN}$。试求杆 1、2、3、4、5 和 6 的内力。

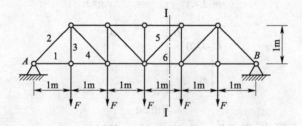

习图 2-5

答案：$F_1 = 25\text{kN}, F_2 = -25\sqrt{2}\text{kN}, F_3 = 10\text{kN}, F_4 = 25\text{kN}, F_5 = 5\sqrt{2}\text{kN}$。

第三章 空间力系

1. 如习图 3-1 所示，货物重为 $W_1 = 10\text{kN}$，用绞车匀速地沿斜面提升，绞车鼓轮重力为 $W_2 = 1\text{kN}$，鼓轮直径 $d = 240\text{mm}$，A 为径向止推轴承，B 为径向轴承，十字杠杆的四臂各长 1m，在每臂端点作用一圆周力 F。试求力 F 的大小及 A、B 两轴承的约束反力。

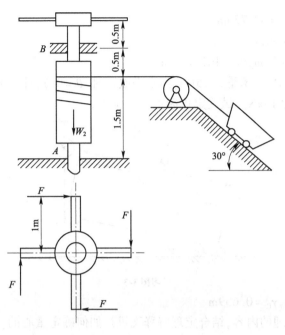

习图 3-1

答案:受力图如解图 3-1 所示。

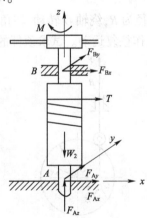

解图 3-1

$F_{Bx} = -3.75\text{kN}, F_{By} = 0, F_{Ax} = -1.25\text{kN}, F_{Ay} = 0, F_{Az} = 1\text{kN}$

2. 试求习图 3-2 所示各型材截面形心的位置。

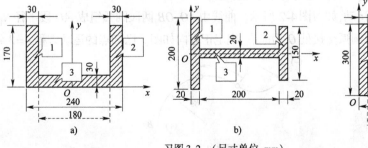

习图 3-2 (尺寸单位:mm)

答案：a) $x_C = 0, y_C = 60.77\text{mm}$
　　　b) $x_C = 110\text{mm}, y_C = 0\text{mm}$
　　　c) $x_C = 51.17\text{mm}, y_C = 101.17\text{mm}$

3. 如习图 3-3 所示，机床重为 25kN，当水平放置时（$\theta = 0°$），秤上的读数为 17.5kN；当 $\theta = 20°$ 时秤上的读数为 15kN。试确定机床重心的位置。

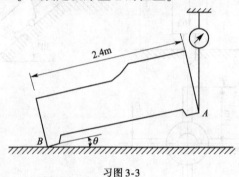

习图 3-3

答案：$x_C = 1.68\text{m}, y_C = 0.659\text{m}$

4. 简述合力矩定理的内容，结合定理解释飞机是如何确定重心的？

第四章　点的运动学

1. 如习图 4-1 所示，偏心轮半径为 R，绕轴 O 转动，转角 $\varphi = \omega t$（ω 为常量），偏心距 $OC = e$，偏心轮带动顶杆 AB 沿铅垂直线作往复运动。试求顶杆的运动方程和速度。

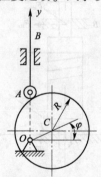

习图 4-1

答案：$v_A = \dot{y}_A = e\omega\left(\cos\omega t + \dfrac{e\sin 2\omega t}{2\sqrt{R^2 - e^2\cos^2\omega t}}\right)$

2. 点沿曲线 AOB 运动，如习图 4-2 所示。曲线由 AO、OB 两段圆弧组成，AO 段半径 $R_1 = 18\text{m}$，OB 段半径 $R_2 = 24\text{m}$，取圆弧交接处 O 为原点，规定正方向如图。已知点的运动方程 $s = 3 + 4t - t^2$，

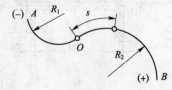

习图 4-2

t 以 s 计,s 以 m 计。试求:(1) 点由 $t=0$ 到 $t=5\text{s}$ 所经过的路程;(2)$t=5\text{s}$ 时点的加速度。

答案:(1)$s=13\text{m}$;(2)$a=\sqrt{a_\tau^2+a_n^2}=2.83\text{m/s}^2$

3. 小环 M 在铅垂面内沿曲杆 $ABCE$ 从点 A 由静止开始运动,如习图 4-3 所示。在直线段 AB 上,小环的加速度为 g;在圆弧段 BCE 上,小环的切向加速度 $a_\tau=g\cdot\cos\varphi$。曲杆尺寸如图所示,试求小环在 C、D 两处的速度和加速度。

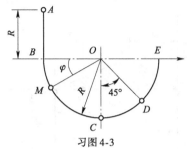

习图 4-3

答案:C 点处的速度:$v_C=2\sqrt{gR}$

C 点处的法向加速度:$a_{Cn}=4g$

C 点处的切向加速度:$a_{C\tau}=0$

D 点处的速度:$v_D=\sqrt{(2+\sqrt{2})gR}$

D 点处的法向加速度:$a_{Dn}=(2+\sqrt{2})g$

D 点处的法向加速度:$a_{D\tau}=-\dfrac{\sqrt{2}}{2}g$

4. 已知动点的运动方程为:$x=t^2-t$,$y=2t$。试求其轨迹方程和速度、加速度。并求当 $t=1\text{s}$ 时,点的切向加速度、法向加速度和曲率半径(x、y 的单位为 m,t 的单位为 s)。

答案:轨迹方程:$4x=y^2-2y$

$v_x=\dot{x}=2t-1\text{m/s}$

$a_x=\dot{v}_x=2\text{m/s}^2$

$v_y=\dot{y}=2\text{m/s}$

$a_y=\dot{v}_y=0\text{m/s}^2$

$v=\sqrt{4t^2-4t+5}\text{m/s}$

$a_\tau=\dot{v}=\dfrac{8t-4}{2\sqrt{4t^2-4t+5}}=\dfrac{4t-2}{\sqrt{4t^2-4t+5}}\text{m/s}^2$

$a_n=\sqrt{4-\dfrac{16t^2-16t+4}{4t^2-4t+5}}=\dfrac{4}{\sqrt{4t^2-4t+5}}\text{m/s}^2$

当 $t=1\text{s}$ 时,点的切向加速度、法向加速度和曲率半径:

$a_\tau=\dot{v}=\dfrac{4t-2}{\sqrt{4t^2-4t+5}}=\dfrac{2\sqrt{5}}{5}\text{m/s}^2$

$a_n=\dfrac{2}{\sqrt{4t^2-4t+5}}=\dfrac{4\sqrt{5}}{5}\text{m/s}^2$

$r=\dfrac{v^2}{a_n}=\dfrac{5\sqrt{5}}{4}\text{m}$

第五章　刚体的基本运动

1. 杆 O_1A 与 O_2B 长度相等且相互平行，在其上铰接一三角形板 ABC，尺寸如习图 5-1 所示。图示瞬时，曲柄 O_1A 的角速度为 $\omega = 5\,\text{rad/s}$，角加速度为 $\alpha = 2\,\text{rad/s}^2$，试求三角板上点 C 和点 D 在该瞬时的速度和加速度。

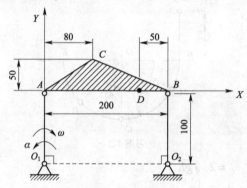

习图 5-1　（尺寸单位：mm）

答案：三角板上点 C 和点 D 在该瞬时的速度和加速度与点 A 完全相同。

$v_{AX} = \omega R\sin\varphi = \omega R = 0.5\,\text{m/s}$

$v_{AY} = \omega R\cos\varphi = 0$

$a_\tau = \dot{v} = \alpha R = -0.2\,\text{m/s}^2$

$a_n = v^2/R = -2.5\,\text{m/s}^2$

$a = 2.508\,\text{m/s}^2$

2. 电机转子的角加速度与时间 t 成正比，当 $t = 0$ 时，初角速度等于零。经过 3s 后，转子转过 6 圈。试写出转子的转动方程，并求 $t = 2s$ 时转子的角速度。

答案：转子的转动方程为：$\varphi = \dfrac{4\pi t^3}{9} = 1.396 t^3$

$t = 2s$ 时，转子的角速度 $\omega = 16\pi/3 = 16.76\,\text{rad/s}$

3. 杆 OA 可绕定轴 O 转动。一绳跨过定滑轮 B，其一端系于杆 OA 上 A 点，另一端以匀速 u 向下拉动，如习图 5-2 所示。设 $OA = OB = l$，初始时 $\varphi = 0$，试求杆 OA 的转动方程。

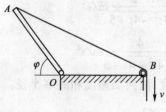

习图 5-2

答案：$\varphi = 2\arccos\left(1 - \dfrac{ut}{2l}\right)$

4. 如习图 5-3 所示，电动机轴上的小齿轮 A 驱动连接在提升铰盘上的齿轮 B，物块 M 从其静止位置被提升，以匀加速度升高到 1.2m 时获得速度 0.9m/s。试求当物块经过该位置时:(1)绳子上与鼓轮相接触的一点 C 的加速度;(2)小齿轮 A 的角速度和角加速度。(本例图中尺寸放大10倍)

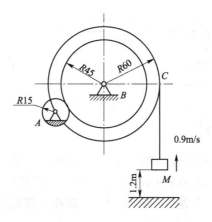

习图 5-3

答案:点 C 的切向加速度:$a_{C\tau} = 0.3375\text{m/s}^2$

点 C 的法向加速度:$a_{Cn} = \dfrac{v^2}{R} = \dfrac{0.9^2}{0.6} = 1.35\text{m/s}^2$

点 C 的总加速度:$a_C = \sqrt{a_{C\tau}^2 + a_{Cn}^2} = \sqrt{0.3375^2 + 1.35^2} = 1.39\text{m/s}^2$

点 A 的角速度:$\omega_A = -\omega_B \times \dfrac{0.45}{0.15} = \dfrac{v_C}{0.6} \times \dfrac{0.45}{0.15} = -4.5\text{rad/s}$

点 A 的角加速度:$\alpha_A = -\alpha_C \times \dfrac{0.45}{0.15} = \dfrac{a_{C\tau}}{0.6} \times \dfrac{0.45}{0.15} = -1.69\text{rad/s}^2$

5. 习图 5-4 所示机构中,杆 AB 以匀速 v 向上滑动,通过滑块 A 带动摇杆 OC 绕 O 轴作定轴转动。开始时 $\varphi = 0$,试求当 $\varphi = \pi/4$ 时,摇杆 OC 的角速度和角加速度。

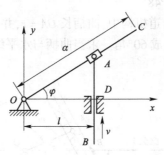

习图 5-4

答案:当 $\varphi = \pi/4$ 时,$\omega = \dfrac{v\cos^2\varphi}{l} = \dfrac{v}{2l}$,$\alpha = -\dfrac{v^2}{2l^2}$

第六章 点的合成运动

1. 如习图 6-1 所示,光点 M 沿 y 轴作谐振动,其运动方程为 $x = 0$,$y = a\cos(kt + \beta)$,如将点 M 投影到感光记录纸上,此纸以等速 v_e 向左运动。求点 M 在记录纸上的轨迹。

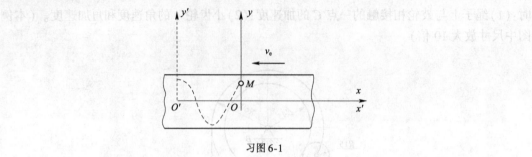

习图 6-1

答案：$y' = a\cos\left(\dfrac{k}{v_e}x' + \beta\right)$

2. 水流在水轮机工作轮入口处的绝对速度 $v_a = 15$ m/s，并与直径成 $\beta = 60°$ 角，如习图 6-2 所示，半径 $R = 2$ m，转速 $n = 30$ r/min。为避免水流与工作轮叶片相冲击，叶片应恰当地安装，以使水流对工作轮的相对速度与叶片相切。求在工作轮外缘处水流对工作轮的相对速度的大小方向。

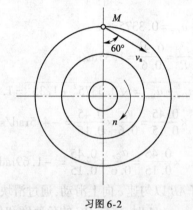

习图 6-2

答案：$v_r = 10.1$ m/s，$\theta = 101°48'$

3. 如习图 6-3 所示的曲柄滑道机构中，曲柄长 $OA = r$，并以等角速度 ω 绕轴 O 转动。装在水平杆上的滑槽 DE 与水平线成 $60°$ 角。求当曲柄与水平线的交角分别为 $\varphi = 0°、30°、60°$ 时，杆 BC 的速度。

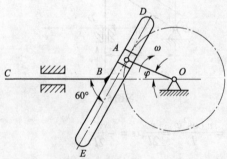

习图 6-3

答案：曲柄端点 A 为动点，动系固结于杆 BC；绝对运动为绕 O 圆周运动，相对运动为沿滑道 DB 直线运动，牵连运动为水平直线平移。速度分析如解图 6-3 所示。

第一篇 理论力学 141

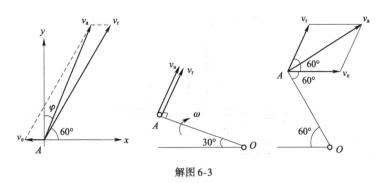

解图 6-3

当 $\varphi = 0°$ 时,$v_{BC} = \dfrac{\sqrt{3}}{3}r\omega$;

当 $\varphi = 30°$ 时,$v_{BC} = 0$;

当 $\varphi = 60°$ 时,$v_{BC} = \dfrac{\sqrt{3}}{3}r\omega$。

4. 如习图 6-4 所示,公路上行驶的两车速度都恒为 72km/h。图示瞬时,在车 B 中的观察者看来,车 A 的速度、加速度应为多大?

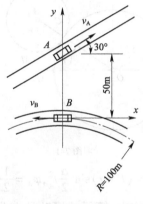

习图 6-4

答案:$v = 48.37\text{m/s}$;$a = 13.5 \text{ m/s}^2$

5. 剪切金属板的"飞剪机"结构如习图 6-5 所示。工作台 AB 的移动规律是 $s = 0.2\sin\dfrac{\pi}{6}t$,滑块 C 带动上刀片 E 沿导柱运动以切断工件 D,下刀片 F 固定在工作台上。设曲柄 $OC = 0.6$m,$t = 1$s 时,$\varphi = 60°$。求该瞬时刀片 E 相对于工作台运动的速度和加速度,并求曲柄 OC 转动的角速度及角加速度。

答案:OC 上 C 为动点,动系固结于 AB;绝对运动为以 O 为圆心的圆周运动;相对运动为上下直线;牵连运动为水平直线平移。

$$v_e = \dfrac{\sqrt{3}}{60}\pi\text{m/s}, v_r = 0.052\text{m/s}, v_a = 0.105\text{m/s}, \omega_{OC} = 0.175\text{m/s}$$

$$a_e = \dfrac{\pi^2}{360}\text{m/s}^2, a_r = -0.00542\text{m/s}^2, a_a^n = 0.0184\text{m/s}^2, a_a^\tau = 0.021\text{m/s}^2, \alpha_{OC} = 0.035\text{rad/s}^2$$

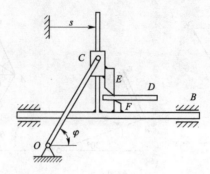

习图 6-5

第七章 刚体的平面运动

1. 半径为 r 的齿轮由曲柄 OA 带动,沿半径为 R 的固定齿轮滚动,如习图 7-1 所示。如曲柄 OA 以等角加速度 α 绕轴 O 转动,当运动开始时,角速度 $\omega_0 = 0$,转角 $\varphi_0 = 0$。求动齿轮以中心 A 为基点的平面运动方程。

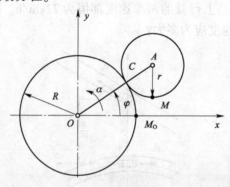

习图 7-1

答案:$x_A = (R+r)\cos\dfrac{\alpha}{2}t^2$,$y_A = (R+r)\sin\dfrac{\alpha}{2}t^2$,$\varphi_A = \dfrac{1}{2}\dfrac{(R+r)}{r}\alpha t^2$

2. 如习图 7-2 所示,在筛动机构中,筛子的摆动是由曲柄杆机构所带动。已知曲柄 OA 的转速 $n_{OA} = 40\text{r/min}$,$OA = 0.3\text{m}$。当筛子 BC 运动到与点 O 在同一水平线上时,$\angle BAO = 90°$。求此瞬时筛子 BC 的速度。

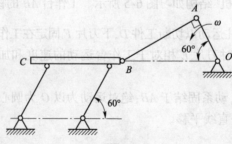

习图 7-2

答案:$v_{BC} = 2.51\text{m/s}$

3. 四连杆机构中,连杆 AB 上固结 1 块三角板 ABD,如习图 7-3 所示。机构由曲柄 O_1A 带动。已知曲柄的角速度 $\omega_{O_1A} = 2\text{ rad/s}$;曲柄 $O_1A = 0.1\text{ m}$,水平距离 $O_1O_2 = 0.05\text{ m}$,$AD = $

0.05 m;当 O_1A 铅直时,AB 平行于 O_1O_2,且 AD 与 AO_1 在同一直线上;角 $\varphi=30°$。求三角板 ABD 的角速度和点 D 的速度。

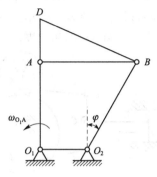

习图7-3

答案:$\omega_{AB}=1.07\text{rad/s}(逆),v_D=0.253\text{m/s}$

4. 如习图7-4所示,双曲柄连杆机构的滑块 B 和 E 用杆 BE 连接。主动曲柄 OA 和从动曲柄 OD 都绕 O 轴转动。主动曲柄 OA 以等角速度 $\omega_0=12\text{ rad/s}$ 转动。已知机构的尺寸为:$OA=0.1\text{m},OD=0.12\text{m},AB=0.26\text{m},BE=0.12\text{m},DE=0.12\cdot\sqrt{3}\text{m}$。求当曲柄 OA 垂直于滑块的导轨方向时,从动曲柄 OD 和连杆 DE 的角速度。

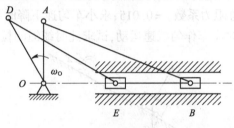

习图7-4

答案:$\omega_{OD}=17.32\text{rad/s}(逆),\omega_{DE}=5.77\text{rad/s}(逆)$

5. 在瓦特行星传动机构中,平衡杆 O_1A 绕轴 O_1 转动,并借连杆 AB 带动曲柄 OB;而曲柄 OB 活动地装置在轴 O 上,如习图7-5所示。在轴 O 上装有齿轮Ⅰ,齿轮Ⅱ与连杆 AB 固结于一体。已知:$r_1=r_2=0.3\times\sqrt{3},O_1A=0.75\text{m},AB=1.5\text{m}$;又平衡杆的角速度 $\omega_{O_1}=6\text{ rad/s}$。求当 $\gamma=60°$ 且 $\beta=90°$ 时,曲柄 OB 和齿轮Ⅰ的角速度。

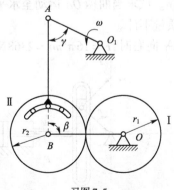

习图7-5

答案：$\omega_{OB} = 3.75 \text{rad/s}(逆)$，$\omega_1 = 6 \text{rad/s}(逆)$。

6. 习图 7-6 所示蒸汽机传动机构中，已知：活塞的速度为 v；$O_1A_1 = a_1$，$O_2A_2 = a_2$，$CB_1 = b_1$，$CB_2 = b_2$；齿轮半径分别为 r_1 和 r_2；且有 $a_1b_2r_2 \neq a_2b_1r_1$。当杆 EC 水平，杆 B_1B_2 铅直，A_1、A_2 和 O_1、O_2 都在同一条铅直线上时，求齿轮 O_1 的角速度。

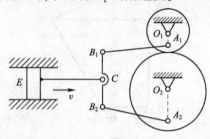

习图 7-6

答案：$\omega_{O1} = \dfrac{(b_1 + b_2)r_2 v}{a_1 b_2 r_2 - a_2 b_1 r_1}$

第八章 质点动力学

1. 如习图 8-1 所示，一质量为 700kg 的载货小车以 $v = 1.6 \text{m/s}$ 的速度沿缆车轨道下降，轨道的倾角 $\alpha = 15°$，运动总阻力系数 $f = 0.015$；求小车匀速下降时缆索的拉力。又设小车的制动时间为 $t = 4\text{s}$，在制动时小车作匀减速运动，试求此时缆绳的拉力。

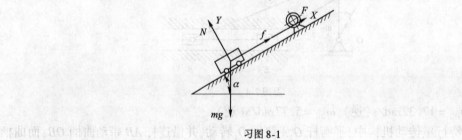

习图 8-1

答案：当小车匀速下降时缆索的拉力 $F = 1676\text{N}$；
在制动时小车作匀减速运动，此时缆绳的拉力 $F = 1956\text{N}$。

2. 如习图 8-2 所示，在曲柄滑道机构中，滑杆与活塞的质量为 50kg，曲柄长 300mm，绕 O 轴匀速转动，转速为 $n = 120\text{r/min}$。试求当曲柄 OA 运动至水平向右及铅垂向上两位置时，作用在活塞上的气体压力。曲柄质量不计。

答案：当曲柄 OA 运动至水平向右时，$F = 16\pi^2 mr = 2368\text{N}$；

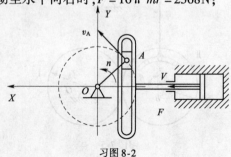

习图 8-2

当曲柄 OA 运动至铅垂向上时,$F = 0$N。

3. 一人造卫星质量为 m,在地球引力作用下,在距地面高 h 处的圆形轨道上以速度 v 运行。设地面上的重力加速度为 g,地球半径为 R,试求卫星的运行速度及周期与高度 h 的关系。

答案:$T = 2\pi \sqrt{\dfrac{R}{g}\left(1+\dfrac{h}{R}\right)^3}$

4. 如习图 8-3 所示,为了使列车对铁轨的压力垂直于路基,在铁道弯曲部分,外轨要比内轨稍为提高。试就以下的数据求外轨高于内轨的高度 h。轨道的曲率半径为 $\rho = 300$m,列车的速度为 $v = 12$m/s,内、外轨道间的距离为 $b = 1.6$m。

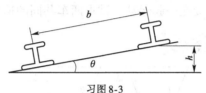

习图 8-3

答案:$h = \dfrac{v^2 b}{\sqrt{(g\rho)^2 + v^4}} = 78.4$mm

5. 铅垂发射的火箭由一雷达跟踪,如习图 8-4 所示。当 $r = 10000$m,$\theta = 60°$,$\dot{\theta} = 0.02$rad/s,且 $\ddot{\theta} = 0.003$rad/s^2 时,火箭的质量为 5000kg。求此时的喷射反推力 F。

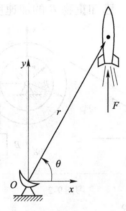

习图 8-4

答案:$F = 448$kN

6. 物体由高度 h 处以速度 v_0 水平抛出,如习图 8-5 所示。空气阻力可视为与速度的一

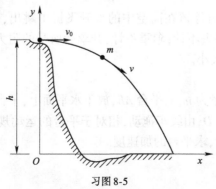

习图 8-5

次方成正比,即 $F = -kmv$,其中 m 为物体的质量,v 为物体的速度,k 为常系数。求物体的运动方程和轨迹。

答案：$y = h - \dfrac{g}{k^2}\ln\dfrac{v_0}{v_0 - kx} + \dfrac{gx}{kv_0}$

第九章 动量定理

1. 如习图9-1所示,两小车 A 和 B 的质量分别为 600kg 和 800kg,在水平轨道上分别以匀速 $v_A = 1\text{m/s}, v_B = 0.4\text{m/s}$ 运动。一质量为 40kg 的重物 C 以俯角30°、速度 $v_C = 2\text{m/s}$ 落入 A 车内,A 车与 B 车相碰后紧接在一起运动。试求两车共同的速度。摩擦忽略不计。

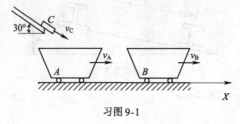

习图9-1

答案：$v = 0.687\text{m/s}$

2. 习图9-2所示机构中,鼓轮 A 质量为 m_1。转轴 O 为其质心。重物 B 的质量为 m_2,重物 C 的质量为 m_3。斜面光滑,倾角为 θ。已知重物 B 的加速度为 a,试求轴承 O 处的约束反力。

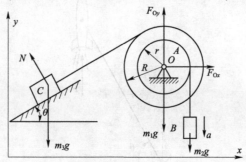

习图9-2

答案：$F_{Ox} = m_3 g\cos\theta\sin\theta + m_3 a\dfrac{R}{r}\cos\theta$

$F_{Oy} = (m_1 + m_2 + m_3)g - m_3 g\cos^2\theta + m_3 a\dfrac{R}{r}\sin\theta - m_2 a$

3. 跳伞者质量为60kg,自停留在高空中的直升飞机中跳出,落下100m后,将降落伞打开。设开伞前的空气阻力略去不计,伞重不计,开伞后所受的阻力不变,经5s后跳伞者的速度减为4.3m/s。求阻力的大小。

答案：$F = 1068\text{N}$

4. 如习图9-3所示,质量为 m_1 的平台 AB,放于水平面上,平台与水平面间的动滑动摩擦因数为 f。质量为 m_2 的小车 D,由绞车拖动,相对于平台的运动规律为 $s = 1/2 bt^2$,其中 b 为已知常数。不计绞车的质量,求平台的加速度。

答案：$a_{AB} = \dfrac{m_2}{m_1 + m_2}b - fg$

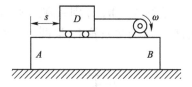

习图9-3

5. 已知水的体积流量为 $q_V(m^3/s)$，密度为 $\rho(kg/m^3)$；水冲击叶片的速度为 $v_1(m/s)$，方向沿水平向左；水流出叶片的速度为 $v_2(m/s)$，与水平线成 θ 角。求习图9-4所示水柱对涡轮固定叶片作用力的水平分力。

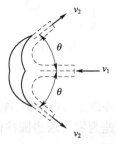

习图9-4

答案：$F_x = q_V \rho (v_1 + v_2 \cos\theta)$

第十章　动量矩定理

1. 质量为 m 的质点在平面 Oxy 内运动，其运动方程为：$x = a\cos\omega t, y = b\sin 2\omega t$。其中 a、b 和 ω 均为常量。试求质点对坐标原点 O 的动量矩。

答案：$L_O = m(xv_y - yv_x) = 2mab\omega \cos^3\omega t$

2. 试求习图10-1所示各均质物体对其转轴的动量矩。各物体质量均为 m。

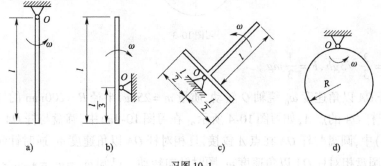

习图10-1

答案：a) $L_O = \dfrac{1}{3}ml^2\omega$

b) $L_O = -\dfrac{1}{3} \times \dfrac{m}{3}\left(\dfrac{l}{3}\right)^2 \omega - \dfrac{1}{3} \times \dfrac{2m}{3}\left(\dfrac{2l}{3}\right)^2 \omega = -\dfrac{1}{9}ml^2\omega$

c) $L_O = 2 \times \dfrac{1}{3} \times \dfrac{m}{4}\left(\dfrac{l}{2}\right)^2 \omega + \dfrac{1}{3} \times \dfrac{m}{2}l^2\omega = \dfrac{5}{24}ml^2\omega$

d) $L_O = \dfrac{1}{2}mR^2\omega + mR^2\omega = \dfrac{3}{2}mR^2\omega$

3. 两个质量分别为 m_1、m_2 的重物 M_1、M_2 分别系在绳子的两端,如习图 10-2 所示。两绳分别绕在半径为 r_1、r_2 并固结在一起的两鼓轮上,设两鼓轮对 O 轴的转动惯量为 J_0,试求鼓轮的角加速度。

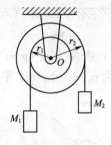

习图 10-2

答案:$\alpha = \dot{\omega} = \dfrac{m_1 r_1 - m_2 r_2}{m_1 r_1 + m_2 r_2 + J_0} g$

4. 均质圆柱体 A 的质量为 m,在外圆上绕以细绳,绳的一端 B 固定不动,如习图 10-3 所示。圆柱体因解开绳子而下降,其初速为零。求当圆柱体的轴心降落了高度 h 时轴心的速度和绳子的张力。

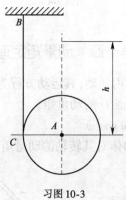

习图 10-3

答案:$v_A = \dfrac{2}{3}\sqrt{3gh}$,$F = \dfrac{1}{3}mg$

5. 无重杆 OA 以角速度 ω_0 绕轴 O 转动,质量 $m = 25\text{kg}$,半径 $R = 200\text{mm}$ 的均质圆盘以三种方式安装于杆 OA 的点 A,如习图 10-4 所示。在习图 10-4a)中,圆盘与杆 OA 焊接在一起,在习图 10-4b)中,圆盘与杆 OA 在点 A 铰接,且相对杆 OA 以角速度 ω_r 逆时针向转动。在习图 10-4c)中,圆盘相对杆 OA 以角速度 ω_r 顺时针向转动。已知 $\omega_0 = \omega_r = 4\text{rad/s}$,计算在此三种情况下,圆盘对轴 O 的动量矩。

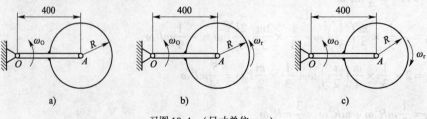

习图 10-4 (尺寸单位:mm)

答案:a)$L_0 = 18\text{kg} \cdot \text{m}^2/\text{s}$;b)$L_0 = 20\text{kg} \cdot \text{m}^2/\text{s}$;c)$L_0 = 16\text{kg} \cdot \text{m}^2/\text{s}$

第十一章 动 能 定 理

1. 椭圆规尺在水平面内由曲柄带动,设曲柄和椭圆规尺都是均质细杆,其质量分别为 m_1 和 $2m_1$,且 $OC = AC = BC = l$,如习图 11-1 所示。滑块 A 和 B 的质量都等于 m_2。如作用在曲柄上的力偶矩为 M,不计摩擦,试求曲柄的角加速度。

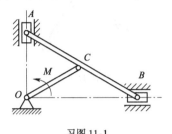

习图 11-1

答案:$\alpha = \dfrac{M}{(3m_1 + 4m_2)l^2}$

2. 如习图 11-2 所示,圆盘的半径 $r = 0.5\text{m}$,可绕水平轴 O 转动。在绕过圆盘的绳上吊有两物块 A、B,质量分别为 $m_A = 3\text{kg}$,$m_B = 2\text{kg}$。绳与盘之间无相对滑动。在圆盘上作用一力偶,力偶矩按 $M = 4\varphi$ 的规律变化(M 以 N·m 计,φ 以 rad 计)。求由 $\varphi = 0$ 到 $\varphi = 2\pi$ 时,力偶 M 与物块 A、B 重力所作的功之总和。

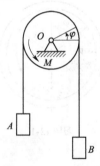

习图 11-2

答案:$W = 110\text{J}$

3. 习图 11-3 所示坦克的履带质量为 m,两个车轮的质量均为 m_1。车轮被看成均质圆盘,半径为 R,两车轮间的距离为 πR。设坦克前进速度为 v,计算此质点系的动能。

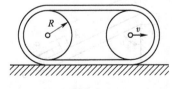

习图 11-3

答案:$E = mv^2 + \dfrac{3}{2}m_1v^2$

4. 长为 l,质量为 m 的均质杆 OA 以球铰链 O 固定,并以等角速度 ω 绕铅直线转动,如习

图 11-4 所示。如杆与铅直线的交角为 θ，求杆的动能。

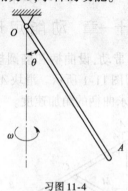

习图 11-4

答案：$E = \dfrac{m}{6}\omega^2 l^2 \sin^2\theta$

第十二章　达朗伯原理

1. 球磨机的简图如习图 12-1 所示，滚筒作匀速转动，内装钢球及被粉碎的原料，当钢球随滚筒转到某一角度 φ 时，将脱离筒壁作抛射运动，由于钢球的撞击，从而破碎与研磨原料。已知钢球脱离筒壁的最佳位置 $\varphi = 54°40'$，滚筒半径 $R = 0.6\mathrm{m}$。试求使钢球在 $\varphi = 54°40'$ 处脱离滚筒的滚筒转速。

习图 12-1

答案：$n = \dfrac{30\omega}{\pi}\mathrm{r/min}$

2. 质量 $m = 10\mathrm{kg}$ 的物块 A 沿与铅垂面夹角 $\theta = 60°$ 的悬臂梁下滑，如习图 12-2 所示。不计梁的自重，并忽略物块的尺寸，试求当物块下滑至距固定端 O 的距离 $l = 0.6\mathrm{m}$、加速度 $a = 2\mathrm{m/s^2}$ 时，固定端 O 的约束反力。

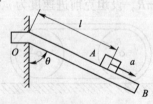

习图 12-2

答案：$F_{Ox} = 17.32\mathrm{N}$；$F_{Oy} = 88\mathrm{N}$；$M_O = 50.92\mathrm{N \cdot m}$

第二篇 材料力学

第十三章 绪论
第十四章 拉伸、压缩和剪切
第十五章 扭转
第十六章 弯曲
第十七章 动载荷和交变应力

第十三章 绪 论

第一节 引 言

在生产实际中,各种机械和工程结构得到广泛应用,如建筑物的梁和柱、机床的轴等。组成机械的零件和构成结构的元件,统称为构件。当工程结构或机械工作时,构件将受到载荷的作用。例如,飞行中的飞机受自身重力、发动机推力和空气动力的作用,建筑物的梁受自身重力和其他物体重力的作用。构件一般由固体制成。在外力作用下,固体有抵抗破坏的能力,但这种能力又是有限度的。而且,在外力作用下,固体的尺寸和形状还将发生变化,称为变形。

实践表明:作用力越大,构件的变形也越大;而当作用力过大时,构件则将发生破坏。显然,构件在工作时发生意外破坏一般是不允许的。对于许多构件来说,工作时产生过大的变形一般也是不允许的。因此,它应当满足以下要求:

一、强度要求

在规定载荷作用下的构件当然不应破坏。例如,冲床曲轴不可折断,储气罐不应爆破。强度要求就是指构件应有足够的抵抗破坏的能力。

二、刚度要求

在载荷作用下,构件即使有足够的强度,但若变形过大,仍不能正常工作。例如,飞机飞行中使用副翼如导致机翼过大的扭转变形量,将使飞机的转弯方向与预期相反,影响飞行安全。机床主轴变形过大,将影响加工精度。刚度要求就是指构件应有足够的抵抗变形的能力。

三、稳定性要求

有些受压力作用的细长杆,如飞机的起落架、千斤顶的螺杆、内燃机的挺杆等,应始终维持原有的直线平衡形态,保证不被压弯。稳定性要求就是指构件应有足够的保持原有平衡形态的能力。

若构件横截面尺寸不是或形状不合理,或材料选用不当,将不能满足上述要求,从而不能保证工程结构或机械的安全工作。相反,也不应不恰当地加大横截面尺寸或选用优质材料,这虽满足了上述要求,却多使用了材料和增加了成本,造成浪费。材料力学的任务就是在满足强度、刚度和稳定性的要求下,为设计既经济又安全的构件,提供必要的理论基础和计算方法。

第二节 变形固体的基本假设

当研究某一构件时,可以设想把这一构件从周围物体中单独取出,并用力来代替周围各物体对构件的作用。这些来自构件外部的力就是外力,包括载荷和约束反力。按外力的作用方式可分为表面力和体积力。表面力是作用于物体表面的力,又可分为分布力和集中力。分布力是连续作用于物体表面的力,如作用于油缸内壁上的油压力,作用于飞机上的空气动力,作用于船体上的水压力等。有些分布力是沿杆件的轴线作用的,如楼板对屋梁的作用力。若外力分布面积远小于轴线长度,就可看作是作用于一点的集中力,如火车轮对钢轨的压力,滚珠轴承对轴的反作用力等。体积力是连续分布于物体内部各点的力,例如物体的自重和惯性力等。

载荷按随时间变化的情况,又可分成静载荷和动载荷。若载荷缓慢地由零增加到某一定值,以后即保持不变,或变动很不显著,即静载荷。例如,把机器缓慢地置放在基础上时,机器的重量对基础的作用便是静载荷。若载荷随时间而变化,则为动载荷。按其随时间变化的方式,动载荷又可分为交变载荷和冲击载荷。交变载荷是随时间作周期性变化的载荷,例如当齿轮转动时,作用于每一个齿上的力都是随时间作周期性变化的;飞机每执行一次航班任务,即承受一次地－空－地循环载荷的作用。冲击载荷则是物体的运动在瞬时发生突然变化所引起的载荷,例如,急刹车时飞轮的轮轴、飞机着陆时的起落架、锻造时汽锤的锤杆等都受到冲击载荷的作用。

材料在静载荷下和在动载荷下的性能颇不相同,分析方法也颇有差异。因为静载荷问题比较简单,所建立的理论和分析方法又可作为解决动载荷问题的基础,所以首先研究静载荷的问题。

固体因外力作用而变形,故称为变形固体或可变形固体。固体有多方面的属性,研究的角度不同,侧重面各不一样。研究构件的强度、刚度和稳定性时,为抽象出力学模型,掌握与问题有关的主要属性,略去一些次要属性,对变形固体作下列假设:

一、连续性假设

认为组成固体的物质不留空隙地充满了固体的体积。实际上,组成固体的粒子之间存在着空隙并不连续,但这种空隙与构件的尺寸相比极其微小,可以不计。于是就认为固体在其整个体积内是连续的。这样,当把某些力学量看作是固体的点的坐标的函数时,对这些量就可以进行坐标增量为无限小的极限分析。

二、均匀性假设

认为在固体内到处有相同的力学性能。就使用最多的金属来说,组成金属的各晶粒的力学性能并不完全相同。但因构件或构件的任一部分中都包含为数极多的晶粒,而且无规则地排列,固体的力学性能是各晶粒的力学性能的统计平均值,所以可以认为各部分的力学性能是均匀的。这样,如从固体中取出一部分,不论大小,也不论从何处取出,力学性能总是相同的。

我们这里研究构件受力后的强度、刚度和稳定性时,把它抽象为均匀连续的模型,可以得出满足工程要求的理论。对发生于晶粒那样大小的范围内的现象就不宜再用均匀连续假设。

三、各向同性假设

认为无论沿任何方向,固体的力学性能都是相同的。就单一晶粒来说,沿不同的方向,力学性能并不一样。但金属构件包含数量极多的晶粒,且又杂乱无章地排列,这样,沿各个方向的力学性能就接近相同了。具有这种属性的材料称为各向同性材料,如铸钢、铸铜、玻璃等。

沿不同方向力学性能不同的材料,称为各向异性材料,如木材、胶合板和某些人工合成材料等。

第三节 内力和应力的概念

物体因受外力作用而变形,其内部各部分之间因相对位置改变而引起的相互作用就是内力。我们知道,即使不受外力作用,物体的各质点之间依然存在着相互作用的力。这里指的内力,是指外力作用下,上述相互作用力的变化量,所以是物体内部各部分之间因外力而引起的附加相互作用力,即"附加内力"。这样的内力随外力的增大而加大,到达某一限度时就会引起构件破坏,因而它与构件的强度是密切相关的。

确定内力的方法称为截面法。可将其归纳为以下四个步骤:

(1)截:求某一截面上的内力时,就沿该截面假想地把构件分成两部分。

(2)取:任意地选取一部分作为研究对象,并弃去另一部分。

(3)代:用作用于截面上的内力代替弃去部分对留下部分的作用。

(4)平:建立留下部分的平衡方程,确定未知的内力。

下面用例题介绍用截面法确定内力的方法。

【例 13-1】 钻床如图 13-1a)所示,在载荷 P 作用下,试确定 m—m 截面上的内力。

【解】 (1)沿 m—m 截面假想地将钻床分成两部分。取 m—m 截面以上部分进行研究[图 13-1b)],并以截面的形心 O 为原点,选取坐标系如图所示。

(2)外力 P 将使 m—m 截面以上部分沿 y 轴方向位移,并绕 O 点转动,m—m 截面以下部分必然以内力 N 及 M 作用于截面上,以保持上部的平衡。这里 N 为通过 O 点的力,M 为对 O 点的力偶矩。

(3)由平衡条件

$$\sum Y = 0 \qquad P - N = 0$$
$$\sum M_O = 0 \qquad Pa - M = 0$$

求得内力 N 和 M 为

$$N = P, M = Pa$$

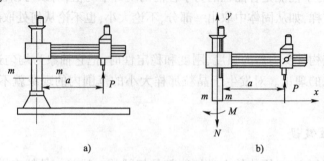

图 13-1　内力的确定

在例 13-1 中，内力 N 和 M 是 m—m 截面上分布内力系向 O 点简化后的结果。用它们可以说明 m—m 截面以上部分的内力和外力的平衡关系，但不能说明分布内力系在截面内某一点处的强弱程度。为此，我们引入内力集度的概念。设在图 13-1 所示受力构件的 m—m 截面上，围绕 O 点取微小面积 ΔA 上分布内力的合力为 ΔP。ΔP 的大小和方向与 O 点的位置和 ΔA 的大小有关。ΔP 与 ΔA 的比值为

$$P_m = \frac{\Delta P}{\Delta A} \tag{13-1}$$

P_m 是一个矢量，代表在 ΔA 范围内，单位面积上内力的平均集度，称为平均应力。随着 ΔA 的逐渐缩小，P_m 的大小和方向都将趋于一定限度。这样得到

$$P = \lim_{\Delta A \to 0} P_m = \lim_{\Delta A \to 0} \frac{\Delta P}{\Delta A} \tag{13-2}$$

P 称为 O 点的应力。它是分布内力系在 O 点的集度，反映内力系在点的强弱程度。P 是一个矢量，一般说既不与截面垂直，也不与截面相切。通常把应力 p 分解成垂直于截面的分量 σ 和切于截面的分量 τ。σ 称为正应力，τ 称为剪应力。

在国际制单位中，应力的单位是牛/米²（N/m^2），称为帕斯卡或简称为帕（Pa）。由于这个单位太小，使用不便，通常使用兆牛/米² = 10^6 牛/米²，记为 MN/m^2 或 MPa。

✈ 第四节　变形与应变

研究固体的变形，除了为研究构件的刚度外，还因固体由外力引起的变形与内力分布相关。

在图 13-2a）中，固体的 M 点因变形位移到 M'。MM' 即为 M 点的位移。这里假设固体因受到约束，不可能作刚性位移，M 点的位移全是由变形引起的。如允许作刚性运动，则应在总位移中扣除刚性位移。设想在 M 点附近取棱边边长为 Δx、Δy、Δz 的微小正六面体（当六面体的边长趋于无限小时称为单元体），变形后的六面体的边长和棱边的夹角都将发生变化，如虚线所示。把上述六面体投影于 xy 平面，并放大为图 13-2b）。变形前平行于 x 轴的线段 MN 原长为 Δx，变形后 M 和 N 分别位移到 M' 和 N'。$M'N'$ 的长度为 $\Delta x + \Delta s$。这里 $\Delta s = \overline{M'N'} - \overline{MN}$，代表线段 MN 的长度变化。比值

$$\varepsilon_m = \frac{\overline{M'N'} - \overline{MN}}{MN} = \frac{\Delta s}{\Delta x} \tag{13-3}$$

表示线段 MN 每单位长度的平均伸长或缩短,称为平均应变。逐渐缩小 M 点和 N 点的距离,使 $\overline{MN}$ 趋近于零,则 ε_m 的极限为

$$\varepsilon = \lim_{\overline{MN} \to 0} \frac{\overline{M'N'} - \overline{MN}}{\overline{MN}} = \lim_{\Delta x \to 0} \frac{\Delta s}{\Delta x} \tag{13-4}$$

ε 称为 M 点沿 x 方向的线应变或简称为应变。如线段 MN 内各点沿 x 方向的变形程度是均匀的,则平均应变也就是 M 点的应变。如在 MN 内各点的变形程度并不相同,则只有由式(13-4)定义的应变,才能表示 M 点沿 x 方向长度变化的程度。用完全相似的方法,还可以讨论沿 y 和 z 方向的应变。

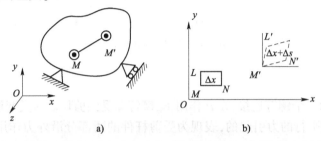

图 13-2 固体的变形

固体的变形非但表现为线段长度的改变,而且正交线的夹角也将发生变化。例如在图 13-2b)中,变形前 MN 和 ML 正交,变形后 M'N' 和 M'L' 的夹角变为 ∠L'M'N'。变形前、后角度的变化是 (π/2 - ∠L'M'N')。当 N 和 L 趋近于 M 时,上述角度变化的极限值

$$\gamma = \lim_{\substack{\overline{MN} \to 0 \\ \overline{ML} \to 0}} \left(\frac{\pi}{2} - \angle L'M'N' \right) \tag{13-5}$$

称为 M 点在 xy 平面内的剪应变或角应变。

应变 ε 和剪应变 γ 是度量一点处变形程度的两个基本量。它们都没有量纲。

✈ 第五节 杆件变形的基本形式

实际构件有各种不同的形状。这里主要研究长度远大于横截面尺寸的构件,称为杆件,简称为杆。杆件的轴线是杆件各横截面形心的连线。轴线为直线的杆称为直杆。横截面大小和形状不变的直杆称为等直杆。轴线为曲线的杆称为曲杆。工程上常见的很多构件都可以简化为杆件,如连杆、传动轴、立柱、丝杆、吊钩等。某些构件,如齿轮的轮齿、曲轴的轴颈、飞机的机翼等,并不是典型的杆件,但在近似计算或定性分析中也简化为杆。所以杆是工程中最基本的构件。

除杆件外,工程中常用的构件还有平板和壳体等。

杆件受力有各种情况,相应的变形就有各种形式。就杆件一点周围的一个微分单元体来说,它的变形由前节指出的线应变和剪应变来描述。所有的单元体的变形的积累就形成杆件的整体变形。杆件变形的基本形式有以下四种:

一、拉伸或压缩

图 13-3a)表示一简易吊车。在载荷 P 作用下,AC 杆受到拉伸[图 13-3b)],而 BC 杆受

到压缩[图 13-3c)]。这类变形形式是由大小相等、方向相反、作用线与杆件轴线重合的一对力引起的,表现为杆件的长度发生伸长或缩短。起吊重物的钢索、桁架的杆件、液压油缸的活塞杆等的变形,都属于拉伸或压缩变形。

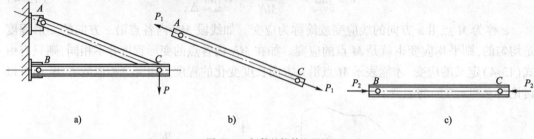

图 13-3 杆件的拉伸和压缩

二、剪切

图 13-4a)表示一个铆钉连接,在 P 作用下,铆钉即受到剪切。这类变形形式是由大小相等、方向相反、相互平行的力引起的,表现为受剪杆件的两部分沿外力作用方向发生相对错动[图 13-4b)]。机械中常用的连接件,如键、销钉、螺栓等都产生剪切变形。

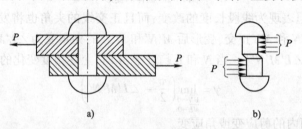

图 13-4 剪切

三、扭转

图 13-5a)所示的汽车转向轴 AB,在工作时发生扭转变形。这类变形形式是由大小相等、方向相反、作用面都垂直于杆轴的两个力偶引起的[图 13-5b)],表现为杆件的任意两个横截面发生绕轴线的相对转动。汽车的传动轴、电机和水轮机的主轴等,都是受扭杆件。

四、弯曲

图 13-6a)所示的火车轮轴的变形,即为弯曲变形。这类变形形式是由垂直于杆件轴线的横向力,或由作用于包含杆轴的纵向平面内的一对大小相等、方向相反的力偶引起的,表现为杆件轴线由直线变为曲线[图 13-6b)]。在工程中,受

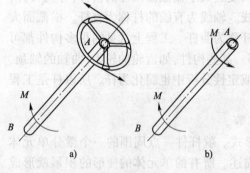

图 13-5 扭转

弯杆件是最常遇到的情况之一。桥式起重机的大梁、各种心轴以及车刀等的变形,都属于弯曲变形。

还有一些杆件同时发生几种基本变形,例如车床主轴工作时发生弯曲、扭转和压缩三种

基本变形;钻床立柱同时发生拉伸和弯曲两种基本变形。这种情况称为组合变形。在本书中,将依次讨论四种基本变形的强度及刚度计算,组合变形不再介绍,有需要可参阅相关书籍。

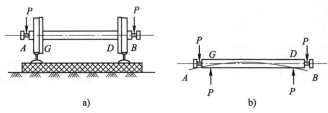

图13-6 弯曲

第十四章
拉伸、压缩和剪切

第一节 轴向拉伸或压缩时横截面上的内力和应力

为了显示拉(压)杆横截面上的内力,沿横截面 m—m 假想地把杆件分成两部分[图 14-1a)]。杆件左右两段在横截面 m—m 上相互作用的内力是一个分布力系[图 14-1b)或图 14-1c)],其合力为 N。由左段的平衡方程 $\sum X = 0$,得

$$N - P = 0$$
$$N = P$$

因为外力 P 的作用线与杆件轴线重合,内力 N 的作用线也必然与杆件的轴线重合,所以 N 称为轴力。习惯上,把拉伸时的轴力规定为正,压缩时的轴力规定为负。

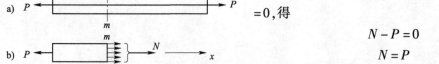

图 14-1 轴向拉伸或压缩时横截面上的内力和应力

若杆件轴线作用的外力多于两个,则在杆件各部分的横截面上,轴力不尽相同。这时往往用轴力图表示轴力沿杆件轴线变化的情况。关于轴力图的绘制,下面用例题来说明。

【例 14-1】 图 14-2a)所示为一双压手铆机的示意图。作用于活塞杆上的力分别简化为 $P_1 = 2.64$ kN,$P_2 = 1.32$ kN,计算简图如图 14-2b)所示。这里 P_2 和 P_3 分别是以压强 P_2、P_3 乘以作用面积得出的。试求活塞杆横截面 1—1 和 2—2 上的轴力,并作活塞杆的轴力图。

【解】 使用截面法,沿截面 1—1 将活塞杆分成两段,取出左段,并画出受力图[图 14-2c)]。用 N_1 表示右段对左段的作用,为了保持左段的平衡,N_1 和 P_1 大小相等,方向相反,而且共线,故截面 1—1 左边的一段受压,N_1 为负。由左段的平衡方程 $\sum X = 0$,得

$$P_1 - N_1 = 0$$

由此确定了 N_1 的数值是

$$N_1 = P_1 = 2.64 \text{kN}(压力)$$

同理,可以计算横截面 2—2 上的轴力 N_2。由截面 2—2 左边一段[图 14-2d)]的平衡方程 $\sum X = 0$,得

$$P_1 - P_2 - N_2 = 0$$
$$N_2 = P_1 - P_2 = 1.32 \text{kN}(压力)$$

如研究截面2—2右边的一段[图14-2e)],由平衡方程$\sum X=0$,得
$$N_2 - P_3 = 0$$
$$N_2 = P_3 = 1.32\text{kN}(压力)$$

所得结果与前面相同,计算却比较简单。所以计算时应选取受力比较简单的一段作为分析对象。

若选取一个坐标系,其横坐标表示横截面的位置,纵坐标表示相应截面上的轴力,便可用图线表示出沿活塞杆轴线轴力变化的情况[图14-2f)]。这种图线即为轴力图。在轴力图中,将拉力绘在x轴的上侧,压力绘在x轴的下侧。这样,轴力图非但显示出杆件各段内轴力的大小,而且还可以表示出各段内的变形是拉伸还是压缩。

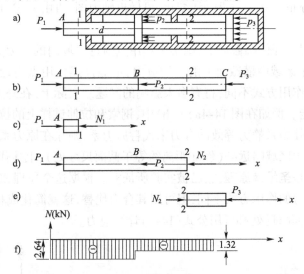

图14-2 轴力图的绘制

只根据轴力并不能判断杆件是否有足够的强度。例如用同一材料制成粗细不同的两根杆,在相同的拉力下,两杆的轴力自然是相同的。但当拉力逐渐增大时,细杆必定先被拉断。这说明拉杆的强度不仅与轴力的大小有关,而且与横截面面积有关。所以必须用横截面上的应力来度量杆件的受力程度。

在拉(压)杆的横截面上,与轴力N对应的应力是正应力σ。根据连续性假设,横截面上到处都存在着内力。若以A表示横截面面积,则微分面积dA上的内力元素σdA组成一个垂直于横截面的平行力系,其合力就是轴力N。于是得静力关系

$$N = \int_A \sigma dA \tag{14-1}$$

只有知道σ在横截面上的分布规律后,才能完成式(14-1)中的积分。

为了求得σ的分布规律,应从研究杆件的变形入手。变形前,在等直杆的侧面上画垂直于杆轴的直线ab和cd(图14-3)。拉伸变形后,发现ab和cd仍为直线,且仍然垂直于轴线,只是分别平行移至$a'b'$和$c'd'$。根据这一现象,可以假设:变形前原为平面的横截面,变形后仍保持为平面且仍垂直于轴线。这就是平面假设。由此可以推断,拉杆所有纵向纤维伸长和应力之间存在怎样的关系,但如前所述,因材料是均匀的,所有纵向纤维的力学性能相同。由它们的变形相等和力学性能相同可以推想,各纵向纤维的受力是一样的。所以,横截面上

各点的正应力 σ 相等,即正应力均匀分布于横截面上,σ 等于常量。于是由式(14-1)得

$$\left.\begin{array}{r} N = \int_A \sigma \mathrm{d}A = \sigma A \\ \sigma(x) = \dfrac{N}{A} \end{array}\right\} \quad (14\text{-}2)$$

公式(14-2)同样可用于 N 为压力时的压应力计算。不过,细长杆受压时容易被压弯,属于稳定性问题,将在后面讨论。这里所指的是受压杆未被压弯的情况。关于正应力的符号,一般规定拉应力为正,压应力为负。

导出公式(14-2)时,要求外力与杆件轴线重合,这样才能保证各纵向纤维变形相等,横截面上正应力均匀分布。若轴力沿轴线变化,可做出轴力图,再由公式(14-2)求出不同横截面上的应力。

若以集中力作用于杆件端截面上,则集中作用点附近区域内的应力分布比较复杂,公式(14-2)只能计算这个区域内横截面上的平均应力,不能描述作用点附近的真实情况。这就引出,端截面上外力作用方式不同,将有多大影响的问题。实际上,在外力作用区域内,外力分布方式有各种可能。例如在图 14-4a)和 b)中,钢索和拉伸试样上的拉力作用方式就是不同的。不过,如用与外力系静力等效的合力来代替原力系,则除在原力系作用区域内有明显差别外,在离外力作用区域略远处(例如距离约等于截面尺寸处),上述代替的影响就非常微小,可以不计。这就是**圣维南原理**,它已被实验所证实。根据这个原理,对于图 14-4a)和 b)所示杆件,虽上端外力的作用方式不同,但可用其合力代替,这就简化成相同的计算简图[图14-4c)]。在距端截面略远处都可用公式(14-2)计算应力。

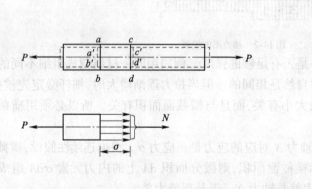

图 14-3 正应力的计算

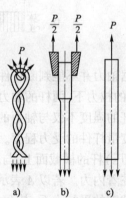

图 14-4 圣维南原理实例

【**例 14-2**】 图 14-5a)为一悬臂吊车的简图,斜杆 AB 为直径 $d = 20\text{mm}$ 的钢杆,载荷 $Q = 15\text{kN}$。当 Q 移到 A 点时,求斜杆 AB 横截面上的应力。

【**解**】 当载荷 Q 移到 A 点时,斜杆 AB 受到的拉力最大,设其值为 $P_{\max}$。根据横梁[图14-5c)]的平衡方程 $\sum M_C = 0$,得

$$P_{\max}\sin\alpha \cdot \overline{AC} - Q \cdot \overline{AC} = 0$$

$$P_{\max} = \dfrac{Q}{\sin\alpha}$$

由三角形 ABC 求出

$$\sin\alpha = \frac{\overline{BC}}{\overline{AB}} = \frac{0.8}{\sqrt{0.8^2 + 1.9^2}} = 0.388$$

故有

$$P_{\max} = \frac{Q}{\sin\alpha} = \frac{15}{0.388} = 38.7 \text{kN}$$

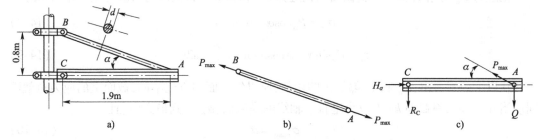

图 14-5 悬臂吊车斜杆上的应力

斜杆 AB 的轴力为

$$N = P_{\max} = 38.7 \text{kN}$$

由此求得 AB 杆横截面上的应力为

$$\sigma = \frac{N}{A} = \frac{38.7 \times 10^3}{\frac{\pi}{4}(20 \times 10^{-3})^2} = 123 \times 10^6 \text{Pa} = 123 \text{MPa}$$

✈ 第二节 直杆轴向拉伸或压缩时斜截面上的应力

前面讨论了轴向拉伸或压缩时,直杆横截面上的正应力,它是今后强度计算的依据。但不同材料的实验表明,拉(压)杆的破坏并不总是沿横截面发生,有时却是沿斜截面发生的。为此,应进一步讨论斜截面上的应力。

设直杆的轴向拉力为 P[图 14-6a)],横截面面积为 A,由公式(14-1)可得,横截面上的正应力 σ 为

$$\sigma = \frac{N}{A} = \frac{P}{A} \quad (14-3)$$

设与横截面成 α 角的斜截面 $k—k$ 的面积为 A_α,A_α 与 A 之间的关系应为

$$A_\alpha = \frac{A}{\cos\alpha} \quad (14-4)$$

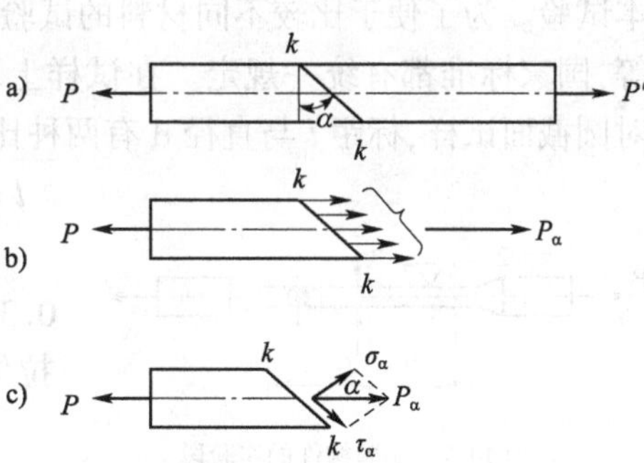

图 14-6 直杆轴向拉伸或压缩时斜截面上的应力

若沿斜截面 $k—k$ 假想地把杆件分成两部分,以 P_α 表示斜截面 $k—k$ 上的内力,由左段的平衡[图 14-6b)]可知

$$P_\alpha = P \quad (14-5)$$

仿照证明横截面上正应力均匀分布的方法,可知斜截面上的应力也是均匀分布的。若以 P_α 表示斜截面 $k—k$ 上的应力,于是有

$$P_\alpha = \frac{P_\alpha}{A_\alpha} = \frac{P}{A_\alpha} \tag{14-6}$$

以式(14-4)代入上式,并注意到式(14-3)所表示的关系,得

$$P_\alpha = \frac{P}{A}\cos\alpha = \sigma\cos\alpha \tag{14-7}$$

把应力 P_α 分解成垂直于斜截面的正应力 σ_α 和相切于斜截面的剪应力 τ_α[图 14-6c)],

$$\sigma_\alpha = P_\alpha\cos\alpha = \sigma\cos^2\alpha \tag{14-8}$$

$$\tau_\alpha = P_\alpha\sin\alpha = \sigma\cos\alpha\sin\alpha = \frac{\sigma}{2}\sin2\alpha \tag{14-9}$$

从以上公式看出,σ_α 和 τ_α 都是 α 的函数,所以斜截面的方位不同,截面上的应力也就不同。当 $\alpha=0$ 时,斜截面 k—k 成为垂直于轴线的横截面,σ_α 达到最大值,且

$$\sigma_{\alpha\max} = \sigma \tag{14-10}$$

当 $\alpha=45°$ 时,τ_α 达到最大值,且

$$\tau_{\alpha\max} = \frac{\sigma}{2} \tag{14-11}$$

可见,轴向拉伸(压缩)时,在杆件的横截面上,正应力为最大值;在与杆件轴线成 $45°$ 的斜截面上,剪应力为最大值。最大剪应力在数值上等于最大正应力的二分之一。此外,当 $\alpha=90°$ 时,$\sigma_\alpha = \tau_\alpha = 0$,这表示在平行于杆件轴线的纵向截面上无任何应力。

✈ 第三节 材料在拉伸时的力学性能

分析构件的强度时,除计算应力外,还应了解材料的力学性能。材料的力学性能也称为机械性质,是指材料在外力作用下表现出的变形、破坏等方面的特性。它要由实验来测定。在室温下,以缓慢平稳的加载方式进行实验,称为常温静载试验,是测定材料力学性能的基本试验。为了便于比较不同材料的试验结果,对试样的形状、加工精度、加载速度、试验环境等,国家标准都有统一规定。在试样上取长为 l 的一段(图 14-7)作为试验段,l 称为标距。对圆截面试样,标距 l 与直径 d 有两种比例,即

$$l = 5d \text{ 和 } l = 10d$$

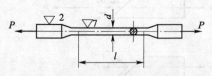

图 14-7 实验构件的实验段

低碳钢拉伸时的力学性能:低碳钢是指含碳量在 0.3% 以下的碳素钢。这类钢材在工程中使用较广,在拉伸试验中表现出的力学性能也最为典型。

试样装在试验机上,受到缓慢增加的拉力作用。对应着每一个拉力 P,试样标距 l 有一个伸长量 Δl。表示 P 和 Δl 的关系的曲线,称为拉伸图或 P-Δl 曲线,如图 14-8 所示。P-Δl 曲线与试样的尺寸有关。为了消除试样尺寸的影响,把拉力 P 除以试样横截面的原始面积 A,得出正应力:$\sigma = P/A$;同时,把伸长量 Δl 除以标距的原始长度 l,得到应变:$\varepsilon = \Delta l/l$。以 σ 为纵坐标,ε 为横坐标,作图表示 σ 与 ε 的关系(图 14-9)称为应力—应变图或 σ-ε 曲线。

根据试验结果,低碳钢的力学性能大致如下:

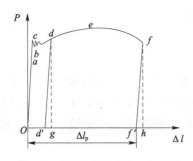 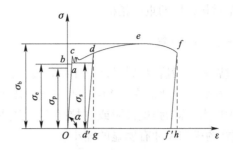

图 14-8　低碳钢拉伸时的 $P\text{-}\Delta l$ 曲线　　　图 14-9　低碳钢拉伸时的 $\sigma\text{-}\varepsilon$ 曲线

一、弹性阶段

在拉伸的初始阶段，σ 与 ε 的关系为直线 Oa，表示在这一阶段内，应力 σ 与应变 ε 成正比，即 $\sigma \propto \varepsilon$，也即

$$\sigma = E\varepsilon \tag{14-12}$$

这就是拉伸或压缩的胡克定律。式中 E 为与材料有关的比例常数，称为弹性模量。因为应变 ε 没有量纲，故 E 的量纲与 σ 相同，常用单位是兆帕，记为 GPa（$1\text{GPa} = 10^9 \text{Pa}$）。公式 (14-12) 表明，$E = \sigma/\varepsilon$，而 σ/ε 正是直线 Oa 的斜率。直线部分的最高点 a 所对应的应力 σ_p 称为比例极限。显然，只有应力低于比例极限时，应力才与应变成正比，材料才服从胡克定律。这时，称材料是线弹性的。

超过比例极限后，从 a 点 b 点，σ 与 ε 之间的关系不再是直线，但解除拉力后变形仍可完全消失，这种变形称为弹性变形。b 点所对应的应力 σ_e 是材料只出现弹性变形的极限值，称为弹性极限。在 $\sigma\text{-}\varepsilon$ 曲线上，a、b 两点非常接近，所以工程上对弹性极限和比例极限并不严格区分。

在应力大于弹性极限后，如再解除拉力，则试样变形的一部分随之消失，这就是上面提到的弹性变形，但还遗留下一部分不能消失的变形，这种变形称为塑性变形或残余变形。

二、屈服阶段

当应力超过 b 点增加到某一数值时，应变有非常明显的增加，而应力先是下降，然后作微小的波动，在 $\sigma\text{-}\varepsilon$ 曲线上出现接近水平线的小锯齿形线段。这种应力基本保持不变，而应变显著增加的现象，称为屈服或流动。在屈服阶段内的最高应力和最低应力分别称为上屈服极限和下屈服极限。上屈服极限的数值与试样形状、加载速度等因素有关，一般是不稳定的。下屈服极限则有比较稳定的数值，能够反映材料的性能。通常就把下屈服极限称为屈服极限或屈服点，用 σ_s 来表示。

表面磨光的试样屈服时，表面将出现与轴线大致成 45° 倾角的条纹（图 14-10）。这是由于材料内部相对滑移形成的，称为滑移线。因为拉伸时在与杆轴成 45° 倾角的斜截面上，剪应力为最大值，可见屈服现象的出现与最大剪应力有关。

材料屈服表现为显著的塑性变形，而零件的塑性变形将影响机器的正常工作，所以屈服极限 σ_s

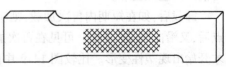

图 14-10　试样屈服时的滑移线

是衡量材料强度的重要指标。

三、强化阶段

过屈服阶段后,材料又恢复了抵抗变形的能力,要使它继续变形必须增加拉力。这种现象称为材料的强化。在图14-9中,强化阶段中的最高点 e 所对应的应力 σ_b 是材料所能承受的最大应力,称为强度极限或抗拉强度。它是衡量材料强度的另一重要指标。在强化阶段中,试样的横向尺寸有明显的缩小。

四、局部变形阶段

过 e 点后,在试样的某一局部范围内,横向尺寸突然急剧缩小,形成颈缩现象(图14-11)。

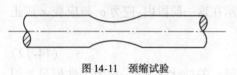

图 14-11 颈缩试验

由于在颈缩部分横截面面积迅速减小,使试样继续伸长所需要的拉力也相应减少。在应力—应变图中,用横截面原始面积 A 算出的应力 $\sigma = P/A$ 随之下降,降落到 f 点,试样被拉断。

五、延伸率和断面收缩率

试样拉断后,由于保留了塑性变形,试样长度由原来的 l 变为 l_1。用百分比表示的比值

$$\delta = \frac{l_1 - l}{l} \times 100\% \tag{14-13}$$

称为延伸率。试样的塑性变形($l_1 - l$)越大,δ 也就越大。因此,延伸率是衡量材料塑性的指标。低碳钢的延伸率很高,其平均值约为20%~30%,这说明低碳钢的塑性性能很好。

工程上通常按延伸率的大小把材料分成两大类,$\delta > 5\%$ 的材料称为塑性材料,如碳钢、黄铜、铝合金等;$\delta < 5\%$ 的材料称为脆性材料,如灰铸铁、玻璃、陶瓷等。

原始横截面面积为 A 的试样,拉断后颈缩处的最小横截面面积变为 A_1,用百分比表示的比值

$$\varphi = \frac{A - A_1}{A} \times 100\% \tag{14-14}$$

称为断面收缩率。φ 也是衡量材料塑性的指标。

六、卸载定律及冷作硬化

如把试样拉到超过屈服极限的 d 点(图14-9),然后逐渐卸除拉力,应力和应变关系将沿着斜直线 dd' 近似地平行于 Oa。这说明:在卸载过程中,应力和应变按直线规律变化。这就是卸载定律。拉力完全卸除后,应力—应变图中 $d'g$ 表示消失了的弹性变形,而 Od' 表示不再消失的塑性变形。

卸载后,如在短期内再次加载,则应力和应变大致上沿卸载时的斜直线 $d'd$ 变化,直到 d 点后,又沿曲线 def 变化。可见在再次加载时直到 d 点以前材料的变形是弹性的,过 d 点后才开始出现塑性变形。比较图14-9中的 $Oabcdef$ 和 $d'def$ 两条曲线,可见在第二次加载时,其比例极限(亦即弹性阶段)得到了提高,但塑性变形和延伸率却有所降低。这种现象称为

冷作硬化。冷作硬化现象经退火后又可消除。

工程上经常利用冷作硬化来提高材料的弹性阶段。如起重用的钢索和建筑用的钢筋，常用冷拔工艺以提高强度。又如对某些零件进行喷丸处理，使其表面发生塑性变形，形成冷硬层，以提高零件表面层的强度。但另一方面，零件初加工后，由于冷作硬化使材料变脆变硬，给下一步加工造成困难，且容易产生裂纹，往往就需要在工序之间安排退火，以消除冷作硬化的影响。

第四节 材料在压缩时的力学性能

金属的压缩试样一般制成很短的圆柱，以免被压弯。圆柱高度约为直径的 2.5～3 倍。混凝土、石料等则制成立方形的试块。

低碳钢压缩时的 σ-ε 曲线如图 14-12 所示。试验表明：低碳钢压缩时的弹性模量 E 和屈服极限 σ_s，都与拉伸时大致相同。屈服阶段以后，试样越压越扁，横截面面积不断增大，试样抗压能力也继续增高，因而得不到压缩时的强度极限。由于可从拉伸试验测定低碳钢压缩时的主要性能，所以不一定要进行压缩试验。

图 14-13 表示铸铁压缩时的 σ-ε 曲线。试样仍然在较小的变形下突然破坏。破坏断面的法线与轴线大致成 45°～55°的倾角，表明试样沿斜截面因相对错动而破坏。铸铁的抗压强度极限比它的抗拉强度极限高 4～5 倍。其他脆性材料，如混凝土、石料等，抗压强度也远高于抗拉强度。

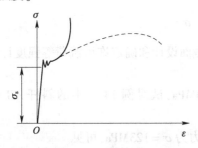
图 14-12 低碳钢压缩时的 σ-ε 曲线

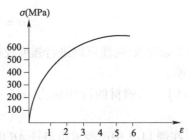
图 14-13 铸铁压缩时的 σ-ε 曲线

脆性材料抗拉强度低，塑性性能差，但抗压能力强，且价格低廉，宜于作为抗压构件的材料。铸铁坚硬耐磨，易于浇铸成形状复杂的零部件，广泛用于铸造机床床身、机座、缸体及轴承座等受压零部件。因此，其压缩试验比拉伸试验更为重要。

综上所述，衡量材料力学性能的指标主要有：比例极限（或弹性极限）σ_p、屈服极限 σ_s、强度极限 σ_b、弹性模量 E、延伸率 δ 和断面收缩率 φ 等。对很多金属来说，这些量往往受温度、热处理等条件的影响。

第五节 拉压的强度条件及其应用

由脆性材料制成的构件，在拉力作用下，当变形很小时就会突然断裂。塑性材料制成的构件，在拉断之前先已出现塑性变形，由于不能保持原有的形状和尺寸，它已不能正常工作。

可以把断裂和出现塑性变形统称为失效。受压短杆的被压溃、压扁同样也是失效。上述这些失效都是强度不足造成的,可是构件失效并不都是强度问题。例如,若机床的主轴变形过大,即使未出现塑性变形,但还是不能保证加工精度,这也是失效,它是刚度不足造成的。受压细长杆的被压弯,则是稳定性不足引起的失效。此外,不同的加载方式,如冲击、交变应力等,以及不同的环境条件,如高温、腐蚀介质等,都可以导致失效。这里主要讨论强度问题,其他形式的失效以后依次介绍。

脆性材料断裂时的应力是强度极限 σ_b,塑性材料到达屈服时的应力是屈服极限 σ_s,这两者都是构件失效时的极限应力。为保证构件能够正常工作,在载荷作用下构件的实际应力 σ(即工作应力)应低于极限应力。强度计算中,以大于1的系数除极限应力,并将所得结果称为许用应力,用 $[\sigma]$ 来表示。

对于塑性材料

$$[\sigma] = \frac{\sigma_s}{n_s} \tag{14-15}$$

对于脆性材料

$$[\sigma] = \frac{\sigma_b}{n_b} \tag{14-16}$$

其中,大于1的系数 n_s 或 n_b 称为安全系数。把许用应力 $[\sigma]$ 作为构件工作应力的最高限度,即要求工作应力 σ 不超过许用应力 $[\sigma]$。于是得构件轴向拉伸或压缩时的强度条件为

$$\sigma = \frac{N}{A} \leqslant [\sigma] \tag{14-17}$$

根据以上强度条件,便可以进行强度校核、截面设计和确定许可载荷等强度计算。下面用例题来说明。

【例 14-3】 若钢材的许用应力 $[\sigma] = 150\text{MPa}$,试对例 14-2 中的斜杆 AB 进行强度校核。

【解】 在例 14-2 中已经求出斜杆 AB 的应力为 $\sigma = 123\text{MPa}$,可见
$$\sigma = 123\text{MPa} < [\sigma]$$
斜杆满足了强度条件。

如载荷增加到 $Q = 20\text{kN}$,则斜杆 AB 的应力增加到 $\sigma = 164\text{MPa}$,于是 $\sigma > [\sigma]$,不满足强度条件,应重新改变设计。不是加大斜杆的截面面积,就是限制载荷 σ 的数值。在工程问题中,如工作应力 σ 略高于 $[\sigma]$,但不超过 $[\sigma]$ 的 5%,一般还是允许的。

从以上讨论看出,若从安全的角度考虑,应加大安全系数,降低许用应力,这就难免要增加材料的消耗和机器的重量,造成浪费。相反,如从经济的角度考虑,应减小安全系数,提高许用应力,这样可以少用材料,减轻自重,但又有损于安全。所以应合理地权衡安全与经济两方面的要求,不应偏重于某一方面的需要。

许用应力和安全系数的数值,可在有关业务部门的一些规范中查到。一般机械制造中,在静载荷的情况下,对塑性材料可取 $n_s = 1.2 \sim 1.5$,脆性材料均匀性较差,且断裂突然发生,有更大的危险性,所以取 $n_b = 2 \sim 3.5$,甚至取到 $3 \sim 9$。

第六节 轴向拉伸或压缩时的变形

直杆在轴向拉力的作用下,将引起轴向尺寸的增大和横向尺寸的缩小。反之,在轴向压力作用下,将引起轴向的缩短和横向的增大。

设等直杆的原长度为 l(图 14-14),横截面面积为 A。在轴向拉力 P 作用下,长度由 l 变为 l_1。杆件在轴线方向的伸长为

$$\Delta l = l_1 - l \tag{14-18}$$

图 14-14 轴向拉伸或压缩时的变形

将 Δl 除以 l 得杆件轴线方向的线应变

$$\varepsilon = \frac{\Delta l}{l} \tag{14-19}$$

此外,在杆件横截面上的应力为

$$\sigma = \frac{N}{A} = \frac{P}{A} \tag{14-20}$$

胡克定律指出:当应力不超过材料的比例极限时,应力与应变成正比,即

$$\sigma = E\varepsilon \tag{14-21}$$

弹性模量 E 的值随材料不同而不同。几种常用材料的 E 值已列入表 14-1 中。

几种常用材料的 E 值和 μ 的约值 表 14-1

材料名称	E(GPa)	μ
碳钢	196~216	0.24~0.28
合金钢	186~206	0.25~0.30
灰铸铁	78.5~157	0.23~0.27
铜及其合金	72.6~128	0.31~0.42
铝合金	70	0.33

若把式(14-19)、式(14-20)代入公式(14-21),得

$$\Delta l = \frac{Nl}{EA} = \frac{Pl}{EA} \tag{14-22}$$

这表示:当应力不超过比例极限时,杆件的伸长 Δl 与拉力 P 和杆件的原长度 l 成正比,与横截面面积 A 成反比。这就是胡克定律的另一种表达形式。以上结果同样可以用于轴向压缩的情况,只要把轴向拉力改为压力,把伸长 Δl 改为缩短就可以了。

从公式(14-22)看出,对长度相同、受力相等的杆件,EA 越大则变形 Δl 越小,所以 EA 称为杆件的抗拉(或抗压)刚度。

若杆件变形前的横向尺寸为 b,变形后为 b_1,则横向应变为

$$\varepsilon' = \frac{\Delta b}{b} = \frac{b_1 - b}{b} \tag{14-23}$$

试验结果表明:当应力不超过比例极限时,横向应变 ε' 与轴向应变 ε 之比的绝对值是一个常数,即

$$\left|\frac{\varepsilon'}{\varepsilon}\right| = \mu \tag{14-24}$$

式中：μ——横向变形系数或泊松比，是一个没量纲的量。

因为当杆件轴向伸长时横向缩小，而轴向缩短时横向增大，所以 ε' 和 ε 的符号是相反的。这样，ε' 和 ε 的关系可以写成

$$\varepsilon' = -\mu\varepsilon \tag{14-25}$$

和弹性模量 E 一样，泊松比 μ 也是材料固有的弹性常数，表 14-1 中摘录了几种常用材料的 μ 值。

第七节 温度应力和装配应力

一、温度应力

温度变化将引起物体的膨胀或收缩。静定结构可以自由变形，当温度均匀变化时，并不会引起构件的内力。但如静不定结构的变形受到部分或全部约束，温度变化时，往往就要引起内力。例如在图 14-15 中，AB 杆代表蒸汽锅炉与原动机之间的管道，与锅炉和原动机相比，管道刚度很小，故可把 AB 两端简化成固定端，固定于枕木或基础上的刚轨也类似于这种情况。当管道中通过高压蒸汽，或因季节变化引起刚轨温度变化时，就相当于上述两端固定杆的温度发生了变化，因为固定端限制杆件的膨胀或收缩，所以势必有约束反力 R_A 和 R_B 作用于两端，这将引起杆件内的应力，这种应力称为热应力或温度应力。

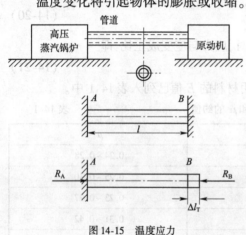

图 14-15 温度应力

对于上述两端固定的杆来说，由平衡方程只能得出

$$R_A = R_B \tag{14-26}$$

这并不能确定反力的数值，必须再补充一个变形协调方程。设想拆除右端支座，允许杆件自由胀缩，当温度变化为 ΔT 时，杆件的温度变形（伸长）应为

$$\Delta l_T = \alpha \Delta T l \tag{14-27}$$

式中：α——材料的线膨胀系数。

然后，再在右端作用 R_B，杆件因 R_B 而产生的缩短是

$$\Delta l = \frac{R_B l}{EA} \tag{14-28}$$

实际上，由于两端固定，杆件长度不能变化，必须有

$$\Delta l_T = \Delta l \tag{14-29}$$

这就是补充的变形协调方程。将式 (14-27) 和式 (14-28) 带入式 (14-29)，得

$$\alpha \Delta T \cdot l = \frac{R_B l}{EA} \tag{14-30}$$

由此求出
$$R_B = EA\alpha\Delta T \tag{14-31}$$
应力是
$$\sigma_T = \frac{R_B}{A} = \alpha E \Delta T \tag{14-32}$$

碳钢的 $\alpha = 12.5 \times 10^{-6}(\text{℃}^{-1})$，$E = 200\text{GPa}$。所以
$$\sigma_T = 12.5 \times 10^{-6} \times 200 \times 10^3 \Delta T = 2.5\Delta T \text{MPa}$$

可见，当 ΔT 较大时，σ_T 的数值便非常可观。为了避免过高的温度应力，在管道中有时会增加伸缩节，在钢轨各段之间留有伸缩缝，这样就可以削弱对膨胀的约束，降低温度应力。

二、装配应用

加工构件时，尺寸上的一些微小误差是难以避免的。对于静定结构，加工误差只不过是造成结构几何形状的轻微变化，不会引起内力；但对于静不定结构，加工误差却往往要引起内力。这与上述温度应力的形成是非常相似的。就两端固定的杆件为例，若杆件的名义长度为 l，加工误差为 δ，结果杆件的实际长度为 $l+\delta$。把长度为 $l+\delta$ 的杆件装进距离为 l 的固定支座之间，必然引起杆件内部的压应力，这种应力称为装配应力。这里的加工误差 δ 就相当于图 14-15 中的 Δl_T，所以只要把式中的 $\alpha\Delta Tl$ 改成 δ，就可以求得支座反力，从而求得装配应力。

✈ 第八节　应力集中的概念

等截面直杆受轴向拉伸或压缩时，横截面上的应力是均匀分布的。由于实际需要，有些零件必须有切口、切槽、油孔、螺纹、轴肩等，以致在这些部位上截面尺寸发生突然变化。实验结果和理论分析表明，在零件尺寸突然改变处的横截面上，应力并不是均匀分布的。例如开有圆孔或切口地方板条（图 14-16）受拉时，在圆孔后切口的局部区域内，应力将剧烈增加，但在离开圆孔或切口稍远处，应力就迅速降低而趋于均匀。这种因杆件外形突然变化，而引起局部应力急剧增大的现象，称为应力集中。

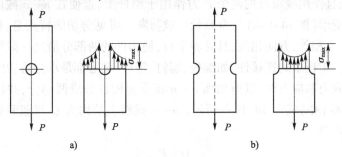

图 14-16　应力集中

设发生应力集中的截面上的最大应力为 $\sigma_{\max}$，同一截面上的平均应力为 σ，则
$$k = \frac{\sigma_{\max}}{\sigma} \tag{14-33}$$

称为理论应力集中系数,它反映了应力集中程度,是一个大于 1 的系数。实验结果表明:截面尺寸改变的越急剧,角越尖,孔越小,应力集中的程度就越严重。因此,零件上应尽量避免带尖角的孔和槽,机翼翼肋为减轻结构重量开圆形或椭圆形的孔,在阶梯轴的轴尖处要用圆弧过渡,而且应尽量使圆弧半径大一些。

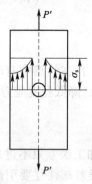

图 14-17　塑性材料的应力集中

各种材料对应力集中的敏感程度并不相同。塑料材料有屈服阶段,当局部的最大应力 σ_{max} 达到屈服极限 σ_s 时,该处材料的变形可以继续增长,而应力却不再加大。如外力继续增加,增加的力就由截面上尚未屈服的材料来承担,使截面上其他点的应力相继增大到屈服极限,如图 14-17 所示。这就使截面上的应力逐渐趋于平均,降低了应力不均匀程度,也限制了最大应力 σ_{max} 的数值。因此,用塑料材料制成的零件在静载作用下,可以不考虑应力集中的影响。脆性材料没有屈服阶段,当载荷增加时,应力集中处的最大应力 σ_{max} 一直领先,首先达到强度极限 σ_b,该处将首先产生裂纹。所以对脆性材料制成的零件,应力集中的危害性显得严重。这样,即使在静载下,也应考虑应力集中对零件承载能力的削弱。至于灰铸铁,其内部的不均匀性和缺陷往往是产生应力集中的主要因素,而零件外形改变所引起的应力集中就可能成为次要因素,对零件的承载能力不一定造成明显的影响。

当零件受周期性变化的应力或受冲击载荷作用时,不论是塑性材料还是脆性材料,应力集中对零件的强度都有严重影响,往往是零件破坏的根源。这一问题将在后面的内容中讨论。

第九节　剪切和挤压的实用计算

一、剪切的实用计算

现以钢杆受剪的例子[图 14-18a)]介绍剪切的概念。上、下两个刀刃以大小相等、方向相反、垂直于轴线且作用线很近的两个 P 力作用于钢杆上,迫使在 n—n 截面左右的两部分发生相对错动的变形[图 14-18b)],直到最后被剪断。可见剪切的特点是:作用于构件某一截面两侧的力,大小相等,方向相反,且互相平行,使构件的两部分沿这一截面(剪切面)发生相对错动的变形。工程中的连接件,如螺栓、铆钉、销钉、键等都是承受剪切的构件。

讨论剪切的内力和应力时,以剪切面 n—n 将受剪构件分成两部分,并以其中一部分为研究对象,如图 14-18b)或图 14-19c)所示。n—n 截面上的内力 Q 与截面相切,称为剪力。由平衡方程容易求得

$$Q = P \tag{14-34}$$

实用计算中,假设在剪切面上的剪应力是均匀分布的。若以 A 表示剪切面面积,则应力是

$$\tau = \frac{Q}{A} \tag{14-35}$$

τ 与剪切面相切,故为剪应力。

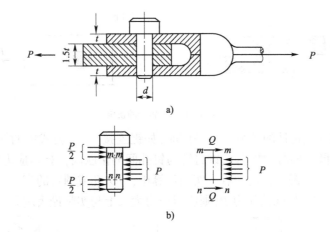

图 14-18 钢杆受剪

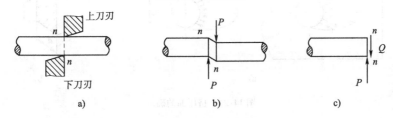

图 14-19 剪切内力的计算

在一些连接件的剪切面上,应力的实际情况比较复杂,剪应力并非均匀分布,且还有正应力。所以,由式(14-35)算出的只是剪切面上的"平均剪应力",是一个名义的剪应力。为了弥补这一缺陷,在用实验的方式建立强度条件时,使试样受力尽可能地接近实际连接件的情况,求得试样失效时的极限载荷。也用式(14-35)由极限载荷求出相应的名义极限应力,除以安全系数 n,得许用剪应力 $[\tau]$,从而建立强度条件

$$\tau = \frac{Q}{A} \leqslant [\tau] \tag{14-36}$$

根据以上强度条件,便可进行强度计算。

二、挤压的实用计算

在外力的作用下,连接件和被连接构件之间,必将在接触面上相互压紧,这种现象称为挤压。例如,在铆钉连接中,铆钉与钢板就相互压紧。这就可能把铆钉和钢板的铆钉孔压成局部塑性变形。图 14-20 所示就是铆钉被压成长圆孔的情况,当然,铆钉也可能被压成扁圆柱,所以应该进行挤压面强度计算。实用计算中,也是假设在挤压面上应力均匀分布,以 P 表示挤压面上传递的力,A_{bs} 表示挤压面积,于是挤压应力为

$$\sigma_{bs} = \frac{P}{A_{bs}} \tag{14-37}$$

相应的强度条件是

$$\sigma_{bs} = \frac{P}{A_{bs}} \leqslant [\sigma_{bs}] \tag{14-38}$$

式中:$[\sigma_{bs}]$——材料的许用挤压应力。

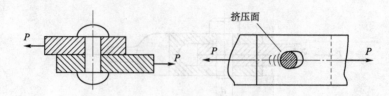

图 14-20 铆钉与钢板的挤压

当连接件与被连接构件的接触面为平面时,如键连接,以上公式中的 A_{bs} 就是接触面的面积。当接触面为圆柱面时(如销钉、铆钉等与钉孔间的接触面),挤压应力的分布情况如图 14-21 所示,最大应力在圆柱面的中点。实用计算中,以圆孔或圆钉的直径平面面积 td(即图 14-21 中画阴影线的面积)除挤压力 P,则所得应力大致上与实际最大应力接近。

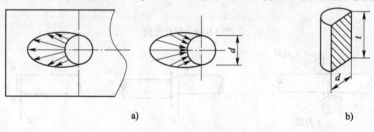

图 14-21 挤压面的确定

第十五章 扭 转

✈ 第一节 扭转的概念和实例

为了说明扭转变形,以汽车转向轴为例,轴的上端受到经由转向盘传来的力偶作用,下端则又受到来自转向器的阻抗力偶作用。再以攻丝时丝锥的受力情况为例,通过铰杠把力偶作用于丝锥的上端,丝锥的下端则受到工件的阻抗力偶作用。这些实例都是在杠件的两端作用两个大小相等、方向相反,且作用平面垂直于杠件的轴线的力偶,致使杠件的任意两个横截面都发生绕轴线的相对转动,这就是扭转变形。

工程实际中,有很多构件,如车床的光杆、搅拌机轴、汽车传动轴等,都是受扭构件。还有一些轴类零件,如电动机主轴、水轮机主轴、机床传动轴等,除扭转变形外还有弯曲变形,属于组合变形。

本章主要研究圆截面等直杆的扭转,这是工程中最常见的情况,又是扭转中最简单的问题。

✈ 第二节 外力偶矩的计算、扭转和扭矩图

在研究扭转的应力和变形之前,先讨论作用于轴上的外力偶矩及横截面上的内力。

作用于轴上的外力偶矩往往不直接给出,经常是给出轴所传送的功率和轴的转速。例如,在图 15-1 中,由电动机的转速和功率,可以求出传动轴 AB 的转速及通过皮带轮输入的功率。功率输入到 AB 轴上,再经右端的齿轮输送出去。设通过皮带轮输入 AB 轴功率为 N kW(千瓦),则因 1 kW $= 1000$ N·m/s,所以输入 N 个 kW,就相当于在每秒钟内输入数量为 $W = 1000$ N·m/s 的功。电动机是通过皮带轮以力偶矩 m 作用于 AB 轴上的,若轴的转速为每分钟 n 转(r/min),则 m 在每秒内完成的功应为 $2\pi \times \dfrac{n}{60} \times m$。因为 m 所完成的功也就是给 AB 轴输入的功,即

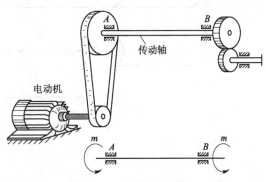

图 15-1 外力偶矩的计算

$$2\pi \times \frac{n}{60} \times m = N \times 1000 \tag{15-1}$$

由此求出计算外力偶矩 m 的公式

$$m = 9549 \frac{N}{n} \text{N} \cdot \text{m} \tag{15-2}$$

用相同的方法,可以求得当功率为 N 马力时(1 马力 $= 735.5 \text{N} \cdot \text{m/s}$),外力偶矩 m 的计算公式

$$m = 7024 \frac{N}{n} \text{N} \cdot \text{m} \tag{15-3}$$

在作用于轴上的所有外力偶矩都求出后,即可用截面法研究横截面上的内力。现以图 15-2 所示圆轴为例,假想的将圆轴沿 n—n 截面分成两部分,并取部分 I 作为研究对象[图 15-2b)]。由于整个轴是平衡的,所以部分 I 也处于平衡状态,这就要求截面 n—n 上的内力系必须归结为一个内力偶矩 T,且由部分 I 的平衡方程 $\sum m_x = 0$,求出 $T - m = 0$,即

$$T = m \tag{15-4}$$

式中:T——n—n 截面上的扭矩,它是 I、II 两部分在 n—n 截面上的相互作用的分布内力系的合力偶矩。

如果取部分 II 作为研究对象[图 15-2c)],仍然可以求得 $T = m$ 的结果,其与用部分 I 或部分 II 求出的同一截面上的扭矩不仅数值上相等,而且符号相同,把扭矩 T 的符号规定如下:若按右手螺旋法则把 T 表示为矢量,当矢量方向与截面的外法线的方向一致时,T 为正;反之为负。根据这一规则,在图 15-2 中,n—n 截面上的扭矩无论就 I 或 II 来说,都是正的。

若作用于轴上的外力偶多于两个,也与拉伸(压缩)问题中画轴力图一样,可用图线来表示各横截面上扭矩沿轴线的变化情况。图中用横轴表示横截面位置,纵轴表示相应截面上的扭矩,这种图线称为扭矩图。下面用例题来说明扭矩的计算和扭矩图的绘制。

【例 15-1】 传动轴如图 15-3a)所示,主动轮 A 输入功率 $N_A = 50$ 马力(1 马力 $= 735.5$ N·m/s),从动轮 B、C、D 输出功率分别为 $N_B = N_C = 15$ 马力,$N_D = 20$ 马力,轴的转速为 300 r/min,试画出轴的扭矩图。

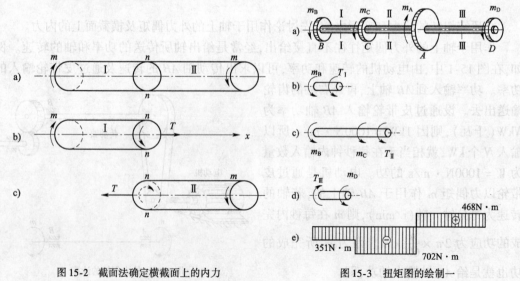

图 15-2 截面法确定横截面上的内力   图 15-3 扭矩图的绘制一

【解】 按公式(15-3)算出作用于各轮上的外力偶矩

$$m_A = 7024 \frac{N_A}{n} = 7024 \times \frac{50}{300} = 1170 \text{N} \cdot \text{m}$$

$$m_B = m_C = 7024 \frac{N_B}{n} = 7024 \times \frac{15}{300} = 351 \text{N} \cdot \text{m}$$

$$m_D = 7024 \frac{N_D}{n} = 7024 \times \frac{20}{300} = 468 \text{N} \cdot \text{m}$$

从受力情况可以看出,轴在 BC、CA、AD 三段内,各截面上的扭矩是不相等的。现在用截面法,根据平衡方程计算各段内的扭矩。

在 BC 段内,以 T_I 表示轴面 Ⅰ—Ⅰ 上的扭矩,并任意地把 T_I 的方向假设为如图 15-3b)所示。由平衡方程

$$T_I + M_B = 0$$

得

$$T_I = -m_B = -351 \text{N} \cdot \text{m}$$

等号右边的负号只说明,在图 15-3b)中对 T_I 所假定的方向与截面Ⅰ—Ⅰ上的实际扭矩相反。按照扭矩的符号规定,与图 15-3b)中假设的方向相反的扭矩是负的。在 BC 段内各截面上扭矩不变,皆为 $-351 \text{N} \cdot \text{m}$。所以在这一段内扭矩图为一水平线[图 15-3e)]。同理,在 CA 段内,由图 15-3c)得

$$T_{II} + m_C + m_B = 0$$
$$T_{II} = -m_C - m_B = -702 \text{N} \cdot \text{m}$$

在 AD 段内[图 15-3d)]

$$T_{III} - m_D = 0$$
$$T_{III} = m_D = 468 \text{N} \cdot \text{m}$$

根据所得数据,把各截面上的扭矩沿轴线变化的情况,用图 15-3e)表示出来,就是扭矩图。从图中看出,最大扭矩发生于 CA 段内,$T_{max} = 702 \text{N} \cdot \text{m}$。

对同一根轴,若把主动轮 A 安置于轴的一端,例如放在右端,则轴的扭矩图将如图 15-4 所示。这时,轴的最大扭矩是 $T_{max} = 1170 \text{N} \cdot \text{m}$。可见,传动轴上主动轮和从动轮安置的位置不同,轴所承受的最大扭矩也就不同。两者相比,显然图 15-3 所示布局比较合理。

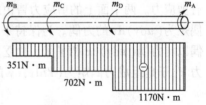

图 15-4 扭矩曲的绘制二

第三节 纯 剪 切

在讨论扭转的应力和变形之前,为了研究剪应力和剪应变的规律以及两者间的关系,先考察薄壁圆筒的扭转。

一、薄壁圆筒扭转时的剪应力

图 15-5a)所示为一等厚薄壁圆筒,受扭前在表面上用圆周线和纵向线画成方格。试验

结果表明,扭转变形后由于截面 q—q 对截面 p—p 的相对转动,使方格的左、右两边发生相对错动,但圆筒沿轴线及周线的长度都没有变化。这表明,圆筒横截面和包含轴线的纵向截面上都没有正应力,横截面上只有切于截面的剪应力 τ,它组成与外加扭转力偶矩 m 相平衡的内力系。因为筒壁的厚度 t 很小,可以认为沿筒壁厚度剪应力不变。又因在同一圆周上各点的情况完全相同,应力也就相同[图 15-5c)]。这样横截面上内力系对 x 轴的力矩应为 $2\pi rt \cdot \tau \cdot r$。这里 r 是圆筒的平均半径。由 q—q 截面以左的部分圆筒的平衡方程 $\sum m_x = 0$ 得 $m = 2\pi rt \cdot \tau \cdot r$,即

$$\tau = \frac{m}{2\pi r^2 t} \tag{15-5}$$

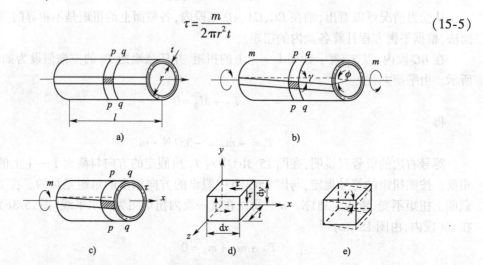

图 15-5 薄壁圆筒扭转时的剪应力

二、剪应力互等定理

用相邻的两个横截面和两个纵向面,从圆筒中取出边长分别为 dx、dy 和 t 的单个单元体,并放大为图 15-5d)。单元体的左、右两侧面是圆筒横截面的一部分,所以并无正应力只有剪应力。两个面上的剪应力皆由式(15-5)计算,数值相等但方向相反。于是组成一个力偶矩为 $(\tau dy)dx$ 的力偶。为保持平衡,单元体的上、下两个侧面上必须有剪应力,并组成力偶以与力偶 $(\tau dy)dx$ 相平衡。由 $\sum X = 0$ 知,上下两个面上存在大小相等、方向相反的剪应力 τ',于是组成力偶矩为 $(\tau' t dx)dy$ 的力偶。由平衡方程 $\sum m_x = 0$ 得 $(\tau t dy)dx = (\tau' t dx)dy$,即

$$\tau = \tau' \tag{15-6}$$

上式表明,在互相垂直的两个平面上,剪应力必然成对存在,且数值相等;两者都垂直于两个平面的交线,方向则共同指向或共同背离这一交线。这就是剪应力互等定理,也称为剪应力双生定理。

三、剪应变、剪切胡克定律

在上述单元体的上、下、左、右四个侧面上,只有剪应力并无正应力,这种情况称为纯剪切。纯剪切单元体的相对两个侧面将发生微小的相对错动[图 15-5e)],使原来互相垂直的两个棱边的夹角改变了一个微量 γ,即剪应变。从图 15-5b)看出,γ 也就是表面纵向线变形后的倾角。若 ϕ 为圆筒两端的相对扭转角,l 为圆筒长度,则剪应变 γ 应为

$$\gamma = \frac{r\phi}{l} \tag{15-7}$$

利用薄壁圆筒的扭转,可以实现纯剪切试验。试验结果表明,剪应力低于材料的剪切比例极限时,扭转角 ϕ 与扭转力偶矩 m 成正比[图15-6a)]。再由式(15-5)、式(15-8)看出,剪应力 τ 与 m 成正比,而剪应变 γ 又与 ϕ 成正比。所以上述试验结果表明,当剪应力不超过材料的剪切比例极限时,剪应变 γ 与剪应力 τ 成正比[图15-6b)]。这就是剪切胡克定律,可以写成

$$\tau = G\gamma \tag{15-8}$$

式中:G——比例常数,称为材料的剪变模量。

因 γ 没有量纲,G 的量纲与 τ 相同。钢材的 G 值约为80GPa。

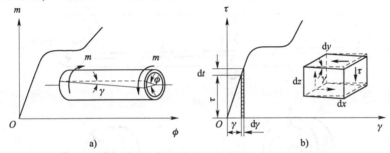

图15-6 纯剪切实验

至此,我们已经引用了三个弹性常量,即弹性模量 E、泊松比 μ 和剪变模量 G。对各向同性材料,可以证明三个弹性常数 E、G、μ 之间存在的关系

$$G = \frac{E}{2(1+\mu)} \tag{15-9}$$

可见,三个弹性常量中,只要知道任意两个,另一个即可确定。

✈ 第四节 圆轴扭转时的应力

现在讨论横截面为圆形的直杆受扭时的应力。这要综合研究几何、物理和静力等三方面的关系。

一、变形几何关系

为了观察圆轴的扭转变形,与薄壁圆筒受扭时一样,在圆轴表面上作圆周线和纵向线[在图15-7a)中,变形前的纵向线由虚线表示]。在扭转力偶矩 m 的作用下,得到与薄壁圆筒受扭时相似的现象。即:各圆周线绕轴线相对地旋转了一个角度,也即:各圆周线绕轴线相对地旋转了一个角度,但形状、大小和相邻圆周线间的距离不变。在小变形的情况下,纵向线仍近似地是一条直线,只是倾斜了一个微小的角度。变形前表面上的方格,变形后错动成菱形。

根据观察到的现象,作下述基本假设:圆轴扭曲变形前原为平面的横截面,变形后仍保持为平面,形状和大小不变,半径仍保持为直线;且相邻两截面间的距离不变,这就是圆轴扭

转的平面假设。按照这一假设，扭转变形中，圆轴的横截面就像刚性平面一样，绕轴线旋转了一个角度。以平面假设为基础导出的应力和变形计算公式，符合试验结果，且与弹性力学一致，这都足以说明假设的是正确的。

在图 15-7a) 中，ϕ 表示圆轴两端截面的相对转角，称为扭转角，扭转角用弧度来度量。用相邻的横截面 $p-p$ 和 $q-q$ 从轴中取出长度为 dx 的微段，并放大为图 15-7b)。若截面 $q-q$ 和 $p-p$ 的相对转角为 $d\phi$，则根据平面假设，横截面 $q-q$ 像刚性平面一样，相对于 $p-p$ 绕轴旋转了一个角度 $d\phi$，半径 Oa 转到了 Oa'。于是，表面方格 $abcd$ 的 ab 边相对于 cd 边发生了微小的错动，错动的距离是

$$aa' = Rd\phi \tag{15-10}$$

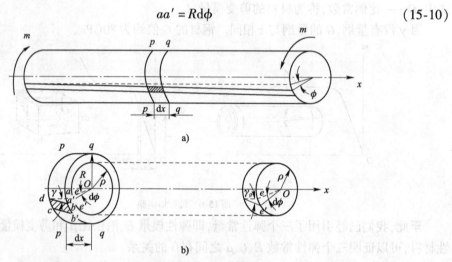

图 15-7 圆轴扭转时的变形几何关系

因而引起原为直角的 $\angle adc$ 角度发生改变，改变量为

$$\gamma = \frac{\overline{aa'}}{\overline{ad}} = R\frac{d\phi}{dx} \tag{15-11}$$

这就是圆截面边缘上 a 点的剪应变。显然，γ 发生在垂直于半径 Oa 的平面内。

根据变形后横截面仍为平面、半径仍为直线的假设，用相同的方法，并参考图 15-9b) 右侧，可以求得距圆心为 ρ 处的剪应变为

$$\gamma_\rho = \rho\frac{d\phi}{dx} \tag{15-12}$$

与式 (15-11) 中的 γ 一样，γ_ρ 也发生在垂直于半径 Oa 的平面内。在式 (15-11)、式 (15-12) 中，$d\phi/dx$ 是扭转角 ϕ 沿 x 轴的变化率。对一个给定的截面来说，它是常量。故式 (15-12) 表明，横截面上任意点的剪应变与该点到圆心的距离 ρ 成正比。

二、物理关系

以 τ_ρ 表示横截面上距圆心为 ρ 处的剪应力，由剪切胡克定律知

$$\tau_\rho = G\gamma_\rho \tag{15-13}$$

将式 (15-12) 代入上式，得

$$\tau_\rho = G\rho\frac{d\phi}{dx} \tag{15-14}$$

这表明,横截面上任意点的剪应力 τ_ρ 与该点到圆心的距离 ρ 成正比。因为 γ_ρ 发生于垂直于半径的平面内,所以 τ_ρ 也与半径垂直。如再注意到剪应力互等定理,则在纵向截面和横截面上,沿半径剪应力的分布如图 15-8 所示。

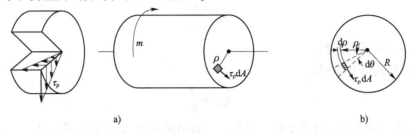

图 15-8 圆轴扭转时的静力关系

因为式(15-14)中的 $\dfrac{d\phi}{dx}$ 尚未求出,所以仍不能用它计算剪应力,这就要利用静力关系来解决。

三、静力关系

于横截面内,按极坐标取微分面积 $dA = \rho d\theta d\rho$(图 15-9)。dA 上的微内力 $\tau_\rho dA$ 对圆心的力矩 $\rho \tau_\rho dA$。积分得横截面上的内力系对圆心的力矩为 $\int_A \rho \tau_\rho dA$。回想关于扭转的定义,可见这里求出的内力系对圆心的力矩就是横截面上的扭矩,即

$$T = \int_A \rho \tau_\rho dA \tag{15-15}$$

由部分杆件的平衡,横截面上的扭转矩 T 应与截面左侧的外力偶矩相平衡,亦即 T 可由截面左侧(或右侧)的外力偶矩来计算。以式(15-14)带入式(15-15),并注意到在给定的截面上,$d\phi/dx$ 为常量,于是有

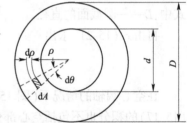

图 15-9 实心轴的极惯性矩

$$T = \int_A \rho \tau_\rho dA = G \frac{d\phi}{dx} \int_A \rho^2 dA \tag{15-16}$$

以 I_P 表示上式中的积分,即

$$I_P = \int_A \rho^2 dA \tag{15-17}$$

式中:I_P——横截面对圆心 O 点的极惯性矩。这样式(15-16)便可以写成

$$T = GI_P \frac{d\phi}{dx} \tag{15-18}$$

从式(15-14)和式(15-18)中消去 $\dfrac{d\phi}{dx}$,得

$$\tau_P = \frac{T\rho}{I_P} \tag{15-19}$$

由以上公式,可以算出横截面上距圆心为 ρ 的任意点的剪应力。

在圆截面边缘上,ρ 为最大值 R,得最大剪应力为

$$\tau_{max} = \frac{TR}{I_P} \tag{15-20}$$

引用记号

$$W_t = \frac{I_P}{R} \tag{15-21}$$

式中:W_t——抗扭截面系数。

因此,可把式(15-20)写成

$$\tau_{max} = \frac{T}{W_t} \tag{15-22}$$

以上各式是以平面假设为基础导出的。试验结果表明,只有对横截面不变的圆轴,平面假设才是正确的。所以这些公式只适用于等直圆杆。对圆截面沿轴线变化缓慢的小锥度锥形杆,也可以近似的用这些公式计算。此外,导出以上诸式时使用了胡克定律,因而只适用于 τ_{max} 低于剪切比例极限的情况。

导出公式(15-19)和式(15-22)时,引进了截面极惯性矩 I_P 和抗扭截面系数 W_t,现在就来计算这两个量。在实心轴的情况下(图15-9),以 $dA = \rho d\theta d\rho$ 代入式(15-17),则

$$I_P = \int_A \rho^2 dA = \int_0^{2\pi}\int_0^R \rho^3 d\rho d\theta = \frac{\pi R^4}{2} = \frac{\pi D^4}{32} \tag{15-23}$$

式中:D——圆截面的直径。

再由式(15-21)求出

$$W_t = \frac{I_P}{R} = \frac{\pi R^3}{2} = \frac{\pi D^3}{16} \tag{15-24}$$

在空心圆轴的情况下(图15-9),由于截面的空心部分没有内力,所以式(15-16)和式(15-17)的积分也不包括空心部分,于是

$$\left.\begin{array}{l} I_P = \int_A \rho^2 dA = \int_0^{2\pi}\int_{d/2}^{D/2} \rho^3 d\rho d\theta = \frac{\pi}{32}(D^4 - d^4) = \frac{\pi D^4}{32}(1-\alpha^4) \\ W_t = \frac{I_P}{R} = \frac{\pi}{16D}(D^4 - d^4) = \frac{\pi D^3}{16}(1-\alpha^4) \end{array}\right\} \tag{15-25}$$

式中:D、d——分别为空心圆截面的外径和内径,R 为外半径,$\alpha = d/D$。

最后,建立圆轴扭转的强度条件。根据轴的受力情况或扭矩图,求出最大扭矩。对等截面杆,按式(15-22)算出最大剪应力 τ_{max},限制 τ_{max} 不超过许用应力 $[\tau]$,便得强度条件为

$$\tau_{max} = \frac{T_{max}}{W_t} \leqslant [\tau] \tag{15-26}$$

对于变截面杆,如阶梯轴,圆锥形杆等,W_t 不是常量,τ_{max} 并不一定发生于扭矩为极值 T_{max} 的截面上,这要综合考虑 T 和 W_t,寻求 $\tau = T/W_t$ 的极值。

【例15-2】 由无缝钢管制成的汽车传动轴 AB(图15-10),外径 $D = 90$mm,壁厚 $t = 2.5$mm,材料为45钢。使用时的最大扭矩为 $T = 1.5$kN·m。如材料的 $[\tau] = 60$MPa,试校

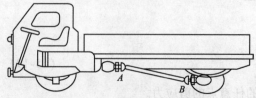

图15-10 汽车传动轴的扭转校核

核 AB 轴的扭转强度。

【解】 由 AB 轴的截面尺寸,计算抗扭截面系数,即

$$\alpha = \frac{d}{D} = \frac{90 - 2 \times 2.5}{90} = 0.944$$

$$W_t = \frac{\pi D^3}{16}(1 - \alpha^4) = \frac{\pi \times 90^3}{16}(1 - 0.944^4) = 29400 \text{mm}^3$$

轴的最大剪应力为

$$\tau_{max} = \frac{T}{W_t} = \frac{1500}{29400 \times 10^{-9}} = 51 \times 10^6 \text{Pa} = 51 \text{MPa} < [\tau]$$

所以 AB 轴满足强度条件。

第五节 圆轴扭转时的变形

扭转变形的标志是两个横截面间绕轴线的相对转角,亦即扭转角。由公式(15-18)得

$$d\phi = \frac{T}{GI_P}dx \tag{15-27}$$

式中:$d\phi$——相距为 dx 的两个截面之间的相对转角[图 15-8b)]。

沿轴线 x 积分,即可求得距离为 l 的两个横截面之间的相对转角,为

$$\phi = \int_l d\phi = \int_0^l \frac{T}{GI_P}dx \tag{15-28}$$

若在两截面之间 T 的值不变,且轴为等值杆,则式中 T/GI_P 为常量。例如只在等直圆轴的两端作用扭转力偶时,就是这种情况。这时相对转角为

$$\phi = \frac{Tl}{GI_P} \tag{15-29}$$

上式表明,GI_P 越大,则扭转角 ϕ 越小,故 GI_P 称为圆轴的抗扭刚度。

有时,轴在各段内的 T 并不相同,或者各段内的 I_P 不同,例如阶梯轴。这就应该分段计算各段的扭转角,然后按代数相加,得两端截面的相对扭转角为

$$\phi = \sum_{i=0}^{n} \frac{T_i l_i}{GI_{Pi}} \tag{15-30}$$

轴类零件除应满足强度要求外,一般还不应有过大的扭转变形。例如,若车床丝杆扭转角过大,或影响车刀进给,降低加工精度;发动机的凸轮轴扭转过大,会影响气阀开关时间;镗床的主轴或磨床的传动轴如扭转角过大,将引起扭转振动,影响工件的精度和光洁度。所以要限制某些轴的扭转变形。

由公式(15-29)表示的扭转角与轴的长度 l 有关,为消除长度的影响,用 ϕ 对 x 的变化率 $\frac{d\phi}{dx}$ 来表示扭转变形的程度,用 φ 表示变化率,由公式(15-18)得出

$$\varphi = \frac{d\phi}{dx} = \frac{T}{GI_P} \tag{15-31}$$

ϕ 的变化率 φ 是相距为 1 单位长度的两截面的相对转角,称为单位长度扭转角,单位为

弧度/米(rad/m)。若在轴长 l 的范围内 T 为常量，且圆轴的横截面不变，则 $\dfrac{T}{GI_P}$ 为常量，由式(15-29)得

$$\varphi = \dfrac{T}{GI_P} = \dfrac{\phi}{l} \tag{15-32}$$

扭转的刚度条件就是限定 φ 的最大值不得超过规定的允许值 $[\varphi]$，即规定

$$\varphi_{\max} = \dfrac{T_{\max}}{GI_P} \leqslant [\varphi] \text{ rad/m} \tag{15-33}$$

工程中习惯把度/米(φ)作为 $[\varphi]$ 的单位。这样把上式中的弧度换算成度，得

$$\varphi_{\max x} = \dfrac{T_{\max}}{GI_P} \times \dfrac{180}{\pi} \leqslant [\varphi] \text{°/m} \tag{15-34}$$

各种轴类零件的 $[\varphi]$ 值可从有关规范和手册中查到。

最后讨论一下空心轴的问题。根据前面的分析，把轴心附近的材料移向边缘，得到空心轴，它可在保持重量不变的情况下，取得较大的 I_P，亦即取得较大的刚度。因此若保持 I_P 不变，则空心轴比实心轴可少用材料，重量也就较轻。所以飞机、轮船、汽车的某些轴常采用空心轴，以减轻重量。车床主轴采用空心轴既提高了强度和刚度，又便于加工长工件。当然，如将直径较小的长轴加工成空心轴，则因工艺复杂，反而增加成本，并不经济。例如车床的光杆一般就采用实心轴。此外，空心轴体积较大，在机器中要占用较大空间，而且如轴壁太薄，还会因扭转而不能保持稳定性。

【例 15-3】 图 15-11a)为某组合机床主轴箱内第 4 轴示意图。轴上有 Ⅱ、Ⅲ、Ⅳ 三个齿轮，动力由 5 轴经齿轮 Ⅲ 输送到 4 轴，再由齿轮 Ⅱ 和 Ⅳ 带动 1、2 和 3 轴。1 和 2 轴同时钻孔，共消耗功率 0.756kW；3 轴扩孔，消耗功率 2.98kW。若 4 轴转速为 183.5r/min，材料为 45 钢，$G=80$GPa。取 $[\tau]=40$GPa，$[\varphi]=1.5°/m$，试设计轴的直径。

【解】 为了分析 4 轴的受力情况，先由公式(15-2)计算作用于齿轮 Ⅱ 和 Ⅳ 上的外力偶矩

$$m_{\text{Ⅱ}} = 9549 \dfrac{N_{\text{Ⅱ}}}{n} = 9549 \times \dfrac{0.756}{183.5} = 39.3 \text{ N·m}$$

$$m_{\text{Ⅳ}} = 9549 \dfrac{N_{\text{Ⅳ}}}{n} = 9549 \times \dfrac{2.98}{183.5} = 155 \text{ N·m}$$

$m_{\text{Ⅱ}}$、$m_{\text{Ⅳ}}$ 同为阻抗力偶矩，故转向相同。若 5 轴经齿轮 Ⅲ 传给 4 轴的主动力偶矩为 $m_{\text{Ⅲ}}$，则 $m_{\text{Ⅲ}}$ 的转向应该与阻抗力偶矩的转向相反[图 15-11b)]。于是由平衡方程 $\sum m_x = 0$ 得

$$m_{\text{Ⅲ}} - m_{\text{Ⅱ}} - m_{\text{Ⅳ}} = 0$$
$$m_{\text{Ⅲ}} = m_{\text{Ⅱ}} + m_{\text{Ⅳ}} = 39.3 + 155 = 194.3 \text{ N·m}$$

根据作用于 4 轴上的 $m_{\text{Ⅱ}}$、$m_{\text{Ⅳ}}$ 和 $m_{\text{Ⅲ}}$ 的数值，作扭矩图如图 15-11c)所示。从扭矩图看出，在齿轮 Ⅲ 和 Ⅳ 之间，轴的任一横截面上的扭矩皆为最大值，且

$$T_{\max} = 155 \text{ N·m}$$

由强度条件

$$\tau_{\max} = \dfrac{T_{\max}}{W_t} = \dfrac{16 T_{\max}}{\pi D^3} \leqslant [\tau]$$

得

$$D \geqslant \sqrt[3]{\frac{16T_{\max}}{\pi[\tau]}} = \sqrt[3]{\frac{16 \times 155}{\pi \times 40 \times 10^6}} = 0.0272\text{m}$$

其次，由刚度条件

$$\varphi_{\max} = \frac{T_{\max}}{GI_P} \times \frac{180}{\pi} = \frac{T_{\max}}{G \times \frac{\pi}{32}D^4} \times \frac{180}{\pi} \leqslant [\varphi]$$

$$D \geqslant \sqrt[4]{\frac{32T_{\max} \times 180}{G\pi^2[\varphi]}} = \sqrt[4]{\frac{32 \times 155 \times 180}{80 \times 10^9 \times \pi^2 \times 1.5}} = 0.0297\text{m}$$

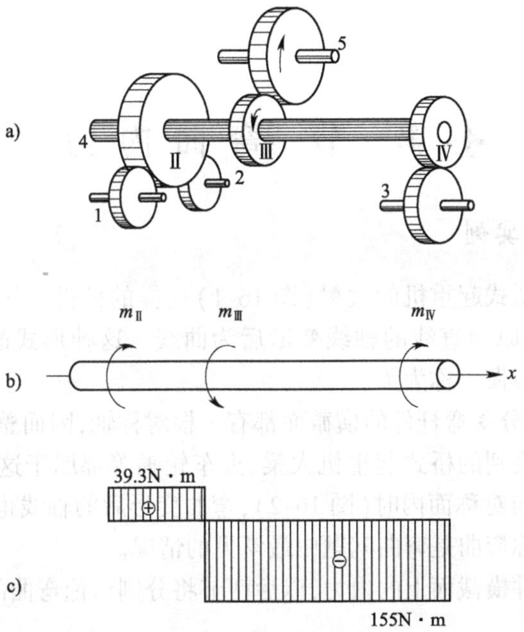

图 15-11 机床主轴的设计

根据以上计算结果，为了同时满足强度和刚度要求，选定轴的直径 $D = 30\text{mm}$。可见，刚度条件是 4 轴的控制因素。由于刚度是大多数机床的主要矛盾，所以用刚度作为控制因素的轴是相当普遍的。

像 4 轴这样靠齿轮传动的轴，它除了受扭外，同时还受到弯曲，应按扭弯组合变形计算。但在开始设计时，由于轴的结构形式未定，轴承间的距离还不知道，支座反力不能求出，所以无法按照扭弯组合变形计算。而扭矩的数值却与轴的结构形式无关，这样，可以先按扭转的强度条件和刚度条件初步估算轴的直径。在根据初估值确定了轴的结构形式后，就可再按扭弯组合变形作进一步的计算。

第十六章 弯 曲

第一节 弯曲内力

一、弯曲的概念和实例

工程中经常遇到像桥式起重机的大梁(图 16-1)这样的杆件。作用于这些杆件上的外力垂直于杆件的轴线,使原为直线的轴线变形后为曲线。这种形式的变形称为弯曲变形。以弯曲变形为主的杆件习惯上称为梁。

工程问题中,绝大部分受弯杆件的横截面都有一根对称轴,因而整个杆件有一个包含轴线的纵向对称面。上面提到的桥式起重机大梁、火车轮轴等都属于这种情况。当作用于杆件上的所有外力都在纵向对称面内时(图 16-2),弯曲变形后的轴线也将是位于这个对称面内的一条曲线。这种对称弯曲是弯曲问题中最常见的情况。

本小节讨论受弯杆件横截面上的内力,以后两节将分别讨论弯曲的应力和变形问题。

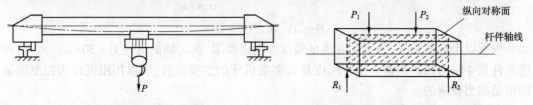

图 16-1 桥式起重机大梁　　　　图 16-2 受弯杆件的纵向对称面

二、受弯杆件的简化

梁的支座和载荷有各种情况,必须作一些简化才能得出计算简图。下面先根据支座的不同简化形式对梁进行分类,然后讨论作用在梁上的载荷的简化。

1. 梁的类型

这里讨论的梁,外力均作用在同一平面内。平面力系的平衡方程仅有三个,因此,如果作用在梁上的支反力和支反力偶矩也正好是三个,则可以由平衡方程确定。利用平衡方程即可确定全部支反力的梁,称为静定梁。常见的静定梁有以下三种:

(1)简支梁。其一端为固定铰支座,另一端为可动铰支座,这种梁称为简支梁(图 16-3)。例如桥式起重机的大梁即可简化成简支梁。

(2) 外伸梁。梁的一端伸出支座之外,这样的梁称为外伸梁(图 16-4)。另外,火车轮轴的两端皆伸出支座之外,是外伸梁;一些机型的机翼也可看成是双支点外伸梁。

(3) 悬臂梁。一端为固定端,另一端为自由端的梁,称为悬臂梁(图 16-5)。一些机型的机翼可看成是支持在机身上的悬臂梁。

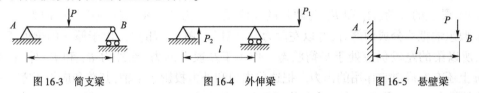

图 16-3 简支梁　　　　图 16-4 外伸梁　　　　图 16-5 悬壁梁

经过对支座的简化,得出了梁的计算简图。在这些简图中,我们只画了引起弯曲变形的载荷。简支梁或外伸梁的两个铰支座之间的距离称为跨度,用 l 来表示。悬臂梁的跨度是固定端到自由端的距离。

至于支座反力不能完全由静力平衡方程确定的梁,称为静不定梁或超静定梁。求解静不定梁的支反力需要考虑梁的变形,具体解法在后面的章节中介绍。

2. 载荷的简化

在前面提到的一些实例中,像作用在传动轴上的传动力、车床主轴上的切削力、车刀上的切削力等,其分布的范围都远小于传动轴、车床主轴和车刀的长度,所以都可以简化成集中力。吊车梁上的吊重、火车车厢对轮轴的压力等,也都可以简化成集中力。

图 16-6a)是薄板轧机的示意图。在轧辊与板材的接触长度 l_0 内,可以认为轧辊与板材间相互作用的轧制力是均匀分布的,称为均布载荷[图 16-6b)]。若轧制力为 P,沿轧辊轴线单位长度内的载荷应为 $q = P/l_0$,q 称为载荷集度。在这里均布载荷分布的长度 l_0 与轧辊长度相比,不是一个很小的范围[图 16-6c)],故不能简化成一个集中力。否则,计算结果将出现较大误差。

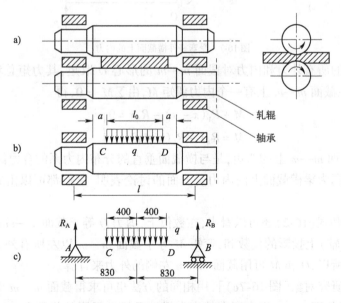

图 16-6 薄板轧机(尺寸单位:mm)

三、剪力和弯矩

根据平衡方程,可以求得静定梁在载荷作用下的支座反力,于是作用于梁上的外力皆为已知量,进一步就可以研究各横截面上的内力。现以图16-7a)所示简支梁为例,P_1、P_2 和 P_3 为作用于梁上的载荷,R_A 和 R_B 为两端的支座反力。为了显示出横截面上的内力,沿截面 m—m 假想地把梁分成两部分,并以左段为研究对象[图16-7b)]。由于原来的梁处于平衡状态,所以梁的左段仍应处于平衡状态。作用于左段上的力,除外力 R_A 和 P_1 外,在截面 m—m 上还有右段对它作用的内力。把这些内力和外力投影于 y 轴,其总和应等于零。一般说,这就要求 m—m 截面上有一个与横截面相切的内力 Q,且由 $\sum y=0$,得

$$\left.\begin{array}{l} R_A - P_1 - Q = 0 \\ Q = R_A - P_1 \end{array}\right\} \tag{16-1}$$

式中:Q——横截面 m—m 上的剪力,它是与横截面相切的分布内力系的合力。

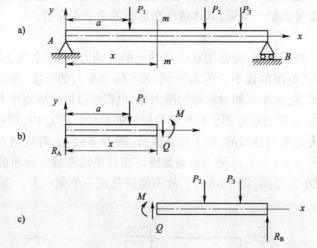

图16-7 受弯杆件横截面上的内力

若把左段上的所有外力和内力对截面 m—m 的形心 O 取矩,其力矩总和应等于零。一般说,这就要求在截面 m—m 上有一个内力偶矩 M,由 $\sum M_O=0$,得

$$\left.\begin{array}{l} M + P_1(x-a) - R_A x = 0 \\ M = R_A x - P_1(x-a) \end{array}\right\} \tag{16-2}$$

式中:M——横截面 m—m 上的弯矩,是与横截面垂直的分布内力系的合力偶矩。

剪力和弯矩同为梁横截面上的内力。上面的讨论表明,它们都可以由梁段的平衡方程来确定。

从式(16-1)和式(16-2)还可以看出,在数值上,剪力 Q 等于截面 m—m 以左所有外力在梁轴线的垂线(y 轴)上投影的代数和;弯矩 M 等于截面 m—m 以左所有外力对截面形心的力矩的代数和。所以,Q 和 M 可用截面 m—m 左侧的外力来计算。

如以右段为研究对象[图16-7c)],用相同的方法也可求得截面 m—m 上的 Q 和 M。且在数值上,Q 等于截面 m—m 以右所有外力在梁轴垂线上投影的代数和;M 等于截面 m—m 以右所有外力对截面形心力矩的代数和。剪力和弯矩是左段与右段在截面 m—m 上相互作

用的内力,所以,右段作用于左段的剪力 Q 和弯矩 M,必然在数值上等于左段作用于右段的剪力 Q 和弯矩 M,但方向相反。亦即,无论用截面 m—m 左侧的外力,或截面右侧的外力来计算剪力 Q 和弯矩 M,其数值是相等的,但方向相反。

为使上述两种算法得到的同一截面上的弯矩和剪力,不仅数值相同而且符号也一致,把剪力和弯矩的符号规则与梁的变形联系起来,规定如下:在图 16-8a)所示变形情况下,即截面 m—m 的左段对右段向上相对错动时,截面 m—m 上的剪力规定为正;反之为负[图 16-8b)]。在图 16-8c)所示变形情况下,即在截面 m—m 处弯曲变形凸向下时,截面 m—m 上的弯矩规定为正;反之为负[图 4-8d)]。

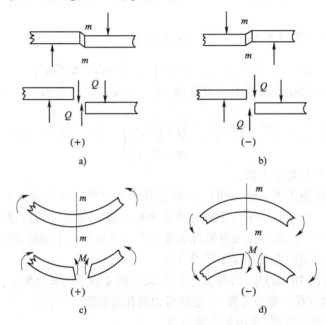

图 16-8 剪力和弯矩的正负号规定

按上述关于符号的规定,一个截面上的剪力和弯矩无论用这个截面左侧还是右侧的外力来计算,所得结果的数值和符号都是一样的。此外,根据上述规则,对于水平梁的某一指定截面来说,在它左侧的向上外力,或右侧的向下外力,将产生正的剪力;反之,即产生负的剪力。至于弯矩,则无论在指定截面的左侧或右侧,向上的外力产生正的弯矩,向下的外力产生负的弯矩。

【例 16-1】 图 16-6b)中所示薄板轧机的下轧辊的尺寸为 $l_0 = 800\text{mm}, l = 1660\text{mm}$,轧制力约为 $P = 10^4\text{kN}$。试求轧辊中央截面上的弯矩及截面 C 上的剪力。

【解】 轧辊的计算简图如图 16-6c)所示,轧制力均匀分布于长度为 0.8m 的范围内,故集度为

$$q = \frac{10^4}{0.8} = 12.5 \times 10^3 \text{kN/m}$$

由于梁上的载荷和支反力对跨度中点是对称的,故容易求出两端支反力为

$$R_A = R_B = \frac{10^4}{2} = 5 \times 10^3 \text{kN}$$

在截面 C 左侧的外力只有 R_A，且 R_A 在截面 C 上引起的剪力是正的，故截面 C 上的剪力为

$$Q = R_A = 5 \times 10^3 \text{kN}$$

在跨度中点截面左侧的外力为 R_A 和一部分均布载荷。R_A 引起的弯矩为正，且数值为 $R_A \times 0.83 \text{kN} \cdot \text{m}$。跨度中点截面以左的一部分均布载荷引起的弯矩为负，且数值为 $q \times 0.4 \times \frac{0.4}{2} \text{kN} \cdot \text{m}$。故跨度中点截面上的弯矩为

$$M = R_A \times 0.83 - q \times 0.4 \times \frac{0.4}{2} = 3150 \text{kN} \cdot \text{m}$$

四、剪力方程和弯矩方程，剪力图和弯矩图

从上面的讨论看出，一般情况下，梁横截面上的剪力和弯矩随截面位置不同而变化。若以横坐标 x 表示横截面在梁轴线上的位置，则各横截面上的剪力和弯矩皆可表示为 x 的函数，即

$$\left.\begin{array}{l} Q = Q(x) \\ M = M(x) \end{array}\right\} \tag{16-3}$$

为梁的剪力方程和弯矩方程。

与绘制轴力图或扭矩图一样，我们也可用图线来表示梁的各横截面上弯矩 M 和剪力 Q 沿轴线变化的情况。绘图时以平行于梁轴的横坐标 x 表示横截面的位置，以纵坐标表示相应截面上的剪力或弯矩。这种图线分别称为剪力图和弯矩图。下面用例题说明列出剪力方程和弯矩方程以及绘制剪力图和弯矩图的方法。

【例 16-2】 在图 16-9a）中，外伸梁上均布载荷的集度为 $q = 3 \text{kN/m}$，集中力偶矩 $m = 3 \text{kN} \cdot \text{m}$。列出剪力方程和弯矩方程，并绘制剪力图和弯矩图。

【解】 由梁的平衡方程，求出支座反力为

$$R_A = 14.5 \text{kN}, R_B = 3.5 \text{kN}$$

在梁的 CA、AD、DB 三段内，剪力和弯矩都不能由同一方程式来表示，所以应分三段考虑。对每一段都可仿照前面诸例的计算方法，列出剪力方程和弯矩方程。

在 CA 段内

$$Q = (x) = -qx = -3x \quad (0 \leqslant x < 2\text{m}) \tag{1}$$

$$M = (x) = -\frac{1}{2}qx^2 = -\frac{3}{2}x^2 \quad (0 \leqslant x < 2\text{m}) \tag{2}$$

在 AD 段内

$$Q(x) = R_A - qx = 14.5 - 3x \quad (2\text{m} < x \leqslant 6\text{m}) \tag{3}$$

$$M(x) = R_A(x-2) - \frac{1}{2}qx^2 = 14.5(x-2) - \frac{3}{2}x^2 \quad (2\text{m} \leqslant x < 6\text{m}) \tag{4}$$

$M(x)$ 是 x 的二次函数，根据极值条件 $\frac{\text{d}M(x)}{\text{d}x} = 0$，得

$$14.5 - 3x = 0$$

由此解出 $x = 4.83 \text{m}$，亦即在这一截面上，弯矩为极值。代入式（4）得 AD 段内的最大弯

矩为

$$M = 14.5(4.83 - 2) - \frac{3}{2} \times 4.83^2 = 6.04 \text{kN} \cdot \text{m}$$

当截面取在 DB 段内时,用截面右侧的外力计算剪力和弯矩比较方便,结果为

$$Q(x) = -R_B = -3.5\text{kN} \qquad (6\text{m} \leqslant x < 8\text{m}) \qquad (5)$$

$$M(x) = R_B(8-x) = 3.5(8-x) \qquad (6\text{m} < x \leqslant 8\text{m}) \qquad (6)$$

依照剪力方程和弯矩方程,分段作剪力图和弯矩图[图 16-9b)和图 16-9c)]。从图中看出,沿梁的全部长度,最大剪力为 $Q_{max} = 8.5\text{kN}$,最大弯矩为 $M_{max} = 7\text{kN} \cdot \text{m}$。还可看出,在集中力作用截面的两侧,剪力有一突然变化,变化的数值就等于集中力。在集中力偶作用截面的两侧,弯矩有一突然变化,变化的数值就等于集中力偶矩。

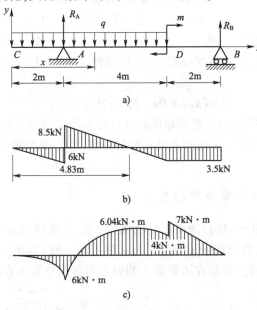

图 16-9 剪力图和弯矩图的绘制

在以上几个例题中,凡是集中力(包括支反力及集中载荷)作用的截面上,剪力似乎没有确定的数值。事实上,所谓集中力不可能"集中"作用于一点,它是分布于一个微段 Δx 内的分布力经简化后得出的结果[图 16-10a)]。若在 Δx 范围内把载荷看作是均布的,则剪力将连续地从 Q_1 变到 Q_2[图 16-10b)]。对集中力偶作用的截面,也可作同样的解释。

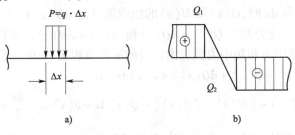

图 16-10 集中力作用下截面剪力的变化

某些机器的机身或机架的轴线,是由几段直线组成的折线,如液压机机身、钻床床架、轧钢机机架等。这种机架的每两个组成部分在其连接处夹角不变,即两部分在连接处不能有

相对转动,这种连接称为刚节点。在图 16-11a)中的节点 C 即为刚节点。各部分由刚节点连接成的框架结构称为刚架。刚架任一截面上的内力,一般有剪力、弯矩和轴力。内力可由静力平衡方程确定的刚架称为静定刚架。下面我们用例题说明静定刚架弯矩图的绘制。其他内力图,如轴力图或剪力图,需要时也可按相似的方法绘制。

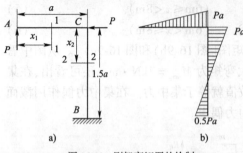

图 16-11 刚架弯矩图的绘制

【例 16-3】 作图 16-11a)所示刚架的弯矩图。

【解】 计算内力时,一般说应先求出刚架的支座反力。在现在的情况下,由于刚架的 A 端是自由端,无须确定支反力就可直接计算弯矩。在横杆 AC 的范围内,把坐标原点取在 A 点,并用截面 1—1 以左的外力来计算弯矩,得

$$M(x_1) = Px_1$$

在竖杆 BC 的范围内,把原点放在 C 点,求任意截面 2—2 上的弯矩时,用截面 2—2 以上的外力来计算,得

$$M(x_2) = Pa - Px_2 = P(a - x_2)$$

在绘制刚架的弯矩图时,约定把弯矩图画在杆件弯曲变形凹入的一侧,亦即画在受压的一侧。例如,根据竖杆的变形,在截面 B 处杆件的左侧凹入,即左侧受压,故将截面 B 的弯矩画在左侧[图 16-11b)]。

五、载荷集度、剪力和弯矩间的关系

轴线为直线的梁如图 16-12a)所示。以轴线为 x 轴,y 轴向上为正。梁上分布载荷的集度 $q(x)$ 是 x 的连续函数,且规定 $q(x)$ 向上(与 y 轴方向一致)为正。从梁中取出长为 dx 的微段,并放大为图 16-12b)。微段左边截面上的剪力和弯矩分别为 $Q(x)$ 和 $M(x)$。

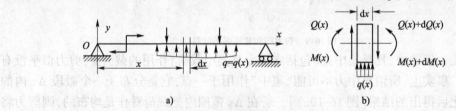

图 16-12 载荷集度、剪力和变矩的关系

当坐标 x 有一增量 dx 时,$Q(x)$ 和 $M(x)$ 的相应增量是 $dQ(x)$ 和 $dM(x)$。所以,微段右边截面上的剪力和弯矩应分别为 $Q(x) + dQ(x)$ 和 $M(x) + dM(x)$。微段上的这些内力都取正值,且设微段内无集中力和集中力偶。由微段的平衡方程 $\sum Y = 0$ 和 $\sum M_O = 0$,得

$$\left. \begin{array}{l} Q(x) - [Q(x) + dQ(x)] + q(x)dx = 0 \\ -M(x) + [M(x) + dM(x)] - Q(x)dx - q(x)dx \cdot \dfrac{dx}{2} = 0 \end{array} \right\} \quad (16\text{-}4)$$

省略第二式中的高阶微量 $q(x)dx \cdot \dfrac{dx}{2}$,整理后得出

$$\frac{dQ(x)}{dx} = q(x) \quad (16\text{-}5)$$

$$\frac{\mathrm{d}M(x)}{\mathrm{d}x} = Q(x) \tag{16-6}$$

这就是直梁微段的平衡方程。如将式(16-6)对 x 取导数,并利用式(16-5),又可得出

$$\frac{\mathrm{d}^2 M(x)}{\mathrm{d}x^2} = \frac{\mathrm{d}Q(x)}{\mathrm{d}x} = q(x) \tag{16-7}$$

以上三式表示了直梁的 $q(x)$、$Q(x)$ 和 $M(x)$ 间的导数关系。

根据上述导数关系,容易得出下面一些推论,对绘制或校核剪力图和弯矩图是很有帮助的。

(1) 在梁的某一段内,若无载荷作用,即 $q(x) = 0$,由 $\frac{\mathrm{d}Q(x)}{\mathrm{d}x} = q(x) = 0$ 可知,在这一段内 $Q(x) =$ 常数,剪力图是平行于 x 轴的直线,如图 16-9b)所示。又由 $\frac{\mathrm{d}^2 M(x)}{\mathrm{d}x^2} = q(x) = 0$ 可知,$M(x)$ 是 x 的一次函数,弯矩图是斜直线,如图 16-9c)所示。

(2) 在梁的某一段内,若作用均布载荷,即 $q(x) =$ 常数,则 $\frac{\mathrm{d}^2 M(x)}{\mathrm{d}x^2} = \frac{\mathrm{d}Q(x)}{\mathrm{d}x} = q(x) =$ 常数。故在这一段内 $Q(x)$ 是 x 的一次函数,$M(x)$ 是 x 的二次函数。因而剪力图是斜直线,弯矩图是抛物线。

在梁的某一段内,若分布载荷 $q(x)$ 向下,则因向下的 $q(x)$ 为负,故 $\frac{\mathrm{d}^2 M(x)}{\mathrm{d}x^2} = q(x) < 0$,这表明弯矩图应为向上凸的曲线[图 16-9c)]。反之,若分布载荷向上,则弯矩图应为向下凸的曲线。

(3) 在梁的某一截面上,若 $Q(x) = \frac{\mathrm{d}M(x)}{\mathrm{d}x} = 0$,则在这一截面上弯矩有一极值(极大或极小)。即弯矩的极值发生于剪力为零的截面上。

在集中力作用截面的左、右两侧,剪力 Q 有一突然变化,弯矩图的斜率也发生突然变化,成为一个转折点。弯矩的极值就可能出现在这类截面上。

(4) 利用导数关系式(16-5)和式(16-6),经过积分得

$$Q(x_2) - Q(x_1) = \int_{x_1}^{x_2} q(x)\mathrm{d}x \tag{16-8}$$

$$M(x_2) - M(x_1) = \int_{x_1}^{x_2} Q(x)\mathrm{d}x \tag{16-9}$$

以上两式表明,在 $x = x_2$ 和 $x = x_1$ 两截面上的剪力之差,等于两截面间载荷图的面积;两截面上的弯矩之差,等于两截面间剪力图的面积。上述关系自然也可用于剪力图和弯矩图的绘制和校核。例如在图 16-9 中,A、D 两截面间载荷图的面积为:$-3 \times 4 = -12\mathrm{kN}$,这正是 A、D 两截面上的剪力之差。同时,A、D 两截面间的剪力图的面积为:$8.5 \times (4.83-2)/2 - 3.5(6-4.83)/2 = 10 \mathrm{kN \cdot m}$,这也就是两截面上的弯矩之差。

【例 16-4】 外伸梁及其所受载荷如图 16-13a)所示,试作梁的剪力图和弯矩图。

【解】 由静力平衡方程,求得支反力

$$R_A = 7\mathrm{kN}, R_B = 5\mathrm{kN}$$

按照以前使用的方法作剪力图和弯矩图时,应分段列出 Q 和 M 的方程式,然后按方程

式作图。现在利用本节所得推论,可以不列方程式直接作图。

在支座反力 R_A 的右侧梁截面上,剪力为7kN。截面 A 到截面 C 之间的载荷为均布载荷,剪力图为斜直线。算出集中力 P_1 左侧截面上的剪力为 $7-1\times 4 = 3$kN,即可确定这条斜直线[图16-13b)]。截面 C 处有一集中力 P_1,剪力图发生突然变化,变化的数值即等于 P_1。故 P_1 右侧截面上的剪力为 $3-2 = 1$kN。从 C 到 D 剪力图又为斜直线。截面 D 上的剪力为 $1-1\times 4 = -3$kN。截面 D 和 B 之间梁上无载荷,剪力图为水平线。截面 B 与 E 之间剪力图也为水平线,算出 R_B 右侧截面上的剪力为2kN,即可画出这一水平线。

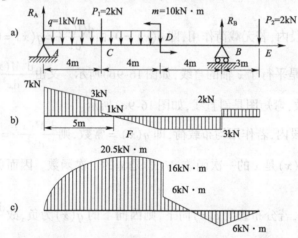

图16-13 利用导数关系绘制剪力图和弯矩图

截面 A 上弯矩为零。从 A 到 C 梁上为均布载荷,弯矩图为抛物线。算出载面 C 上的弯矩为 $7\times 4 - 1\times 4\times 4/2 = 20$kN·m。从 C 到 D 弯矩图为另一抛物线。截面 C 上的剪力突然变化,故弯矩图在 C 点的斜率也突然变化。在截面 F 上剪力等于零,弯矩为极值。F 至左端的距离为5m,故可求出截面 F 上弯矩的极值为

$$M_{max} = 20 + \frac{1}{2}\times 1\times 1 = 20.5 \text{kN}\cdot\text{m}$$

在集中力偶 m 左侧截面上弯矩为16kN·m。已知 C、F 及 D 三个截面上的弯矩,即可连成 C 到 D 之间的抛物线。截面 D 上有一集中力偶,弯矩图突然变化,而且变化的数值即等于 m。所以在 m 右侧梁截面上,$M = 16 - 10 = 6$kN·m。从 D 到 B 梁上无载荷,弯矩图为斜直线。算出在截面 B 上,$M_B = -6$kN·m,于是就决定了这条直线。B 到 E 之间弯矩图也是斜直线,由于 $M_E = 0$,斜直线是容易画出的。建议使用公式(16-8)和式(16-9)校核所得结果。

第二节 弯曲应力

一、纯弯曲

前面一节详细讨论了梁横截面上的剪力和弯矩。弯矩是垂直于横截面的内力系的合力偶矩;而剪力是切于横截面的内力系的合力。所以,弯矩 M 只与横截面上的正应力 σ 相关,而剪力 Q 只与剪应力 τ 相关。现在研究正应力和剪应力的分布规律。

在图 16-14a)中,剪支梁上的两个外力 P 对称地作用于梁的纵向对称面内。其计算简图、剪力图和弯矩图分别见图 16-14b)、c)和 d)。从图中可以看出,在 AC 和 DB 两段内,梁横截面上既有弯矩又有剪力,因而既有正应力又有剪应力。这种情况称为横力弯曲或剪切弯曲。在 CD 段内,梁横截面上剪力等于零,而弯矩为常量,于是就只有正应力而无剪应力。这种情况称为纯弯曲。火车轮轴在两个车轮之间的一段就是纯弯曲。

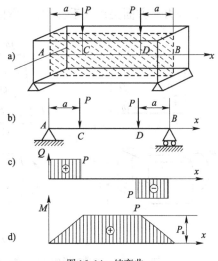

图 16-14 纯弯曲

纯弯曲容易在材料试验机上实现,并用以观察变形规律。在变形前的杆件侧面上作纵向线 aa 和 bb,并作与它们垂直的横向线 mm 和 nn[图 16-15a)],然后使杆件发生纯弯曲变形。变形后纵向线 aa 和 bb 弯成弧线[图 16-15b)],但横向线 mm 和 nn 仍保持为直线,它们相对旋转一个角度后,仍然垂直于弧线 aa 和 bb。根据这样的实验结果,可以假设,变形前原为平面的梁的横截面,变形后仍保持为平面,且仍然垂直于变形后的梁轴线。这就是弯曲变形的平面假设。

设想梁由平行于轴线的众多纵向纤维组成。发生弯曲变形后,例如发生图 16-15b)所示凸向下的弯曲,必然要引起靠近底面的纤维伸长,靠近顶面的纤维缩短。因为横截面仍保持为平面,所以沿截面高度,应由底面纤维的伸长连续地逐渐变为顶面纤维的缩短,中间必定有一层纤维的长度不变。这一层纤维称为中性层。中性层与横截面的交线称为中性轴。在中性层上、下两侧的纤维,如一侧伸长则另一侧必为缩短。这就形成横截面绕中性轴的轻微转动。由于梁上的载荷都作用于梁的纵向对称面内,梁的整体变形应对应于纵向对称面,这就要求中性轴与纵向对称面垂直,如图 16-16 所示。

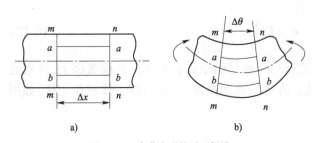

图 16-15 弯曲变形的平面假设

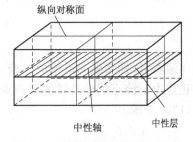

图 16-16 受弯杆件的中性层和中性轴

以上对弯曲变形作了概括的描述。在上述弯曲变形中,还认为各纵向纤维之间并无相互作用的正应力。至此,对弯曲变形提出了两个假设,即①平面假设和②纵向纤维间无正应力假设。根据这两个假设得出的理论结果,在长期工程实践中,符合实际情况,经得住实践的检验。而且,在纯弯曲的情况下,与弹性理论的结果也是一致的。

二、纯弯曲时的正应力

设在梁的纵向对称面内,作用大小相等、方向相反的力偶,构成纯弯曲。这时梁的横截面上只有弯矩,因而只有与弯矩相关的正应力。像研究扭转一样,也是从综合考虑几何、物理和静力三方面关系入手,研究纯弯曲时的正应力。

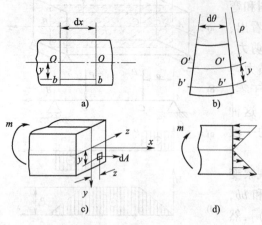

图 16-17 纯弯曲变形的几何关系

1. 变形几何关系

弯曲变形前和变形后的梁段分别如图 16-17a) 和 b) 所示,以梁横截面的对称轴为 y 轴,且向下为正 [图 16-17c)]。以中性轴为 z 轴,但中性轴的位置尚待确定。在中性轴尚未确定之前,x 轴只能暂时认为是通过原点的横截面的法线。根据平面假设,变形前相距为 $\mathrm{d}x$ 的两个横截面,各自绕中性轴旋转变形后相对转角为 $\mathrm{d}\theta$,并仍保持为平面。这就使得距中性层为 y 的纤维 $b'b'$ 的长度为

$$b'b' = (\rho + y)\mathrm{d}\theta \quad (16\text{-}10)$$

式中:ρ——中性层的曲率半径。

纤维 bb 的原长度为 $\mathrm{d}x$,且 $bb = \mathrm{d}x = OO$。因为变形前、后中性层内纤维 OO 的长度不变,故有

$$bb = \mathrm{d}x = OO = O'O' = \rho\mathrm{d}\theta \quad (16\text{-}11)$$

根据应变的定义,求纤维 bb 的应变为

$$\varepsilon = \frac{(\rho+y)\mathrm{d}\theta - \rho\mathrm{d}\theta}{\rho\mathrm{d}\theta} = \frac{y}{\rho} \quad (16\text{-}12)$$

可见,纵向纤维的应变与它到中性层的距离成正比。

2. 物理关系

因为纵向纤维之间无正应力,每一纤维都是单向拉伸或压缩。当应力小于比例极限时,由胡克定律知 $\sigma = E\varepsilon$,将式(16-12)代入,得

$$\sigma = E\frac{y}{\rho} \quad (16\text{-}13)$$

这表明,任意纵向纤维的正应力与它到的中性层的距离成正比。在横截面上,任意点的正应力与该点到中性轴的距离成正比。亦即沿截面高度,正应力按直线规律变化,如图 16-17d) 所示。

3. 静力关系

横截面上的微内力 $\sigma\mathrm{d}A$ 组成垂直横截面的空间平行力系[在图 16-17c) 中,只画出力系中的一个微内力 $\sigma\mathrm{d}A$]。这一力系只可能简化成三个内力分量,即平行于 x 轴的轴力 N,对 y 轴和 z 轴的力偶距 M_y 和 M_z。它们分别是

$$N = \int_A \sigma\mathrm{d}A, \quad M_y = \int_A z\sigma\mathrm{d}A, \quad M_z = \int_A y\sigma\mathrm{d}A \quad (16\text{-}14)$$

横截面上的内力应与截面左侧的外力平衡。在纯弯曲情况下,截面左侧的外力只有对 z 轴的力偶 m(图 4-17c)。由于内、外力必须满足平衡方程 $\sum X = 0$ 和 $\sum M_y = 0$,故有 $N = 0$ 和 $M_y = 0$,即

$$N = \int_A \sigma dA = 0 \qquad (16\text{-}15)$$

$$M_y = \int_A z\sigma dA = 0 \qquad (16\text{-}16)$$

这样,横截面上的内力系最终只归结为一个力偶矩 M_z,它也就是弯矩 M,即

$$M_z = M = \int_A y\sigma dA \qquad (16\text{-}17)$$

根据平衡方程,弯矩 M 与外力偶矩 m 大小相等,方向相反。

将式(16-13)代入式(16-15),得

$$\int_A \sigma dA = \frac{E}{\rho} \int_A y dA = 0 \qquad (16\text{-}18)$$

其中 $\frac{E}{\rho}$ = 常量,不等于零,故必须有 $\int_A y dA = S_z = 0$,即必须有横截面对 z 轴的静矩等于零,亦即 z 轴(中性轴)通过截面形心。这就完全确定了 z 轴和 x 轴的位置。中性轴通过截面形心又包含在中性层内,所以梁截面的形心连线(轴线)也在中性层内,其长度不变。

将式(16-13)代入式(16-16),得

$$\int_A z\sigma dA = \frac{E}{\rho} \int_A yz dA = 0 \qquad (16\text{-}19)$$

式中积分

$$\int_A yz dA = I_{yz} \qquad (16\text{-}20)$$

为横截面对 y 和 z 的惯性积。由于 y 轴是横截面的对称轴,必然有 I_{yz}。所以式(16-19)是自然满足的。

将式(16-13)代入式(16-17),得

$$M = \int_A y\sigma dA = \frac{E}{\rho} \int_A y^2 dA \qquad (16\text{-}21)$$

式中积分

$$\int y^2 dA = I_z \qquad (16\text{-}22)$$

是横截面对 z 轴(中性轴)的惯性矩。于是式(16-21)可以写成

$$\frac{1}{\rho} = \frac{M}{EI_z} \qquad (16\text{-}23)$$

式中:$\frac{1}{\rho}$——梁轴线变形后的曲率。

上式表明,EI_z 越大,则曲率 $\frac{1}{\rho}$ 越小,故 EI_z 称为梁的抗弯刚度。从式(16-23)中消去 $\frac{1}{\rho}$,得

$$\sigma = \frac{My}{I_z} \qquad (16\text{-}24)$$

这就是纯弯曲时正应力的计算公式。对于图 16-17 所取坐标系,在弯矩 M 为正的情况下,y 为正时 σ 为拉应力;y 为负时 σ 为压应力。一点的应力是拉应力或压应力,也可由弯曲变形直接判定,不一定借助于坐标 y 的正或负。因为,以中性层为界,梁在凸出的一侧受拉,

凹入的一侧受压。这样，就可把 y 看作是一点到中性轴的距离的绝对值。

导出公式(16-23)和式(16-24)时，为了方便，把梁截面画成矩形。但在推导过程中，并未用过矩形的几何特性。所以，只要梁有一纵向对称面，且载荷作用于这个面内，公式就可以适用。

三、横力弯曲时的正应力

公式(16-24)是纯弯曲情况下，以前面提出的两个假设为基础导出的。常见的弯曲问题多为横力弯曲，这时，梁的横截面上不但有正应力还有剪应力。由于剪应力的存在，横截面不能再保持为平面。同时，横力弯曲下，往往不能保证纵向纤维之间没有正应力。虽然横力弯曲与纯弯曲存在这些差异，但进一步的分析表明，用公式(16-24)计算横力弯曲时的正应力，并不会引起很大误差，能够满足工程问题所需要的精度。

横力弯曲时，弯矩随截面位置的变化而变化。一般情况下，最大正应力 σ_{max} 发生于弯矩最大的截面上，且离中性轴最远处。于是由公式(16-24)得

$$\sigma_{max} = \frac{M_{max} y_{max}}{I_z} \tag{16-25}$$

但公式(16-24)表明，正应力不仅与 M 有关，而且与 $\frac{y}{I_z}$ 有关，亦即与截面的形状和尺寸有关。对截面为某些形状的梁或变截面梁进行强度校核时，不应只注意弯矩为最大值的截面(参看例题 16-5)。

引用记号

$$W = \frac{I_z}{y_{max}} \tag{16-26}$$

则公式(16-25)可以改写成

$$\sigma_{max} = \frac{M_{max}}{W} \tag{16-27}$$

式中：W——抗弯截面系数，与截面的几何形状有关，量纲为 L^3。

若截面是高度为 h、宽为 b 的矩形，则

$$W = \frac{I_z}{h/2} = \frac{bh^3/12}{h/2} = \frac{bh^2}{6} \tag{16-28}$$

若截面是直径为 d 的圆，则

$$W = \frac{I_z}{d/2} = \frac{\pi d^4/64}{d/2} = \frac{\pi d^3}{32} \tag{16-29}$$

求出最大弯矩所对应的正应力后，弯曲的强度条件为

$$\sigma_{max} = \frac{M_{max}}{W} \leq [\sigma] \tag{16-30}$$

对于抗拉和抗压强度相等的材料(如碳钢)，只要绝对值最大的正应力不超过许用应力即可。对于抗拉和抗压强度不等的材料(如铸铁)，则拉和压的最大应力都不应超过各自的许用应力。

【例 16-5】 T 形截面铸铁梁的载荷和截面尺寸如图 16-18a)所示。铸铁的抗拉许应力

为 $[\sigma_t] = 30\text{MPa}$,抗压许应力为 $[\sigma_c] = 160\text{MPa}$。已知截面对形心轴 z 的惯性矩为 $I_z = 763\text{cm}^4$,且 $|y_1| = 52\text{mm}$。试校核梁的强度。

【解】 由静力平衡方程求梁的支座反力为
$$R_A = 2.5\text{kN}, R_B = 10.5\text{kN}$$

作弯矩图如图 16-18b)所示。最大正弯矩在截面 C 上,$M_C = 2.5\text{kN}\cdot\text{m}$。最大负弯矩在截面 B 上,$M_B = -4\text{kN}\cdot\text{m}$。

T形截面对中性轴不对称,同一截面上的最大拉应力和压应力并不相等。计算最大应力时,应以 y_1 和 y_2 分别代入公式(16-24)。在截面 B 上,弯矩是负的,最大拉应力发生于上边缘各点[图 16-18c)],且

$$\sigma_t = \frac{M_B y_1}{I_z} = \frac{4 \times 10^3 \times 52 \times 10^{-3}}{763 \times (10^{-2})^4} = 27.3\text{MPa}$$

最大压应力发生于下边缘各点,且

$$\sigma_c = \frac{M_B y_2}{I_z} = \frac{4 \times 10^3 \times (120 + 20 - 52) \times 10^{-3}}{763 \times (10^{-2})^4} = 46.3\text{MPa}$$

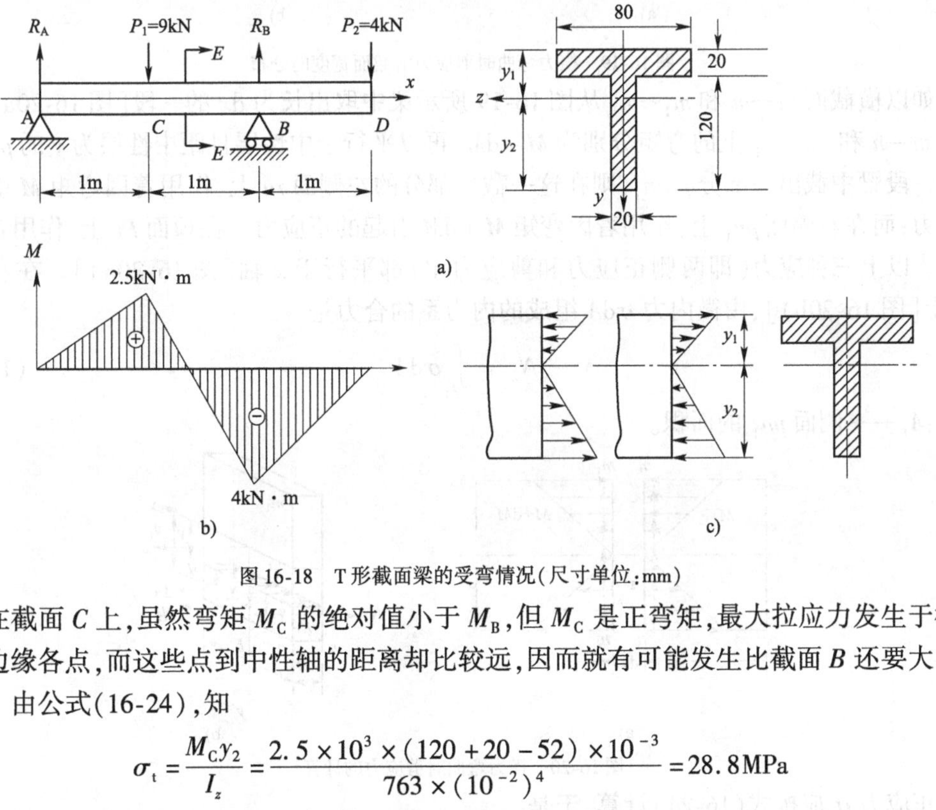

图 16-18 T形截面梁的受弯情况(尺寸单位:mm)

在截面 C 上,虽然弯矩 M_C 的绝对值小于 M_B,但 M_C 是正弯矩,最大拉应力发生于截面的下边缘各点,而这些点到中性轴的距离却比较远,因而就有可能发生比截面 B 还要大的拉应力。由公式(16-24),知

$$\sigma_t = \frac{M_C y_2}{I_z} = \frac{2.5 \times 10^3 \times (120 + 20 - 52) \times 10^{-3}}{763 \times (10^{-2})^4} = 28.8\text{MPa}$$

所以,最大拉应力是在截面 C 的下边缘各点处。但从所得结果会看出,无论是最大拉应力或最大压应力都未超过许应力,强度条件是满足的。

四、弯曲剪应力

横力弯曲的梁横截面上既有弯矩又有剪力。所以横截面上既有正应力又有剪应力。现

根据梁横截面的形状,分几种情况讨论弯曲剪应力。

1. 矩形截面梁

在图 16-19 所示矩形截面梁的任意截面上,剪力 Q 与截面的对称轴 y 重合[图 4-19b)]。关于横截面上剪应力的分布规律,作以下两个假设:①横截面上各点的剪应力的方向都平行于剪力 Q;②剪应力沿截面宽度均匀分布。在截面高度 h 大于宽度 b 的情况下,以上假设为基础得到的解,与精确解相比有足够的准确度。按照这两个假设,在距中性轴为 y 的横线 pq 上,各点的剪应力 τ 都相等,且都平行于 Q。由剪应力互等定理可知,在沿 pq 切出的平行于中性层的 pr 平面上,也必然有与 τ 相等的 τ',而且沿宽度也是均匀分布的。

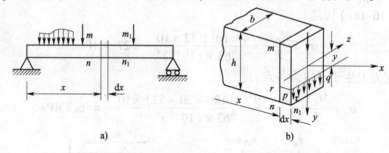

图 16-19 横力弯曲时剪应力沿截面宽度的分布

如以横截面 $m\text{—}m$ 和 $m_1\text{—}n_1$ 从图 16-19 所示梁中取出长为 dx 的一段[图 16-20a)],设截面 $m\text{—}n$ 和 $m_1\text{—}n_1$ 上的弯矩分别为 $M+dM$,再以平行于中性层且距中性层为 y 的 pr 平面从这一段梁中截出一部分 $prnn_1$,则在这一截出部分的左侧面 rn 上,作用着因弯矩 M 引起的正应力;而在右侧面 pn_1 上,作用着因弯矩 $M+dM$ 引起的正应力。在顶面 Pr 上,作用着剪应力 τ'。以上三种应力(即两侧正应力和剪应力 τ')都平行于 x 轴[图 16-20a)]。在右侧面 pn_1 上[图 16-20b)],由微内力 σdA 组成的内力系的合力是

$$N_2 = \int_{A_1} \sigma dA \tag{16-31}$$

式中:A_1——侧面 pn_1 的面积。

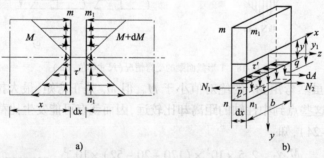

图 16-20 横力弯曲时剪应力的计算

正应力 σ 应按式(16-24)计算,于是

$$N_2 = \int_{A_1} \sigma dA = \int_{A_1} \frac{(M+dM)y_1}{I_z} dA = \frac{(M+dM)}{I_z} \int_{A_1} y_1 dA = \frac{(M+dM)}{I_z} S_z^* \tag{16-32}$$

式中

$$S_z^* = \int_{A_1} y_1 dA \tag{16-33}$$

是横截面的部分面积 A_1 对中性轴的静矩,也就是距中性轴为 y 的横线 pq 以下的面积对中性轴的静矩。同理,可以求得左侧面 rn 上的内力系合力 N_1 为

$$N_1 = \frac{M}{I_z} S_z^* \tag{16-34}$$

在顶面 rp 上与顶面相切的内力系的合力是

$$dQ' = \tau' b dx \tag{16-35}$$

N_2、N_1 和 dQ' 的方向都平行于 x 轴,应满足平衡方程 $\sum X = 0$,即

$$N_2 - N_1 - dQ' = 0 \tag{16-36}$$

将 N_2、N_1 和 dQ' 的表达式代入上式,得

$$\frac{(M + dM)}{I_z} S_z^* - \frac{M}{I_z} S_z^* - \tau' b dx = 0 \tag{16-37}$$

简化后得出

$$\tau' = \frac{dM}{dx} \cdot \frac{S_z^*}{I_z b} \tag{16-38}$$

由于 $\frac{dM}{dx} = Q$,于是上式化为

$$\tau' = \frac{Q S_z^*}{I_z b} \tag{16-39}$$

式中 τ' 虽是距中性层为 y 的 pr 平面上的剪应力,但由剪应力互等定理,它等于横截面的横线 pq 上的剪应力 τ,即

$$\tau = \frac{Q S_z^*}{I_z b} \tag{16-40}$$

式中:Q——横截面上的剪力;
b——截面宽度;
I_z——整个截面对中性轴的惯性矩;
S_z^*——截面上距中性轴为 y 的横线以外部分面积对中性轴的静矩。

这就是矩形截面梁弯曲剪应力的计算公式。

对于矩形截面(图16-21),可取 $dA = b dy_1$,于是有

$$S_z^* = \int_{A_1} y_1 dA = \int_y^{\frac{h}{2}} b y_1 dy_1 = \frac{b}{2}\left(\frac{h^2}{4} - y^2\right) \tag{16-41}$$

这样,公式(16-40)可以写成

$$\tau = \frac{Q}{2I_z}\left(\frac{h^2}{4} - y^2\right) \tag{16-42}$$

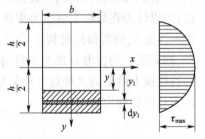

图16-21 矩形截面梁横截面上的剪应力分布

从公式(16-42)看出,沿截面高度剪应力 τ 按抛物线规律变化,当 $y = \pm h/2$ 时,$\tau = 0$。这表明在截面上、下边缘的各点处,剪应力等于零。随着离中性轴的距离 y 的减小,τ 逐渐增大。当 $y = 0$ 时,τ 为最大值,即最大剪应力发生于中性轴上,且

$$\tau = \max = \frac{Q h^2}{8 I_z} \tag{16-43}$$

如以 $I_z = bh^3/12$ 代入上式,即可得出

$$\tau_{max} = \frac{3}{2} \cdot \frac{Q}{bh} \tag{16-44}$$

可见矩形截面梁的最大剪应力为平均剪应力的 1.5 倍。

2. 工字形截面梁

首先讨论工字形截面梁腹板上的剪应力。腹板截面是一个狭长矩形,关于矩形截面上剪应力分布的两个假设仍然适用。用相同的方法,必然导出相同的应力计算公式,即

$$\tau = \frac{QS_z^*}{I_z b}$$

若需要计算腹板上距中性轴为 y 处的剪应力,则 S_z^* 为图 16-22a) 中画阴影线部分的面积对中性轴的静矩,即

$$S_z^* = B\left(\frac{H}{2} - \frac{h}{2}\right)\left[\frac{h}{2} + \frac{1}{2}\left(\frac{H}{2} - \frac{h}{2}\right)\right] + b\left(\frac{h}{2} - y\right)\left[y + \frac{1}{2}\left(\frac{h}{2} - y\right)\right]$$

$$= \frac{B}{8}(H^2 - h^2) + \frac{b}{2}\left(\frac{h^2}{4} - y^2\right) \tag{16-45}$$

于是

$$\tau = \frac{Q}{I_z b}\left[\frac{B}{8}(H^2 - h^2) + \frac{b}{2}\left(\frac{h^2}{4} - y^2\right)\right] \tag{16-46}$$

可见,沿腹板高度,剪应力也是按抛物线规律分布的[图 16-22b)]。以 $y = 0$ 和 $y = \pm h/2$ 分别代入公式(16-46),求出腹板上的最大和最小剪应力分别是

$$\left.\begin{aligned}\tau_{max} &= \frac{Q}{I_z b}\left[\frac{BH^2}{8} - (B-b)\frac{h^2}{8}\right] \\ \tau_{min} &= \frac{Q}{I_z b}\left(\frac{BH^2}{8} - \frac{Bh^2}{8}\right)\end{aligned}\right\} \tag{16-47}$$

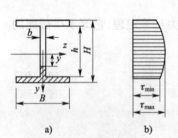

图 16-22　工字梁横截面上的剪应力分布

从以上两式看出,因为腹板的宽度 b 远小于翼缘的宽度 B,τ_{max} 与 τ_{min} 实际上相差不大,所以,可以认为在腹板上剪应力大致是均匀分布的。若以图 16-25b) 中应力分布图的面积乘以腹板厚度 b,即可得到腹板上的总剪力 Q_1。计算结果表明,Q_1 约等于 $(0.95 \sim 0.97)Q$。可见,横截面上的剪力 Q 的绝大部分为腹板所负担。既然腹板几乎负担了截面上的全部剪力,而且腹板上的剪力又接近于均匀分布,这样,就可以用腹板的截面面积除剪力 Q。近似地得出腹板内的剪应力为

$$\tau = \frac{Q}{hb} \tag{16-48}$$

在翼缘上,也应有平行于 Q 的剪应力分量,分布情况比较复杂,但数量很小,并无实际意义,所以通常并不进行计算。此外,翼缘上还有平行于翼缘宽度 B 的剪应力分量。它与腹板内的剪应力比较,一般说也是次要的。

工字梁翼缘的全部面积都在离中性轴最远处,每一点的正应力都比较大,所以翼缘负担了截面上的大部分弯矩。

五、提高弯曲强度的措施

前面曾经指出,弯曲正应力是设计梁时应考虑的主要因素。所以弯曲正应力的强度条件

$$\sigma_{max} = \frac{M_{max}}{W} \leq [\sigma] \tag{16-49}$$

是设计梁的主要依据。从这个条件看出,要提高梁的承载能力应从两方面考虑,一方面是合理安排梁的受力情况,以降低 M_{max} 的数值;另一方面则是采用合理的截面形状,以提高 W 的数值,充分利用材料的性能。下面我们分成几点进行讨论。

1. 合理安排梁的受力情况

改善梁的受力情况,尽量降低梁内最大弯矩,相对地说,也就是提高了梁的强度。为此,首先应合理布置梁的支座。以图 16-23a)所示均布载荷作用下的简支梁为例,最大弯矩 M_{max} 为

$$M_{max} = \frac{ql^2}{8} = 0.125ql^2 \tag{16-50}$$

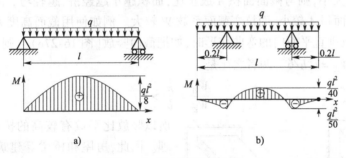

图 16-23 梁支座的合理布置

若将两端支座各向里移动 $0.2l$[图 16-23b)],则最大弯矩减小为

$$M_{max} = \frac{ql^2}{40} = 0.025ql^2 \tag{16-51}$$

只及前者的 1/5。也就是说按图 16-23b)布置支座,载荷还可提高四倍。图 16-24a)所示门式起重机的大梁,图 16-24b)所示锅炉筒体等,其支承点略向中间移动,都可以取得降低 M_{max} 的效果。

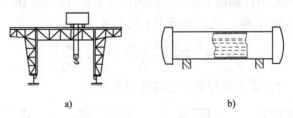

图 16-24 降低梁内最大弯矩的实例

其次,合理布置载荷,也可收到降低最大弯矩的效果。例如轴上的齿轮安置的紧靠轴承,就会使齿轮传到轴上的力 P 紧靠支座,如图 16-25 所示情况,轴的最大弯矩仅为 $M_{max} = 5/36Pl$;但如把集中力 P 作用于轴的中点,则 $M_{max} = 1/4Pl$,相比之下,前者的最大弯矩就减小很多。此外,在情况允许的条件下,应尽可能把较大的集中力分散成较小的力,或者改变

成分布载荷。例如把作用于跨度中点的集中力 P 分散成图 16-26 所示的两个集中力,则最大弯矩将由 $M_{max} = Pl/4$ 降低为 $M_{max} = Pl/8$。

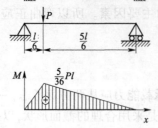

图 16-25 一个集中力作用下的弯矩图

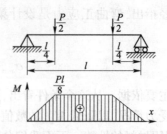

图 16-26 等值的两个集中力作用下的弯矩图

2. 梁的合理截面

若把弯曲正应力的强度条件写成

$$M_{max} \leq [\sigma]W \tag{16-52}$$

可见,梁的可能承受的 M_{max} 与抗弯截面系数 W 成正比,W 越大越有利。另一方面,使用材料的多少和自重的大小,则与截面面积 A 成正比,面积越小越经济,越轻巧。因而合理的截面形状应该是截面面积 A 较小,而抗弯截面系数 W 较大。例如使用截面高度 h 大于宽度 b 的矩形截面梁,抵抗垂直平面内的弯曲变形时,如把截面竖放[图 16-27a)],则 $W_{z1} = bh^2/6$;如把截面平放,则 $W_{z2} = b^2h/6$。两者之比是

$$\frac{W_{z1}}{W_{z2}} = \frac{h}{b} > 1 \tag{16-53}$$

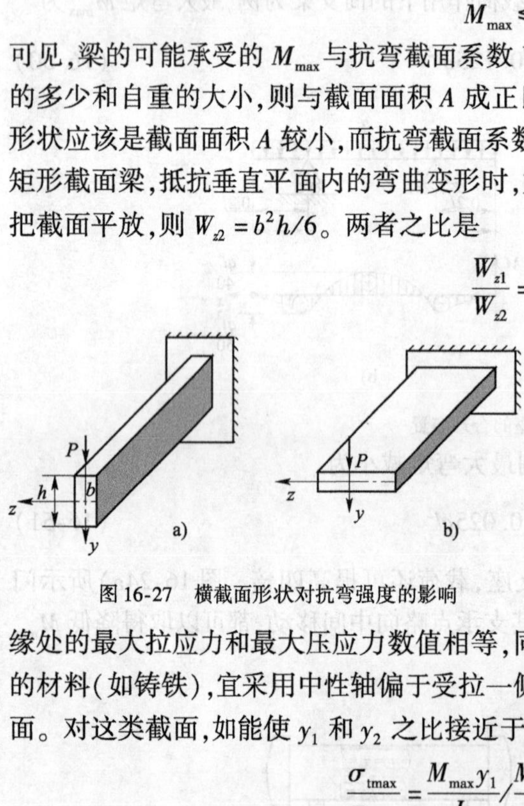

所以竖放比平放有较高的抗弯强度,更为合理。因此,房屋和桥梁等建筑物中的矩形截面梁,一般都是竖放的。

在讨论截面的合理形状时,还应考虑到材料的特性。对抗拉和抗压强度相等的材料(如碳钢),宜采用对中性轴对称的截面,如圆形、矩形、工字形等。这样可使截面上、下边缘处的最大拉应力和最大压应力数值相等,同时接近许用应力。对抗拉和抗压强度不相等的材料(如铸铁),宜采用中性轴偏于受拉一侧的截面形状,例如图 16-28 中所表示的一些截面。对这类截面,如能使 y_1 和 y_2 之比接近于下列关系

$$\frac{\sigma_{tmax}}{\sigma_{cmax}} = \frac{M_{max}y_1}{I_z} \bigg/ \frac{M_{max}y_2}{I_z} = \frac{y_1}{y_2} = \frac{[\sigma_t]}{[\sigma_c]} \tag{16-54}$$

式中:$[\sigma_t]$、$[\sigma_c]$——分别表示拉伸和压缩的许用应力。

图 16-27 横截面形状对抗弯强度的影响

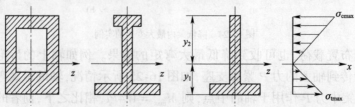

图 16-28 抗拉压强度不同的梁的正确使用

则最大拉应力和最大压应力便可同时接近许用应力。

3. 等强度梁的概念

前面讨论的梁都是等截面的，W = 常数，但梁在各截面上的弯矩却随截面的位置而变化。由式(16-49)可知，对于等截面的梁来说，只有在弯矩为最大值 M_{max} 的截面上，最大应力才有可能接近许用应力。其余各截面上弯矩较小，应力也就较低，材料没有充分利用。为了节约材料，减轻自重，可改变截面尺寸，使抗弯截面系数随弯矩而变化。在弯矩较大处，采用较大截面，而在弯矩较小处采用较小截面。这种截面沿轴线变化的梁，称为变截面梁。变截面梁的正应力计算仍可近似地用等截面梁的公式。如变截面梁各横截面上的最大正应力都相等，且都等于许用应力，就是等强度梁。设梁在任一截面上的弯矩为 $M(x)$，而截面的抗弯截面系数为 $W(x)$。根据上述等强度梁的要求，应有

$$\sigma_{max} = \frac{M(x)}{W(x)} = [\sigma] \tag{16-55}$$

或者写成

$$W(x) = \frac{M(x)}{[\sigma]} \tag{16-56}$$

这是等强度梁的 $W(x)$ 沿梁轴线变化的规律。

使用公式(16-56)，也可求得圆截面等强度梁的截面直径沿轴线的变化规律。但考虑到加工的方便及结构上的要求，常用阶梯形状的变截面梁(阶梯轴)来代替理论上的等强度梁，如图16-29 所示。

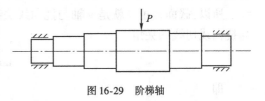

图 16-29　阶梯轴

第三节　弯曲变形

一、工程中的弯曲变形问题

前面一章讨论了梁的强度计算。工程中对某些受弯杆件除强度要求外，往往还有刚度要求，即要求它变形不能过大。以车床主轴为例，若其变形过大（图16-30），将影响齿轮的啮合和轴承的配合，造成磨损不匀，产生噪声，降低寿命，还会影响加工精度。再以吊车梁为例，当变形过大时，将使梁上小车行走困难，出现爬坡现象，还会引起较严重的振动。所以，若变形超过允许数值，即使仍然是弹性的，也被认为是一种失效。

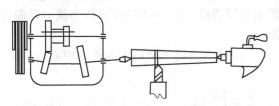

图 16-30　车床主轴的变形

工程中虽然经常是限制弯曲变形，但在另一些情况下，常常又利用弯曲变形达到某种要求。例如，叠板弹簧（图16-31）应有较大的变形，才可以更好地起到缓冲减振作用。弹簧扳手（图16-32）要有明显的弯曲变形，才可以使测得的力矩更为准确。

弯曲变形计算除用于解决弯曲刚度问题外，还用于求解静不定系统和振动计算。

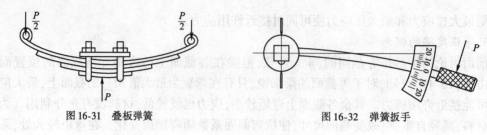

图 16-31　叠板弹簧　　　　　　　　　图 16-32　弹簧扳手

二、挠曲线的微分方程

讨论弯曲变形时,以变形前的梁轴线为 x 轴,垂直向上的轴为 y 轴(图 16-33),xy 平面为梁的纵向对称面。在对称弯曲的情况下,变形后梁的轴线将成为 xy 平面内的一条曲线,称为挠曲线。挠曲线上横坐标为 x 的任一点的纵坐标,用 v 来表示,它代表坐标为 x 的横截面的形心沿 y 方向的位移,称为挠度。这样,挠曲线的方程式可以写成

$$v = f(x) \tag{16-57}$$

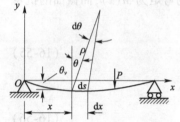

图 16-33　弯曲变形的挠曲线

弯曲变形中,梁的横截面对其原来位置转过的角度 θ,称为截面转角。根据平面假设,弯曲变形前垂直于轴线(x 轴)的横截面,变形后仍垂直于挠曲线。所以,截面转角 θ 就是 y 轴与挠曲线法线的夹角。它应等于挠曲线的倾角,即等于 x 轴与挠曲线切线的夹角。

$$\tan\theta = \frac{\mathrm{d}v}{\mathrm{d}x}$$

即

$$\theta = \arctan\left(\frac{\mathrm{d}v}{\mathrm{d}x}\right) \tag{16-58}$$

挠度与转角是度量弯曲变形的两个基本量。在图 16-33 所示的坐标系中,向上的挠度和逆时针的转角为正。

纯弯曲情况下弯矩与曲率间的关系如下

$$\frac{1}{\rho} = \frac{M}{EI} \tag{16-59}$$

横力弯曲时,梁截面上有弯矩也有剪力,式(16-59)只代表弯矩对弯曲变形的影响。对跨度远大于截面高度的梁,剪力对弯曲变形的影响可以省略,式(16-59)便可作为横力弯曲变形的基本方程。这时,M 和 $1/\rho$ 皆为 x 的函数。

把图 16-33 中的微分弧段 $\mathrm{d}s$ 放大为图 16-34。$\mathrm{d}s$ 两端法线的交点即为曲率中心,并确定了曲率半径 ρ。显然

$$|\mathrm{d}s| = \rho|\mathrm{d}\theta| \qquad \frac{1}{\rho} = \left|\frac{\mathrm{d}\theta}{\mathrm{d}s}\right| \tag{16-60}$$

于是式(16-59)化为

$$\left|\frac{\mathrm{d}\theta}{\mathrm{d}s}\right| = \frac{M}{EI} \tag{16-61}$$

这里取绝对值是因未曾考虑 $\dfrac{\mathrm{d}\theta}{\mathrm{d}s}$ 的符号。若弯矩为正,则挠曲线向下凸出,也就是图 16-34 所

表示的情况。在我们选定的坐标系中(y 轴向上为正),随着弧长 s 的增加,θ 也是增加的,即正增量 ds 对应的 $d\theta$ 也是正的。这样,考虑符号在内,式(16-61)应写成

$$\frac{d\theta}{ds} = \frac{M}{EI} \tag{16-62}$$

由公式(16-58),得

$$\frac{d\theta}{ds} = \frac{d\theta}{dx} \cdot \frac{dx}{ds} = \frac{d\left[\arctan\left(\dfrac{dv}{dx}\right)\right]}{dx} \cdot \frac{dx}{ds}$$

$$= \frac{\dfrac{d^2v}{dx^2}}{1 + \left(\dfrac{dv}{dx}\right)^2} \cdot \frac{dx}{ds}$$

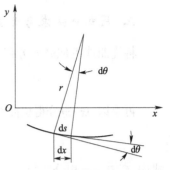

图 16-34　挠曲线的微分方程

注意到

$$ds = \left[1 + \left(\frac{dv}{dx}\right)^2\right]^{\frac{1}{2}} dx$$

上式成为

$$\frac{d\theta}{ds} = \frac{\dfrac{d^2v}{dx^2}}{\left[1 + \left(\dfrac{dv}{dx}\right)^2\right]^{\frac{3}{2}}}$$

代入式(16-62)得

$$\frac{\dfrac{d^2v}{dx^2}}{\left[1 + \left(\dfrac{dv}{dx}\right)^2\right]^{\frac{3}{2}}} = \frac{M}{EI} \tag{16-63}$$

式(16-63)就是挠曲线的微分方程,适用于弯曲变形的任意情况,它是非线性的。

为了求解的方便,在小变形的情况下,可将方程式(16-63)线性化。因为在工程问题中,梁的挠度一般都远小于跨度,挠曲线 $v = f(x)$ 是一非常平坦的曲线,转角 θ 也是一个非常小的角度,于是公式(16-58)可以写成

$$\theta \approx \tan\theta = \frac{dv}{dx} = f'(x) \tag{16-64}$$

由于挠曲线极其平坦,$\dfrac{dv}{dx}$ 很小,在式(16-63)中 $\left(\dfrac{dv}{dx}\right)^2$ 与 1 相比可以省略,于是

$$\frac{d^2v}{dx^2} = \frac{M}{EI} \tag{16-65}$$

这是挠曲线的近似微分方程。

三、用积分法求弯曲变形

将挠曲线近似微分方程式(16-65)的两边乘以 dx,积分得转角方程为

$$\theta = \frac{dv}{dx} = \int \frac{M}{EI} dx + C \tag{16-66}$$

再乘以 dx,积分得挠曲线近似微分方程

$$v = \iint \left(\frac{M}{EI} dx\right) dx + Cx + D \tag{16-67}$$

式中:C、D——积分常数。

等截面梁的 EI 为常量,积分时可提出积分号。

在挠曲线的某些点上,挠度或转角有时是已知的。例如,在固定端,挠度和转角都等于零[图16-35a)];在铰支座上,挠度等于零[图16-35b)]。又如在弯曲变形的对称点上,转角应等于零。这类条件统称为边界条件。此外,挠曲线应该是一条连续光滑的曲线,不应有图16-36a)和b)所表示的不连续和不光滑的情况。亦即,在挠曲线的任意点上,有唯一确定的挠度和转角。这就是连续性条件。根据连续性条件和边界条件,就可确定积分常数。

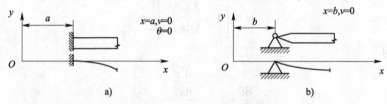

图 16-35 弯曲变形的边界条件

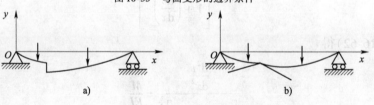

图 16-36 弯曲变形的连续条件

求得了梁的挠度和转角后,根据需要,限制最大挠度 $[f]_{max}$ 和最大转角 $|\theta|_{max}$(或特定截面的挠度和转角)不超过某一规定数值,就得刚度条件如下

$$\left. \begin{array}{l} |f|_{max} \leq [f] \\ |\theta|_{max} \leq [\theta] \end{array} \right\} \tag{16-68}$$

式中:$[f]$——规定的许可挠度;
$[\theta]$——规定的许可转角。

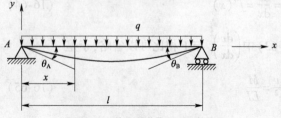

图 16-37 均布载荷作用下的简支梁

【例 16-6】 桥式起重机的大梁和建筑中的一些梁都可简化成简支梁,梁的自重就是均布载荷。试讨论在载荷作用下,简支梁的弯曲变形(图16-37)。

【解】 计算简支梁的反力,写出弯矩方程,利用式(16-65)积分两次,最后得出

$$EIv' = \frac{ql}{4}x^2 - \frac{q}{6}x^3 + C$$

$$EIv = \frac{ql}{12}x^3 - \frac{q}{24}x^4 + Cx + D$$

铰支座上的挠度等于零,故

$$x = 0 \text{ 时}, v = 0$$

因为梁上的外力和边界条件都对跨度中点对称,挠曲线也应对该点对称。因此,在跨度中点,挠曲线切线的曲线斜率 v' 即截面的转角 θ 等于零,即

$$x = \frac{l}{2} \text{ 时}, v' = 0$$

把以上两个边界条件分别代入 v 和 v' 的表达式,可以求出

$$C = -\frac{ql^3}{24}, D = 0$$

于是的转角方程及挠曲线方程为

$$EIv' = EI\theta = \frac{ql}{4}x^2 - \frac{q}{6}x^3 - \frac{ql^3}{24} \tag{16-69}$$

$$EIv = \frac{ql}{12}x^3 - \frac{q}{24}x^4 - \frac{ql^3}{24}x \tag{16-70}$$

在跨度中点,挠曲线切线的斜率等于零,挠度为极值。由式(16-70)得

$$f_{max} = v\big|_{x=\frac{l}{2}} = -\frac{5ql^4}{384EI}$$

在 A、B 两端,截面转角的数值相等,符号相反,且绝对值最大。于是式(16-69)中分别令 $x = 0$ 和 $x = l$,得

$$\theta_{max} = -\theta_A = \theta_B = \frac{ql^3}{24EI}$$

积分法的优点是可以求得转角和挠度的普遍方程。但当只需确定某些特定截面的转角和挠度,而不需求出转角和挠度的普遍方程时,积分就显得过于累赘。为此,将梁在某些简单载荷作用下的变形列成表,以便直接查用;而且利用这些表格,使用叠加法,还可比较方便的解决一些弯曲变形问题。限于篇幅,叠加法的具体内容这里不再详述。

第十七章
动载荷和交变应力

✈ 第一节 动 载 荷

以前讨论杆件的变形和应力计算时,认为载荷从零开始平缓地增加,以致在加载过程中,杆件各点的加速度很小,可以不计,载荷加到最终值后也不再变化,此即所谓静载荷。

在实际问题中,有些高速旋转的部件或加速提升的构件等,其质点的加速度是明显的,如锻压气锤的锤杆、紧急制动的转轴、着陆接地的飞机等,在非常短暂的时间内速度发生急剧的变化。此外,大量的机械零件又长期在周期性变化的载荷下工作。这些情况都属于动载荷。

实验结果表明,只要应力不超过比例极限,胡克定律仍适用于动载荷下应力、应变的计算,弹性模量也与静载下的数值相同。

本节讨论下述两类问题:①构件有加速度时的应力计算;②冲击。至于载荷按周期变化的情况,将于下节中讨论。

一、动静法的应用

为了介绍动静法,首先说明惯性力。对加速度为 a 的质点,惯性力等于质点的质量 m 与 a 的乘积,方向则与 a 的方向相反。达郎伯原理指出,对作加速运动的质点系,如假想地在每一质点上加上惯性力,则质点系上的原力系与惯性力系组成平衡力系。这样,就可把动力学问题在形式上作为静力学问题来处理,这就是动静法。于是,以前关于应力和变形的计算方法,也可直接用于增加了惯性力的杆件。

例如,图 17-1a) 表示匀加速 a 向上提升的杆件。若杆件横截面面积为 A,单位体积的重量为 γ,则杆件每单位长度的重量为 $A\gamma$,相应的惯性力为 $(A\gamma/g)a$,且方向向下。将惯性力加于杆件上,于是作用于杆件上的重力、惯性力和吊升力 R 组成平衡力系[图 17-1b)]。杆件成为在横向力作用下的弯曲问题。均布载荷的集度是

$$q = A\gamma + \frac{A\gamma}{g}a = A\gamma\left(1 + \frac{a}{g}\right) \tag{17-1}$$

杆件中央横截面上的弯矩为

$$M = R\left(\frac{l}{2} - b\right) - \frac{1}{2}q\left(\frac{l}{2}\right)^2 = \frac{1}{2}A\gamma\left(1 + \frac{a}{g}\right)\left(\frac{l}{4} - b\right)l \tag{17-2}$$

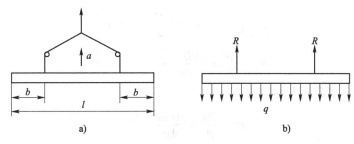

图 17-1 线加速度引起的动应力

相应的应力(一般称为动应力)为

$$\sigma_d = \frac{M}{W} = \frac{A\gamma}{2W}\left(1 + \frac{a}{g}\right)\left(\frac{l}{4} - b\right)l \tag{17-3}$$

当加速度 a 等于零时,由上式求得杆件在静载下的应力为

$$\sigma_{st} = \frac{A\gamma}{2W}\left(\frac{l}{4} - b\right)l \tag{17-4}$$

故动应力 σ_d 可以表示为

$$\sigma_d = \sigma_{st}\left(1 + \frac{a}{g}\right) \tag{17-5}$$

括号中的因子可称为动荷系数,并记为

$$k_d = \left(1 + \frac{a}{g}\right) \tag{17-6}$$

于是式(17-5)写成

$$\sigma_d = k_d \sigma_{st} \tag{17-7}$$

这表明动应力等于静应力乘以动荷系数。强度条件可以写成

$$\sigma_d = k_d \sigma_{st} \leq [\sigma] \tag{17-8}$$

由于在动荷系数 k_d 中已经包含了动载荷的影响,所以 $[\sigma]$ 即为静载下的许用应力。

还可以以匀速旋转圆环为例说明动静法的应用。设圆环以匀角速度 ω,绕通过圆心且垂直于纸面的轴旋转[图 17-2a)]。若圆环的厚度 t 远小于直径 D,便可近似地认为环内各点的向心加速度大小相等,且都等于 $D\omega^2/2$。以 A 表示圆环横截面面积,γ 表示单位体积的重量。于是沿轴线均匀分布的惯性力集度为 $q_d = (A\gamma/2g)D\omega^2$,方向则背离圆心,如图 17-2b)所示。这就与计算薄壁圆筒周向应力 σ 的计算简图完全相似。由半个圆环[图 17-2c)]的平衡方程 $\sum Y = 0$,得

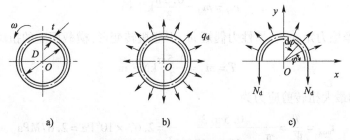

图 17-2 向心加速度引起的动应力

$$2N_\mathrm{d} = \int_0^\pi q_\mathrm{d} \sin\varphi \cdot \frac{D}{2}\mathrm{d}\varphi = q_\mathrm{d} D$$
$$N_\mathrm{d} = \frac{q_\mathrm{d} D}{2} = \frac{A\gamma D^2 \omega^2}{4g} \quad (17\text{-}9)$$

由此求得圆环横截面上的应力为

$$\sigma_\mathrm{d} = \frac{N_\mathrm{d}}{A} = \frac{\gamma D^2 \omega^2}{4g} = \frac{\gamma v^2}{g} \quad (17\text{-}10)$$

式中：v——$v = D\omega/2$ 是圆环轴线上的点的线速度。

强度条件是

$$\frac{\gamma v^2}{g} \leqslant [\sigma] \quad (17\text{-}11)$$

从以上两式看出，环内应力与横截面面积 A 无关。要保证强度，应限制圆环的转速，增加横截面面积 A 无济于事。

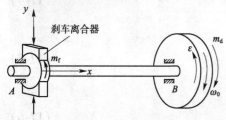

图 17-3 飞轮刹车装置

【例 17-1】 在 AB 轴 B 端有一个质量很大的飞轮（图 17-3）。与飞轮相比，轴的质量可以忽略不计。轴的另一端 A 装有刹车离合器。飞轮的转速为 $n = 100\,\mathrm{r/min}$，转动惯量为 $I_z = 0.5\,\mathrm{kN\cdot m\cdot s^2}$。轴的直径为 $d = 100\,\mathrm{mm}$。刹车时使轴在 10s 内均匀减速停止运动。求轴内最大动应力。

【解】 飞轮与轴的转动角速度为

$$\omega_0 = \frac{n\pi}{30} = \frac{100\pi}{30} = \frac{10\pi}{3}\,\mathrm{rad/s}$$

当飞轮与轴同时作均匀减速转动时，其角加速度为

$$\varepsilon = \frac{\omega_1 - \omega_0}{t} = \frac{0 - \frac{10\pi}{3}}{10} = -\frac{\pi}{3}\,\mathrm{rad/s^2}$$

等号右边的负号只是表示 ε 与 ω_0 的方向相反（图 17-3）。按动静法，在飞轮上加上方向与 ε 相反的惯性力偶矩 m_d，且

$$m_\mathrm{d} = -I_x \varepsilon = -0.5 \times \left(-\frac{\pi}{3}\right) = \frac{0.5\pi}{3}\,\mathrm{kN\cdot m}$$

设作用于轴上的摩擦力矩为 m_f，由平衡方程 $\sum m_x = 0$，求出

$$m_\mathrm{f} = m_\mathrm{d} = \frac{0.5\pi}{3}\,\mathrm{kN\cdot m}$$

AB 轴由于摩擦力矩 m_f 和惯性力偶矩 m_d 引起扭转变形，横截面上的扭矩为

$$T = m_\mathrm{d} = \frac{0.5\pi}{3}\,\mathrm{kN\cdot m}$$

横截面上的最大扭转剪应力为

$$\tau_\mathrm{max} = \frac{T}{W_\mathrm{t}} = \frac{0.5\pi/3}{\frac{\pi}{16} \times (100 \times 10^{-3})^3} = 2.67 \times 10^6\,\mathrm{Pa} = 2.67\,\mathrm{MPa}$$

二、杆件受冲击时的应力和变形

锻造时,锻锤在与锻件接触的非常短暂的时间内,速度发生很大的变化,这种现象称为冲击或撞击。以重锤打桩,用铆钉枪进行铆接,高速转动的飞轮或砂轮突然刹车等,都是冲撞问题。在上述的这些例子中,重锤、飞轮等为冲击物,而被打的桩和固接飞轮的轴等则是承受冲撞的构件。在冲击物与受冲构件的接触区域内,应力状态异常复杂,且冲击持续时间非常短促,接触力随时间的变化难以准确分析。这些都使冲击问题的精确计算十分困难。下面介绍用能量方法求解冲击问题,因其概念简单,且大致上可以估算冲击时的位移和应力,不失为一种有效的近似方法。

承受各种变形的弹性杆件都可看作是一个弹簧。例如图 17-4 中的受拉伸、弯曲和扭转的杆件的变形分别是

$$\left. \begin{array}{l} \Delta l = \dfrac{Pl}{EA} = \dfrac{P}{EA/l} \\[4pt] f = \dfrac{Pl^3}{48EI} = \dfrac{P}{48EI/l^3} \\[4pt] \varphi = \dfrac{ml}{GI_P} = \dfrac{m}{GI_P/l} \end{array} \right\} \tag{17-12}$$

可见,当把这些杆件看作是弹簧时,其弹簧常数分别是:EA/l、$48EI/l^3$ 和 GI_P/l。因而任一弹性杆件或结构都可以简化成图 17-5 中的弹簧。现在回到冲击问题,设重量为 Q 的冲撞物一旦与受冲弹簧接触[图 17-5a)],就相互附着共同运动。如省略弹簧的质量,只考虑其弹性,便简化成为一个自由度的运动体系。设冲击物体在与弹簧接触的瞬时动能为 T,由于弹簧的阻抗,当弹簧变形到达最低位置时[图 17-5b)],体系的速度变为零,弹簧的变形为 Δ_d。从冲击物与弹簧开始接触到变形发展到最低位置,动能由 T 变为零,其变化为 T;重物 Q 向下移动的距离为 Δ_d,势能的变化为

$$V = Q\Delta_d \tag{17-13}$$

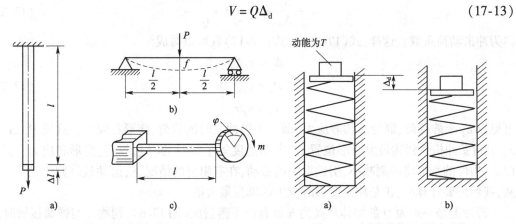

图 17-4　弹性杆件的变形　　图 17-5　冲击载荷作用下的变形能

若以 U_d 表示弹簧的变形能,并省略冲击中变化不大的其他能量(如热能),根据机械能守恒定律,冲击系统的动能和势能的变化应等于弹簧的变形能,即

$$T + V = U_d \tag{17-14}$$

设体系的速度为零时弹簧的动载荷为 P_d，在材料服从胡克定律的情况下，它与弹簧的变形成正比，且都是从零开始增加到最终值。所以，冲击过程中动载荷完成的功为 $\frac{1}{2}P_d\Delta_d$，它等于弹簧的变形能，即

$$U_d = \frac{1}{2}P_d\Delta_d \tag{17-15}$$

若重物 Q 以静载的方式作用于构件上，构件的静变形和静应力为 Δ_{st} 和 σ_{st}。在动载荷 P_d 的作用下，相应的变形和应力为 Δ_d 和 σ_d。在线弹性范围内，载荷、变形和应力成正比，故有

$$\frac{P_d}{Q} = \frac{\Delta_d}{\Delta_{st}} = \frac{\sigma_d}{\sigma_{st}} \tag{17-16}$$

或者写成

$$P_d = \frac{\Delta_d}{\Delta_{st}}Q \qquad \sigma_d = \frac{\Delta_d}{\Delta_{st}}\sigma_{st} \tag{17-17}$$

把上式代入式(17-15)，得

$$U_d = \frac{1}{2}\frac{\Delta_d^2}{\Delta_{st}}Q \tag{17-18}$$

将式(17-13)和式(17-18)代入式(17-14)中，经过整理，得

$$\Delta_d^2 - 2\Delta_{st}\Delta_d - \frac{2T\Delta_{st}}{Q} = 0 \tag{17-19}$$

从以上方程中解出

$$\Delta_d = \Delta_{st}\left(1 + \sqrt{1 + \frac{2T}{Q\Delta_{st}}}\right) \tag{17-20}$$

引用记号

$$k_d = \frac{\Delta_d}{\Delta_{st}} = 1 + \sqrt{1 + \frac{2T}{Q\Delta_{st}}} \tag{17-21}$$

称为冲击动荷系数。这样，式(17-20)和式(17-17)就可以写成

$$\left.\begin{array}{l}\Delta_d = k_d\Delta_{st} \\ P_d = k_dQ \\ \sigma_d = k_d\sigma_{st}\end{array}\right\} \tag{17-22}$$

可见以 k_d 乘静载荷、静变形和静应力，即可求得冲撞时的载荷、变形和应力。这里 P_d、Δ_d 和 σ_d 是指受冲构件到达最大变形位置，冲击物速度等于零时的瞬息载荷、变形和应力。过此以后，构件的变形将即刻减小，引起系统的振动，在有阻尼的情况下，运动最终归于消失。当然，我们需要计算的，正是冲击变形时应力的瞬息最大值。

若冲击是一重为 Q 的物体从高为 h 处自由下落造成(图17-6)，则物体与弹簧接触时，$v^2 = 2gh$，于是 $T = (1/2) \cdot (Q/g) \cdot v^2 = Qh$，代入公式(17-21)得

$$k_d = 1 + \sqrt{1 + \frac{2h}{\Delta_{st}}} \tag{17-23}$$

这是物体自由下落时的动荷系数。突然加于构件上的载荷，相当于物体自由下落是 $h=0$ 的

情况,由公式(17-23)可知,$k_d = 2$。所以在突加载荷下,构件的应力和变形皆为静载时的两倍。

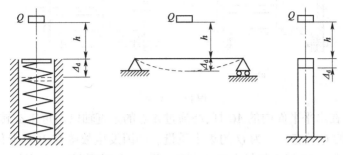

图17-6 自由落体的冲击载荷

对水平置放的系统,例如图17-7所示情况,冲击过程中系统的势能不变。若冲击物与杆件接触时的速度为 v,则动能 $T=(1/2)\cdot(Q/g)\cdot v^2$。以 v、T 和式(17-18)中的 U_d 代入公式(17-14),得

$$\left. \begin{array}{l} \dfrac{1}{2}\dfrac{Q}{g}v^2 = \dfrac{1}{2}\dfrac{\Delta_d^2}{\Delta_{st}}Q \\ \Delta_d = \sqrt{\dfrac{v^2}{g\Delta_{st}}}\Delta_{st} \end{array} \right\} \qquad (17\text{-}24)$$

由式(17-17)又可求出

$$P_d = \sqrt{\dfrac{v^2}{g\Delta_{st}}}Q \qquad \sigma_d = \sqrt{\dfrac{v^2}{g\Delta_{st}}}\sigma_{st} \qquad (17\text{-}25)$$

以上各式中带根号的系数也就是动荷系数 k_d。

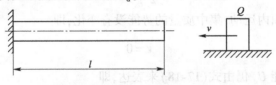

图17-7 势能不变的冲击问题

从公式(17-21)、式(17-23)和式(17-25)都可看到,在冲击问题中,如能增大静位移 Δ_{st},就可以降低冲击载荷的冲击应力。这是因为静位移的增大表示构件较为柔软,因而能更多地吸收冲击物的能量。但是,增加静变形 Δ_{st} 应尽可能地避免增加静应力 σ_{st}。否则,降低了动荷系数 k_d,却又增加了 σ_{st},结果动应力未必就会降低。汽车大梁和轮轴之间安装叠板弹簧,火车车厢架与轮轴之间安装压缩弹簧,某些机器或零件上加上橡皮坐垫或垫圈,都是为了既提高静变形 Δ_{st},又不改变构件的静应力。这样可以明显的降低冲击应力,起到很好的缓冲作用。又如果把承受冲击的汽缸盖螺栓,由短螺栓[图17-8a)]改为长螺栓[图17-8b],增加了螺栓的静变形 Δ_{st} 就可以提高其承受冲击的能力。

上述计算方法,省略了其他能量的损失。事实上,冲击物所减少的动能和势能不可能全部转变为受冲构件的变形能。所以,按上述方法计算的受冲构件的变形能的数值偏高,由这种方法求得的结果偏于安全。

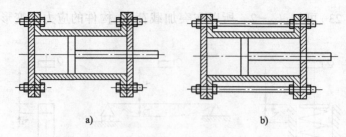

图 17-8 汽缸

【例 17-2】 在水平平面内的 AC 杆,绕通过 A 点的垂直轴以匀角速 ω 转动,图 17-9a) 是它的俯视图。杆的 C 端有一重为 Q 的集中质量。如因发生故障在 B 点卡住而突然停止转动 [图 17-9b)], 试求 AC 杆内的最大冲击应力。设 AC 杆的质量可以不计。

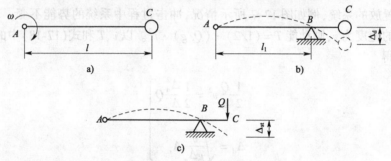

图 17-9 冲击应力的计算

【解】 AC 杆将因突然停止转动而受到冲击,发生弯曲变形。C 端集中质量的初速度原为 ωl,在冲击过程中,最终变为零。损失的动能是

$$T = \frac{1}{2}\frac{Q}{g}(\omega l)^2$$

因为是在水平平面内运动,集中质量的势能没有变化,即

$$V = 0$$

至于杆件的变形能 U_d 仍由式 (17-18) 来表达, 即

$$U_d = \frac{1}{2}\frac{\Delta_d^2}{\Delta_{st}}Q$$

将 T、V 和 U_d 代入公式 (17-14),略作整理即可得到

$$\frac{\Delta_d}{\Delta_{st}} = \sqrt{\frac{\omega^2 l^2}{g\Delta_{st}}}$$

由式 (17-17) 知冲击力为

$$\sigma_d = \frac{\Delta_d}{\Delta_{st}}\sigma_{st} = \sqrt{\frac{\omega^2 l^2}{g\Delta_{st}}} \cdot \sigma_{st} \tag{17-26}$$

若 Q 以静载的方式作用于 C 端 [图 17-9c)],利用求弯曲变形的任一种方法,都可求得 C 点的静位移 Δ_{st} 为

$$\Delta_{st} = \frac{Ql(l-l_1)^2}{3EI}$$

同时,在载面 B 上的最大静应力 σ_{st} 为

$$\sigma_{st} = \frac{M}{W} = \frac{Q(l-l_1)}{W}$$

把 Δ_{st} 和 σ_{st} 代入式(17-26)便可求出最大冲击应力为

$$\sigma_d = \frac{\omega}{W}\sqrt{\frac{3EIlQ}{g}}$$

三、冲击韧性

工程上衡量材料冲击能力的标准,是冲断试样所需能量的多少。试验时,将带有切槽的弯曲试样置放于试验机的支架上,并使切槽位于受拉的一侧(图 17-10)。当重摆从一定高度自由落下将试样冲断时,试样所吸收的能量等于重摆所作的功 W。以试样在切槽处的最小横截面面积 A 除 W,得

$$\alpha_k = \frac{W}{A} \quad (17\text{-}26)$$

式中:α_k——冲击韧性,单位为焦耳/平方毫米(J/mm^2)。

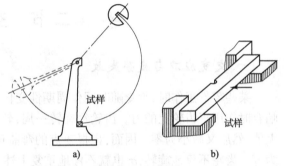

图 17-10 冲断试样

α_k 越大表示材料抗冲击的能力越强。一般说,塑性材料的抗冲击能力远高于脆性材料。例如低碳钢的冲击韧性就远高于铸铁。冲击韧性也是材料的性能指标之一。某些工程问题中,对冲击韧性的要求一般有具体规定。

α_k 的数值与试样的尺寸、形状、支承条件等因素有关,所以它是衡量材料抗冲击能力的一个相对指标。为便于比较,测定 α_k 时应采用标准式样。我国通用的标准式样是两端简支的弯曲试样[图 17-11a)],试样中央开有半圆形切槽,称为 U 形切槽试样。为避免材料不均匀和切槽不准确的影响,试验时每组不应少于四根试样。试样上开切槽是为了使切槽区域高度应力集中,这样,切槽附近区域内便集中吸收了较多的能量。切槽底部越尖锐越能体现上述要求。所以有时采用 V 形切槽试样,如图 17-11b)所示。

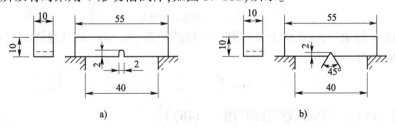

图 17-11 试样的切槽形式 (尺寸单位:mm)

试验结果表明,α_k 的数值随温度降低而减少。在图 17-12 中,若纵轴代表试样冲断时吸收的能量,低碳钢的 α_k 随温度的变化情况如图中实线所示。图线表明,随温度的降低,在某一狭窄的温度区间内,α_k 的数值骤然下降,材料变脆,这就是冷脆现象。使 α_k 骤然下降的温

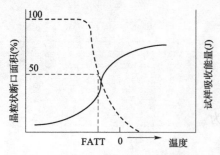

图 17-12 冲击韧性随温度的变化曲线

度称为转变温度。试样冲断后,断面的部分面积呈晶粒状是脆性断口,另一部分面积呈纤维状是塑性断口。V 形切槽试样应力集中程度较高,因而断口分区比较明显。用一组 V 形切槽试样在不同温度下进行试验,晶粒状断口面积占整个断面面积的百分比,随温度降低而升高,如图 17-12 中的虚线所示。一般把晶粒状断口面积占整个断面面积 50% 时的温度,规定为转变温度,并称为 FATT。

也不是所有金属都有冷脆现象。例如铝、铜和某些高强度合金钢,在很大的温度变化范围内,α_k 的数值变化很小,没有明显的冷脆现象。

第二节 交变应力

一、交变应力与疲劳失效

某些零件工作时,承受随时间作周期性变化的应力。例如,在图 17-13a) 中,P 表示齿轮啮合时作用于齿轮上的力。齿轮每旋转一周,轮齿啮合一次。啮合时 P 由零迅速增加到最大值,然后又减小为零。因而,齿根 A 点的弯曲正应力 σ 也由零增加到某一最大值,再减小为零。齿轮不停地旋转,σ 也就不停地重复上述过程。σ 随时间 t 变化的曲线如图 17-13b) 所示。又如,火车轮轴上的 P[图 17-14a)] 表示来自车厢的力,大小和方向基本不变,即弯矩基本不变。

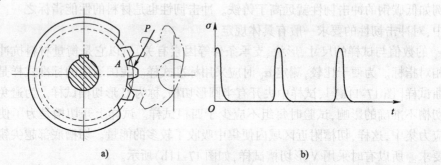

图 17-13 齿轮轮齿的受力

但轴以角速度 ω 转动时,横截面上 A 点到中性轴的距离 $y = r \sin \omega t$,却是随时间 t 变化的。A 点的弯曲正应力为

$$\sigma = \frac{My}{I} = \frac{Mr}{I} \sin \omega t \tag{17-27}$$

可见,σ 是随时间 t 按正弦曲线变化的 [图 17-14b)]。

在上述一些事例中,随时间作周期性变化的应力称为交变应力。实践表明,交变应力引起的失效与静应力全然不同。在交变应力作用下,虽应力低于屈服极限,但长期反复之后,构件也会突然断裂。即使是塑性最好的材料,断裂前却无明显的塑性变形。这种现象称为疲劳失效。最初,人们认为上述失效现象的出现,是因为在交变应力长期作用下,"纤维状结构"的塑性材料变成"颗粒状结构"的脆性材料,因而导致脆性断裂,并称之为"金属疲劳"。近代金相显微镜观察的结果表明,金属结构并不因为交变应力而发生变化,上述解释并不正确。但"疲劳"这个词却一直沿用至今,用以表述交变应力下金属的失效现象。

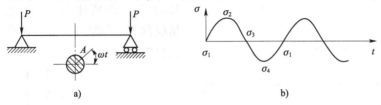

图 17-14　火车轮轴的受力

对金属疲劳的解释一般认为,在足够大的交变应力下,金属中位置最不利或较弱的晶体,沿最大剪应力作用面形成滑移带,滑移带开裂成为微观裂纹。在构件外形突变(如圆角、切口、沟槽等)或表面刻痕或材料内部缺陷等部位,都可能因较大的应力集中引起微观裂纹,分散的微观裂纹经过集结沟通,将形成宏观裂纹,以上是裂纹的萌生过程。已形成的宏观裂纹在交变应力下逐渐扩展,扩展是缓慢的而且不连续,因应力水平的高低时而持续时而停滞,这就是裂纹的扩展过程。随着裂纹的扩展,构件截面逐渐削弱,削弱到一定极限时,构件便突然断裂。

图 17-15a)是构件疲劳断口的一个照片。观察断口,可以发现断口分成两个区域,一个光滑,一个粗糙。粗糙区呈颗粒状[图 17-15b)]。这是因为在裂纹扩展过程中,裂纹的两个侧面在交变载荷下,时而压缩,时而分开,多次反复,这就形成断口的光滑区。断口的颗粒状粗糙区则是最后突然断裂形成的。

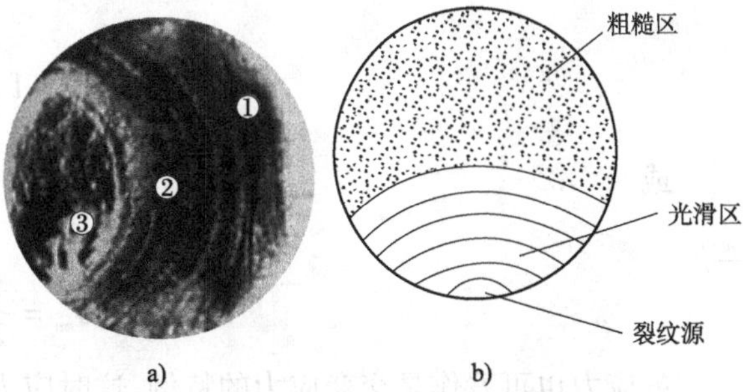

图 17-15　疲劳失效断口

疲劳失效是构件在名义应力低于强度极限,甚至低于屈服极限的情况下,突然发生断裂。飞机、车辆和机器发生的事故中,有很大比率是零部件疲劳失效造成的。这类事故带来的损失和伤亡都是我们熟知的。所以,金属疲劳问题引起多方关注。

二、交变应力的循环特征、应力幅和平均应力

图 17-16 表示按正弦曲线变化的应力 σ 与时间 t 的关系。由 a 到 b 应力经历了变化的全过程又回到了原来的数值,称为一个应力循环。完成一个应力循环所需要的时间(如图中的 T)称为一个周期。以 σ_{max} 和 σ_{min} 分别表示循环中的最大和最小应力,比值

$$r = \frac{\sigma_{min}}{\sigma_{max}} \tag{17-28}$$

称为交变应力循环特征或应力比。σ_{max} 与 σ_{min} 的代数和的 1/2 称为平均应力,即

$$\sigma_m = \frac{1}{2}(\sigma_{max} + \sigma_{min}) \tag{17-29}$$

σ_{max} 与 σ_{min} 代数差的 1/2 称为应力幅,即

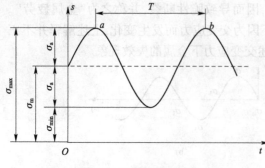

图17-16 不对称循环应力曲线

$$\sigma_a = \frac{1}{2}(\sigma_{max} - \sigma_{min}) \quad (17\text{-}30)$$

若交变应力的 σ_{max} 和 σ_{min} 大小相等,符号相反,如前所述的火车轴就是这样,这种情况称为对称循环。这时由公式(17-28)~式(17-30)得

$$\left.\begin{array}{l} r = -1 \\ \sigma_m = 0 \\ \sigma_a = \sigma_{max} \end{array}\right\} \quad (17\text{-}31)$$

各种应力循环中,除对称循环外,其余情况统称为不对称循环。由公式(17-29)、式(17-30)知

$$\left.\begin{array}{l} \sigma_{max} = \sigma_m + \sigma_a \\ \sigma_{min} = \sigma_m - \sigma_a \end{array}\right\} \quad (17\text{-}32)$$

可见,任一不对称循环都可看成是,在平均应力 σ_m 上叠加一个幅度为 σ_a 的对称循环。这一点已由图 17-16 表明。

若应力循环中的 $\sigma_{min} = 0$(或 $\sigma_{max} = 0$),表示交变应力变动于某一应力与零之间。图 17-13 中的齿根 A 点的应力就是这样的。这种情况称为脉动循环。这时

$$\left.\begin{array}{l} r = 0 \\ \sigma_m = \sigma_a = \frac{1}{2}\sigma_{max} \end{array}\right\} \quad (17\text{-}33)$$

或

$$\left.\begin{array}{l} r = -\infty \\ -\sigma_a = \sigma_m = \frac{1}{2}\sigma_{min} \end{array}\right\} \quad (17\text{-}34)$$

静应力也可看作是交变应力的特例,这时应力并不变化,故

$$\left.\begin{array}{l} r = 1 \\ \sigma_a = 0 \\ \sigma_{max} = \sigma_{min} = \sigma_m \end{array}\right\} \quad (17\text{-}35)$$

三、持久极限

交变应力下,应力低于屈服极限时金属就可能发生疲劳,因此,静载荷下测定的屈服极限或强度极限已不能作为强度指标。金属疲劳的强度指标应重新测定。

在对称循环下测定疲劳强度指标,技术上比较简单,最为常见。测定时将金属加工成 $d = 7 \sim 10$ mm,表面光滑的试样(光滑小试样),每组试样约为 10 根。把试样装于疲劳试验机上(图17-17),使它承受纯弯曲。在最小直径截面上,最大弯曲应力

$$\sigma = \frac{M}{W} = \frac{Pa}{W} \quad (17\text{-}36)$$

保持载荷 P 的大小和方向不变,以电动机带动试样旋转。每旋转一周,截面上的点便经历一次对称应力循环。这与前面所述火车轴的受力情况是相似的。

试验时,使第一根试样的最大应力 $\sigma_{max,1}$ 较高,约为强度极限 σ_b 的 70%。经历 N_1 次循

环后,试样疲劳。N_1 称为应力为 $\sigma_{\max,1}$ 时的疲劳寿命(简称寿命)。然后,使第二根试样的应力 $\sigma_{\max,2}$ 略低于第一根试样,疲劳时的循环数为 N_2。一般说,随着应力水平的降低,循环次数(寿命)迅速增加。逐渐降低应力水平,得出各试样疲劳时的相应寿命。以应力为纵坐标,寿命 N 为横坐标,由实验结果描成的曲线,称为应力—寿命曲线或 S-N 曲线(图17-18)。钢试样的疲劳实验表明,当应力降到某一极限时,S-N 曲线趋近于水平线。这表明只要应力不超过这一极限值,N 可无限增长,即试样可以经历无限次循环而不产生疲劳。交变应力的这一极限值称为疲劳极限或持久极限。对称循环的持久极限记为 σ_{-1},下标" -1 "表示对称循环的循环特征为 $r = -1$。

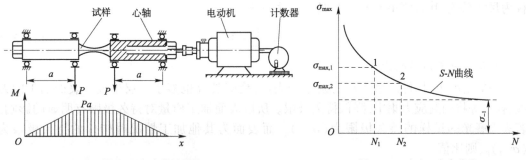

图17-17 疲劳试验机　　　　图17-18 应力—寿命曲线

常温下的实验结果表明,如钢制试样经历 10^7 次循环仍未疲劳,则再增加循环次数,也不会疲劳。所以,就把在 10^7 次循环下仍未疲劳的最大应力,规定为钢材的持久极限,而把 $N_0 = 10^7$ 称为循环基数。有色金属 S-N 曲线无明显趋于水平的直线部分。通常规定一个循环基数,例如 $N_0 = 10^8$,把它对应的最大应力作为这类材料的"条件"持久极限。

四、影响持久极限的因素

对称循环的持久极限 σ_{-1},一般是常温下用光滑小试样测定的。但实际构件的外形、尺寸、表面质量、工作环境等,都将影响持久极限的数值。下面就介绍影响持久极限的几种主要因素。

1. 构件外形的影响

构件外形的突然变化,例如构件上有槽、孔、缺口、轴肩等,将引起应力集中。在应力集中的局部区域更易形成疲劳裂缝,使构件的持久极限显著降低。在对称循环下,若以 $(\sigma_{-1})_d$ 或 $(\tau_{-1})_d$ 表示无应力集中的光滑试样的持久极限;$(\sigma_{-1})_k$ 或 $(\tau_{-1})_k$ 表示有应力集中因素,且尺寸与光滑试样相同的试样的持久极限,则比值

$$k_\sigma = \frac{(\sigma_{-1})_d}{(\sigma_{-1})_k} \quad \text{或} \quad k_\tau = \frac{(\tau_{-1})_d}{(\tau_{-1})_k} \tag{17-37}$$

称为有效应力集中系数。因 $(\sigma_{-1})_d$ 大于 $(\sigma_{-1})_k$,$(\tau_{-1})_d$ 大于 $(\tau_{-1})_k$,所以 k_σ 和 k_τ 都大于1。工程中为使用方便,把关于有效应力的集中系数的数据整理成曲线或表格,供使用时查阅。

2. 构件尺寸的影响

持久极限一般是用直径为 7~10mm 的小试样测定的。随着试样横截面尺寸的增大,持久极限却相应地降低。现以图17-19中两个受扭试样来说明。沿圆截面的半径,剪应力是

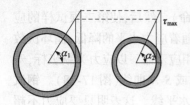

图 17-19 扭转试样

线性分布的,若两者最大剪应力相等,显然有 $\alpha_1 < \alpha_2$,即沿圆截面半径,大试样应力的衰减比小试样缓慢,因而大试样横截面上的高应力区比小试样的大。即大试样中处于高应力状态的晶粒比小试样的多,所以形成疲劳裂纹的机会也就更多。

在对称循环下,若光滑小试样的持久极限为 σ_{-1},光滑大试样的持久极限为 $(\sigma_{-1})_d$,则比值

$$\varepsilon_\sigma = \frac{(\sigma_{-1})_d}{\sigma_{-1}} \tag{17-38}$$

称为尺寸系数,其数值小于1。对扭转,尺寸系数为

$$\varepsilon_\tau = \frac{(\tau_{-1})_d}{\tau_{-1}} \tag{17-39}$$

3. 构件表面质量的影响

一般情况下,构件的最大应力发生于表层,疲劳裂纹也多于表层生成。表面加工的刀痕、擦伤等将引起应力集中,降低持久极限。所以表面加工质量对持久极限有明显的影响。若表面磨光的试样的持久极限为 $(\sigma_{-1})_d$,而表面为其他加工情况时构件的持久极限为 $(\sigma_{-1})_\beta$,则比值

$$\beta = \frac{(\sigma_{-1})_\beta}{(\sigma_{-1})_d} \tag{17-40}$$

称为表面质量系数。

另一方面,如构件经淬火、渗碳、氮化等热处理或化学处理,使表层得到强化;或者经滚压、喷丸等机械处理,使表层形成预压应力,减弱容易引起裂纹的工作拉应力,这些都会明显提高构件的持久极限,得到大于 1 的 β。

综合以上三种因素,在对称循环下,构件的持久极限应为

$$\sigma_{-1}^0 = \frac{\varepsilon_\sigma \beta}{k_\sigma} \sigma_{-1} \tag{17-41}$$

式中:σ_{-1}——光滑小试样的持久极限。

式(17-41)是对正应力写出的,如为扭转可写成

$$\tau_{-1}^0 = \frac{\varepsilon_\tau \beta}{k_\tau} \tau_{-1} \tag{17-42}$$

除上述三种因素外,构件的工作环境,如温度、介质等也会影响持久极限的数值。仿照前面的方法,这类因素的影响也可用修正系数来表示,这里不再备述。

五、对称循环下构件的疲劳强度计算

对称循环下,构件的持久极限 σ_{-1}^0 由公式(17-41)来计算。将 σ_{-1}^0 除以安全系数 n 得许用应力为

$$[\sigma_{-1}] = \frac{\sigma_{-1}^0}{n} \tag{17-43}$$

构件的强度条件应为

$$\sigma_{\max} \leqslant [\sigma_{-1}] \quad \text{或} \quad \sigma_{\max} \leqslant \frac{\sigma_{-1}^0}{n} \tag{17-44}$$

式中：σ_{max}——构件危险点的最大工作应力。

也可把强度条件写成由安全系数表达的形式，构件的工作安全系数用 n_σ 来表示，即

$$n_\sigma = \frac{\sigma_{-1}^0}{\sigma_{max}} \tag{17-45}$$

于是强度条件可写成

$$n_\sigma \geqslant n \tag{17-46}$$

即构件的工作安全系数 n_σ 应大于或等于规定的安全系数 n。

将公式(17-41)代入式(17-45)，便可把工作安全系数 n_σ 和强度条件表示为

$$n_\sigma = \frac{\sigma_{-1}}{\dfrac{k_\sigma}{\varepsilon_\sigma \beta}\sigma_{max}} \geqslant n \tag{17-47}$$

如为扭转交变应力，公式(17-47)应写成

$$n_\tau = \frac{\tau_{-1}}{\dfrac{k_\tau}{\varepsilon_\tau \beta}\tau_{max}} \geqslant n \tag{17-48}$$

✈ 第三节 持久极限曲线

在不对称循环的情况下，用 σ_r 表示持久极限。σ_r 的角标 r 代表循环特征。例如脉动循环的 $r=0$，其持久极限就记为 σ_0。与测定对称循环持久极限 σ_{-1} 的方法相似，在给定的循环特征 r 下进行疲劳试验，求得相应的 $S\text{-}N$ 曲线。图 17-20 即为这种曲线的示意图。利用 $S\text{-}N$ 曲线便可确定不同 r 值的持久极限 σ_r。

选取以平均应力 σ_m 为横轴，应力幅 σ_α 为纵轴的坐标系如图 17-21 所示。对任一个应力循环，由它的 σ_m 和 σ_α 便可在坐标系中确定一个对应的 P 点。由前述内容知，若把一点的纵、横坐标相加，就是该点所代表的应力循环的最大应力，即

$$\sigma_\alpha + \sigma_m = \sigma_{max} \tag{17-49}$$

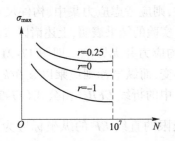

图 17-20 不同循环特性对应的持久极限

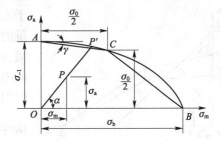

图 17-21 试样的持久极限曲线

由原点到 P 点做射线 OP，其斜率为

$$\tan\alpha = \frac{\sigma_\alpha}{\sigma_m} = \frac{\sigma_{max} - \sigma_{min}}{\sigma_{max} + \sigma_{min}} = \frac{1-r}{1+r} \tag{17-50}$$

可见循环特征 r 相同的所有应力循环都在同一射线上。离原点越远，纵、横坐标之和越大，应力循环的 σ_{max} 也越大。显然，只要 σ_{max} 不超过同一 r 下的持久极限 σ_r，就不会出现疲

劳失效。故在每一条由原点出发的射线上，都有一个由持久极限确定的临界点（如 OP 线上的 P'）。对于对称循环，$r=-1$，$\sigma_m=0$，$\sigma_a=\sigma_{max}$，表明与对称循环对应的点都在纵轴上。由 σ_{-1} 在纵轴上确定对称循环的临界点 A。对于静载荷，$r=+1$，$\sigma_m=\sigma_{max}$，$\sigma_a=0$，表明与静载荷对应的点皆在横轴上，由 σ_b 在横轴上确定静载的临界点 B。脉动循环的 $r=0$，由式 (17-44) 知 $\tan\alpha=1$，故与脉动循环对应的点都在 $\alpha=45°$ 的射线上，与其持久极限 σ_0 对应的临界点为 C。总之，对任一循环特征 r，都可确定与其持久极限相应的临界点。将这些点连成曲线即为持久极限曲线，如图 17-21 中的曲线 $AP'CB$。

在 $\sigma_m - \sigma_a$ 坐标平面内，持久极限曲线与坐标轴围成一个区域。在这个区域内的点，例如 P 点，它所代表的应力循环的最大应力（等于 P 点纵、横坐标之和），必然小于同一 r 下的持久极限（等于 P' 点纵、横坐标之和），所以不会引起疲劳。

由于需要较多的试验资料才能得到持久极限曲线，所以通常采用简化的持久极限曲线。最常用的简化方法是由对称循环、脉动循环和静载荷，确定 A、C、B 三点，用折线 ACB 代替原来的曲线。折线的 AC 部分的倾角为 γ，斜率为

$$\psi_\sigma = \tan\gamma = \frac{\sigma_{-1} - \sigma_0/2}{\sigma_0/2} \tag{17-51}$$

直线 AC 上的点都与持久极限 σ_r 相对应，将这些点的坐标记为 σ_{rm} 和 σ_{ra}，于是 AC 的方程式可以写成

$$\sigma_{ra} = \sigma_{-1} - \psi_\sigma \sigma_{rm} \tag{17-52}$$

系数 ψ_σ 与材料有关。对拉—压或弯曲，碳钢的 $\psi_\sigma=0.1\sim0.2$，合金钢的 $\psi_\sigma=0.2\sim0.3$。对扭转，碳钢的 $\psi_\tau=0.05\sim0.1$，合金钢的 $\psi_\tau=0.1\sim0.15$。

上述简化折线只考虑了 $\sigma_m>0$ 的情况。对于塑性材料，一般认为在 σ_m 为压应力时仍与 σ_m 为拉应力时相同。

第四节　不对称循环下构件的疲劳强度计算

前面讨论的持久极限曲线或其简化折线，都是以光滑小试样的试验结果为依据的。对于实际构件，则应考虑应力集中、构件尺寸和表面质量的影响。实验的结果表明，上述诸因素只影响应力幅，而对平均应力并无影响。即图 17-21 中直线 AC 的横坐标不变，而纵坐标则应乘以 $\varepsilon_\sigma\beta/k_\sigma$，这样就得到图 17-22 中的折线 EFB。由公式 (17-37) 知，代表构件持久极限的直线 EF 的纵坐标应为 $\frac{\varepsilon_\sigma\beta}{k_\sigma}(\sigma_{-1}-\psi_\sigma\sigma_{rm})$。

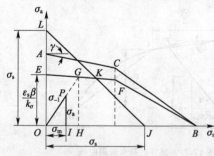

图 17-22　构件的持久极限曲线

构件工作时，若危险点的应力循环由 P 点表示，则 $PI=\sigma_a$，$OI=\sigma_m$。保持 r 不变，延长射线 OP 与 EF 相交于 G 点，G 点纵、横坐标之和就是持久极限 σ_r，即 $OH+GH=\sigma_r$。构件的工作安全系数应为

$$n_\sigma = \frac{\sigma_r}{\sigma_{max}} = \frac{OH+GH}{\sigma_m+\sigma_a} = \frac{\sigma_{rm}+GH}{\sigma_m+\sigma_a} \tag{17-53}$$

因为 G 点在直线 EF 上,其纵坐标应为

$$GH = \frac{\varepsilon_\sigma \beta}{k_\sigma}(\sigma_{-1} - \psi_\sigma \sigma_{rm}) \tag{17-54}$$

再由三角形 OPI 和 OGH 的相似关系,得

$$GH = \frac{\sigma_a}{\sigma_m}\sigma_{rm} \tag{17-55}$$

由式(17-54)和式(17-55)解出

$$\left. \begin{aligned} \sigma_{rm} &= \frac{\sigma_{-1}}{\frac{k_\sigma}{\varepsilon_\sigma \beta}\sigma_a + \psi_\sigma \sigma_m} \cdot \sigma_m \\ GH &= \frac{\sigma_{-1}}{\frac{k_\sigma}{\varepsilon_\sigma \beta}\sigma_a + \psi_\sigma \sigma_m} \cdot \sigma_a \end{aligned} \right\} \tag{17-56}$$

代入式(17-53),即可求得

$$n_\sigma = \frac{\sigma_{-1}}{\frac{k_\sigma}{\varepsilon_\sigma \beta}\sigma_a + \psi_\sigma \sigma_m} \tag{17-57}$$

构件的工作安全系数 n_σ 应大于或等于规定的安全系数 n,即强度条件仍为

$$n_\sigma \geq n \tag{17-58}$$

n_σ 是对应正应力写出的。若为扭转,工作安全系数应写成

$$n_\tau = \frac{\tau_{-1}}{\frac{k_\tau}{\varepsilon_\tau \beta}\sigma_a + \psi_\tau \tau_m} \tag{17-59}$$

除满足疲劳强度条件外,构件危险点的 σ_{max} 还应低于屈服极限 σ_s。在 $\sigma_m - \sigma_a$ 坐标系中

$$\sigma_{max} = \sigma_a + \sigma_m = \sigma_s \tag{17-60}$$

这是斜直线 LJ。显然,代表构件最大应力的点应落在直线 LJ 的下方。所以,保证构件不发生疲劳也不发生塑性变形的区域是折线 EKJ 与坐标轴围成的区域。

强度计算时,由构件工作应力的循环特征 r 确定射线 OP。如射线先与直线 EF 相交,则应由公式(17-57)计算 n_σ,进行疲劳强度校核。若射线先与直线 KJ 相交,则表示构件在疲劳失效之前已发生塑性变形,应按静强度校核,强度条件是

$$n_\sigma = \frac{\sigma_s}{\sigma_{max}} \geq n_s \tag{17-61}$$

一般说,对 $r > 0$ 的情况,应按上式补充静强度校核。

第五节 提高构件疲劳强度的措施

疲劳裂纹的形式主要在应力集中的部位和构件的表面。提高疲劳强度应从减缓应力集中、提高表面质量等方面入手。

一、减缓应力集中

为了消除或减缓应力集中,在设计构件的外形时,要避免出现方形或带有尖角的孔和槽。在截面尺寸突然改变处(如阶梯轴的轴肩),要采用半径足够大的过渡圆角。例如以图 17-23 中的两种情况相比,过渡圆角半径 r 较大的阶梯轴的应力集中程度就缓和得多。有时因结构上的原因,难以加大过渡圆角的半径,这时在直径较大的部分轴上开减荷槽(图17-24)或退刀槽(图 17-25),都可使应力集中有明显的减弱。

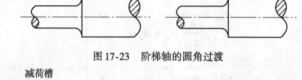

图 17-23 阶梯轴的圆角过渡

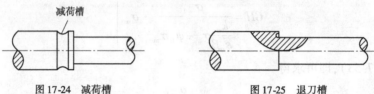

图 17-24 减荷槽　　　　图 17-25 退刀槽

在紧配合的轮毂与轴的配合面边缘处,有明显的应力集中。若在轮毂上开减荷槽,并加粗轴的配合部分(图 17-26),以缩小轮毂与轴之间的刚度差距,便可改善配合面边缘处应力集中的情况。在角焊缝处,如采用图 17-27a)所示坡口焊接,应力集中程度要比无坡口焊接[图 17-27b)]改善很多。

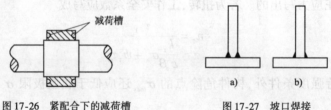

图 17-26 紧配合下的减荷槽　　　　图 17-27 坡口焊接

二、降低表面粗糙度

构件表面加工质量对疲劳强度影响很大,疲劳强度要求较高的构件,应有较低的表面粗糙度。高强度钢对表面粗糙度更为敏感,只有经过精加工,才有利于发挥它的高强度性能。否则将会使持久极限大幅度的下降,失去采用高强度钢的意义。在使用中也应尽量避免使构件表面受到机械损伤(如划伤、打印等)或化学损伤(如腐蚀、生锈等)。

三、增加表层强度

为了强化构件的表层,可采用热处理和化学处理,如表面高频淬火、渗碳、氮化等,皆可使构件疲劳强度有显著提高。但采用这些方法时,要严格控制工艺过程,否则将造成表面微细裂纹,反而降低持久极限。也可以用机械的方法强化表层,如滚丸、喷丸等,以提高疲劳强度。

材料力学习题集及解析

第十三章 绪 论

1. 一圆截面阶梯杆受力如习图 13-1 所示,已知材料的弹性模量 $E=200\text{GPa}$,试求各段的内力,应力,线应变,总应变。

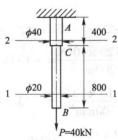

习图 13-1

答案:内力均为 40kN;

$\sigma_{1-1}=3.18\times10^{7}\text{Pa}$;$\sigma_{2-2}=1.27\times10^{8}\text{Pa}$

$\varepsilon_{1-1}=1.6\times10^{-4}$;$\varepsilon_{2-2}=6.35\times10^{-4}$

$\Delta l_{1-1}=0.64\times10^{-4}\text{m}$;$\Delta l_{2-2}=5.08\times10^{-4}\text{m}$;$\Delta l=5.72\times10^{-4}\text{m}$

2. 试求习图 13-2 各杆 1—1 和 2—2 横截面上的轴力,并作轴力图。

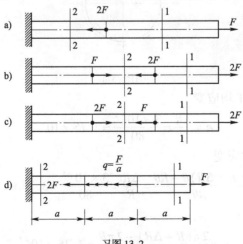

习图 13-2

答案:a) $N_{1-1}=F$,$N_{2-2}=-2F+F=-F$,轴力图略。

b) $N_{1-1} = 2F, N_{2-2} = -2F + 2F = 0$,轴力图略。

c) $N_{1-1} = 2F, N_{2-2} = -F + 2F = F$,轴力图略。

d) $N_{1-1} = F, N_{2-2} = -2F - qa + F = -2F - \dfrac{F}{a} \cdot a + F = -2F$,轴力图略。

中间段的轴力方程为:$N(x) = F - \dfrac{F}{a} \cdot x, x \in (a, 0]$

3. 试求习图13-3阶梯状直杆横截面1—1、2—2和3—3上的轴力,并作轴力图。若横截面面积 $A_1 = 200\text{mm}^2, A_2 = 300\text{mm}^2, A_3 = 400\text{mm}^2$,并求各横截面上的应力。

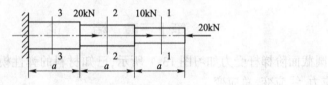

习图 13-3

答案:$N_{1-1} = -20\text{kN}, N_{2-2} = 10 - 20 = -10\text{kN}, N_{3-3} = 20 + 10 - 20 = 10\text{kN}$,轴力图略。

各截面上的应力 $\sigma_{1-1} = \dfrac{N_{1-1}}{A_1} = \dfrac{-20 \times 10^3 \text{N}}{200\text{mm}^2} = -100\text{MPa}$

$$\sigma_{2-2} = \dfrac{N_{2-2}}{A_2} = \dfrac{-10 \times 10^3 \text{N}}{300\text{mm}^2} = -33.3\text{MPa}$$

$$\sigma_{3-3} = \dfrac{N_{3-3}}{A} = \dfrac{10 \times 10^3 \text{N}}{400\text{mm}^2} = 25\text{MPa}$$

4. 圆形薄板的半径为 R,变形后 R 的增量为 ΔR,如习图13-4所示。若 $R = 80\text{mm}, \Delta R = 3 \times 10^{-3}\text{mm}$,试求沿半径方向和外圆周方向的平均应变。

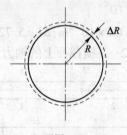

习图 13-4

答案:沿半径方向的平均应变

$$\varepsilon = \dfrac{\Delta R}{R} = \dfrac{3 \times 10^{-3}}{80} = 3.75 \times 10^{-5}$$

沿外圆周方向的平均应变

$$\varepsilon = \dfrac{(R + \Delta R)\theta - R\theta}{R\theta} = \dfrac{\Delta R}{R} = \dfrac{3 \times 10^{-3}}{80} = 3.75 \times 10^{-5}$$

或

$$\varepsilon = \dfrac{2\pi(R + \Delta R) - 2\pi R}{2\pi R} = 3.75 \times 10^{-5}$$

第十四章 拉伸、压缩和剪切

1. 如习图 14-1 所示,拉杆承受轴向拉力 $F = 10\text{kN}$,杆的横截面面积 $A = 100\text{mm}^2$。如以 α 表示斜截面与横截面的夹角,试求当 $\alpha = 0°, 30°, 45°, 60°, 90°$ 时各斜截面上的正应力和切应力。

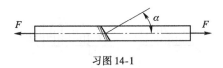

习图 14-1

答案:

解表 14-1

$\alpha(°)$	0	30	45	60	90
$\sigma_\alpha(\text{MPa})$	100	75	50	25	0
$\tau_\alpha(\text{MPa})$	0	43.3	50	43.3	0

2. 如习图 14-2 所示,直杆在两侧面受有沿轴线方向均匀分布的载荷(仅在 AC' 段),其集度为 $q = 10\text{kN/m}$;在 D 端受集中力作用,$p = 20\text{kN}$。已知杆横截面面积 $A = 20 \times 10^{-4}\text{m}^2$,$l = 2\text{m}$,材料的弹性模量 $E = 196\text{GPa}$。

求:(1)画出轴力图。

(2)C、D 两截面的铅垂位移。

(3)分别过 B、E 两点与轴线夹 $45°$ 角斜截面上的应力 σ、τ。

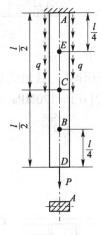

习图 14-2

答案:(1)轴力图略;

(2)$\Delta_C = 6.38 \times 10^{-4}\text{m}, \Delta_D = 11.48 \times 10^{-4}\text{m}$

(3)$\sigma_B = 0.5 \times 10^8, \tau_B = 0.5 \times 10^8; \sigma_E = 6.25 \times 10^7, \tau_E = 6.25 \times 10^7$

3. 一根等直杆受力如习图 14-3 所示。已知杆的横截面面积 A 和材料的弹性模量 E。试作轴力图,并求杆端点 D 的位移。

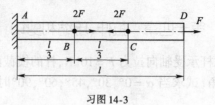

习图 14-3

答案：(1)轴力图见下图。

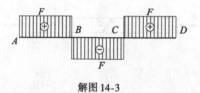

解图 14-3

(2) D 点位移：$\Delta_D = \dfrac{Fl}{3EA}$

4. 螺旋压紧装置如习图 14-4 所示。现已知工件所受的压紧力为 $P=4000\text{N}$，旋紧螺栓螺纹内径 $d_1=13.8\text{mm}$，固定螺栓内径 $d_2=17.3\text{mm}$。两根螺栓材料相同，其许用应力 $[\sigma]=53.0\text{MPa}$。试校核各螺栓之强度是否安全。

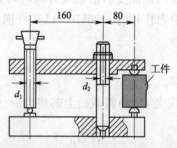

习图 14-4

答案：$\sigma_1=13.4\times10^6$；$\sigma_2=25.5\times10^6$，均安全。

5. 习图 14-5 所示一钢筋混凝土平面闸门，其最大启门力为 $F=140\text{kN}$。如提升闸门的钢质丝杠内径 $d=40\text{mm}$，钢的许用应力 $[\sigma]=170\text{MPa}$，试校核丝杠的强度。

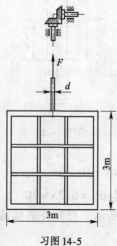

习图 14-5

答案：$\sigma_{max} < [\sigma]$，丝杠符合强度条件，即不会破坏。

第十五章 扭 转

1. 某小型水电站的水轮机容量为 50kW，转速为 300r/min，钢轴直径为 75mm，若在正常运转下且只考虑扭矩作用，其许用切应力 $[\tau]=20$MPa。试校核轴的强度。

答案：$\tau_{max}=19.219$MPa，轴的强度足够，不会发生破坏。

2. 空心钢轴的外径 $D=100$mm，内径 $d=50$mm。已知间距为 $l=2.7$m 之两横截面的相对扭转角 $\varphi=1.8°$，材料的剪变模量 $G=80$GPa。求：

(1) 轴内的最大剪应力。

(2) 当轴以 $n=80$r/min 的速度旋转时，轴传递的功率（kW）。

答案：(1) $\tau_{max}=46.518$MPa

(2) $N=71.74$kW

3. 阶梯形圆杆如习图 15-1 所示，AE 段为空心，外径 $D=140$mm，内径 $d=100$mm，BC 段为实心，直径 $d=100$mm。外力偶矩 $m_A=18$kN·m，$m_B=32$kN·m，$m_C=14$kN·m。已知 $[\tau]=80$MPa，$[\varphi]=12°$/m，$G=80$GPa。试校核该轴的强度和刚度。

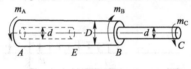

习图 15-1

答案：该轴符合强度与刚度条件。

4. 习图 15-2 为一等直圆杆，已知 $d=40$mm，$a=400$mm，$G=80$GPa，$\varphi_{DB}=1°$。试求：

(1) 最大切应力。

(2) 截面 A 相对于截面 C 的扭转角。

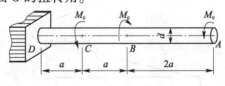

习图 15-2

答案：(1) $\tau_{max}=69.815$MPa；(2) $\varphi_{AC}=2°$

5. 已知实心圆轴的转速 $n=300$r/min，传递的功率 $p=330$kW，轴材料的许用切应力 $[\tau]=60$MPa，切变模量 $G=80$GPa。若要求在 2m 长度的相对扭转角不超过 $1°$，试求该轴的直径。

答案：$d \geq 111$mm。

6. 写出扭转变形时扭转角的计算公式？结合公式，定性说明飞机高速飞行时，使用内侧副翼可以避免副翼反效？

第十六章 弯 曲

1. 试求习图 16-1 各梁中指定截面上的剪力和弯矩。

232 飞行性能力学基础

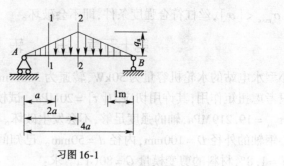

习图 16-1

答案：$F_{1-1} = \dfrac{3}{4}q_0 a$

$M_{1-1} = \dfrac{11}{12}q_0 a$

$F_{2-2} = 0$

$M_{2-2} = \dfrac{4}{3}q_0 a^2$

2. 列出下列梁的剪力方程和弯矩方程，并确定 $|F|_{max}$，$|M|_{max}$。

（1）

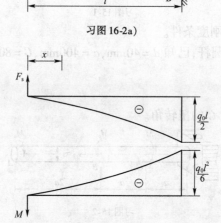

习图 16-2a)

解图 16-2a)

答案：$F_s = -\dfrac{1}{2}q(x)x = -\dfrac{q_0}{2l}x^2$

$M = -\dfrac{1}{2}q(x)x \cdot \dfrac{1}{3}x = -\dfrac{q_0}{6l}x^3$

$F_{smax} = -\dfrac{q_0}{2}l$

$M_{max} = -\dfrac{q_0}{6}l$

(2)

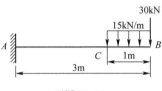

习图 16-2b)

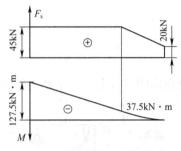

解图 16-2b)

答案: $0 \leq x \leq 1\text{m}$ 时

$$F_s(x) = +30 + 15x = 30 + 15x$$
$$M(x) = -30x - 7.5x^2$$

$1 \leq x \leq 3\text{m}$ 时

$$F_s(x) = 30 + 15 = 45$$
$$M(x) = 30x + 15 \times 1 \times \left(x - \frac{1}{4}\right)$$

$F_{s\max} = 45\text{kN}$

$M_{\max} = -127.5\text{kN} \cdot \text{m}$

(3)

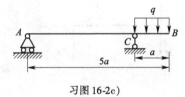

习图 16-2c)

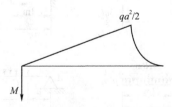

解图 16-2c)

答案：AB 段 $F_s(x) = -\dfrac{qa}{8}$

$$M(x) = -\dfrac{qa}{8}x$$

BC 段 $F_s(x) = qx$

$$M(x) = -\dfrac{q}{2}x^2$$

$$F_{s\max} = qa$$

$$-F_{s\max} = \dfrac{qa}{8}$$

$$-M_{\max} = \dfrac{qa^2}{2}$$

3. 利用载荷集度、剪力和弯矩间的微分关系做下列各梁的剪力和弯矩图。

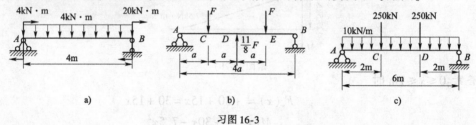

习图 16-3

答案：

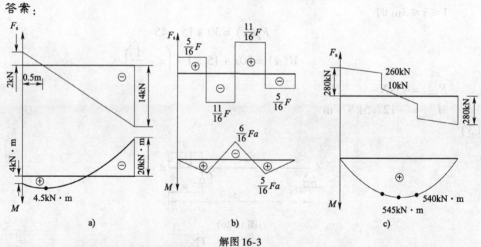

解图 16-3

4. 作下列各梁的剪力图和弯矩图。

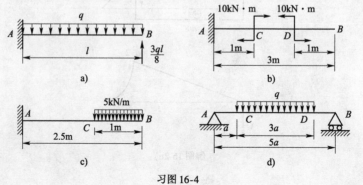

习图 16-4

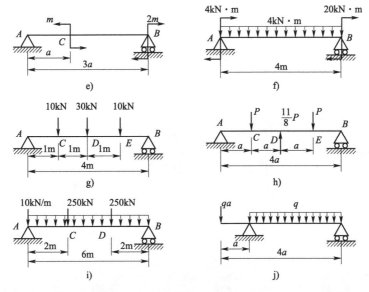

习图 16-4

第十七章 动载荷和交变应力

1. 什么是冲击问题？为什么用动静法求解？
2. 受冲击构件中的动应力是否保持不变？
3. 载人飞船从地面发射升空时，宇航员是躺在船舱内而不是站着或坐着，为什么？
4. 为什么一个系统只有一个动荷系数 k_d？
5. 疲劳失效的原因是什么？为什么承受交变应力作用的塑性材料会发生脆性断裂？
6. 为什么疲劳断裂前并无明显的征兆？疲劳断口出现光滑区和粗糙区的原因是什么？
7. 循环特征 r 的取值范围是什么？一种应力循环对应一个 r 值，如何理解脉动循环却有两个 r 值（$r=0,-\infty$）？
8. 如何由材料的持久极限曲线得到构件的持久极限曲线？
9. 简述疲劳失效和持久极限的概念，结合相关知识，解释采用减推力起飞为什么能够延长发动机的寿命？

第三篇　飞机结构与受力分析

第十八章　飞机的外载荷
第十九章　飞机结构分析与设计基础
第二十章　机翼、尾翼结构特点及受力分析
第二十一章　机身结构特点及受力分析
第二十二章　起落架结构特点及受力分析
第二十三章　飞机的增压座舱

第十八章 飞机的外载荷

✈ 第一节 飞机的外载荷

一、作用在飞机上的外载荷

飞机的外载荷是指飞机在起飞、飞行、着陆和地面滑行等阶段,作用在机体各部分上的气动力、重力、发动机推力、地面反力等外力的总称,主要总结如下:

(1) 飞机在大气中运动时所受到的空气动力。

(2) 与飞机质量 m 有关的质量力,即飞机的重力 mg(m 为重力加速度)与法向加速度 a_n 和切向加速度 a_τ 决定的惯性力 ma_n 和 ma_τ。质量力是与质量 m 成正比并按结构整个体积分布的。

(3) 起飞和着陆时受到空气动力和冲击载荷。

(4) 飞机发动机产生的推力。

(5) 大气中的水平阵风和垂直阵风引起的载荷。

(6) 飞鸟和陨石等外来物的撞击载荷。

(7) 飞机失事情况下的非正常载荷。

飞机外载荷的大小取决于飞机的重量、飞行性能、飞机外形的气动力特性、起落架的减振特性以及使用情况等诸多因素。

二、载荷的分类

作用在飞机上的外载荷按作用状态可分为静载荷和动载荷。静载荷是指在较长时期内不变化的载荷;动载荷是指在一定时间内迅速变化的载荷或反复作用的循环载荷。

按载荷的分布形式可分为集中载荷和分布载荷(按结构的长度、表面和体积分布)。

按载荷性质可分为与飞机质量有关的质量力和与飞机质量无关的表面力。质量力包括重力 mg,与法向加速度 a_n 和切向加速度 a_τ 相关的惯性力 ma_n、ma_τ,质量力与质量成正比,它分布在结构整个体积中。表面力包括空气动力、发动机推力、地面冲击力和支反力、发动机噪声引起的声载等。

以飞机在垂直平面内作曲线飞行为例,介绍作用于飞机上的力,如图 18-1 所示。所有

力均用速度坐标 $Qx_ay_az_a$ 示出，这时 x_a 平行于速度 v，y_a 垂直于速度 v。飞机上作用的力有升力 L、阻力 D、发动机的推力 F、重力 G 以及惯性力 ma_n 和 ma_τ。将与质量无关的外力用其合力 R_{bi} 表示，而质量力用其合力 R_m 表示。在质心处合力平衡为

$$R_{bi} = R_m \tag{18-1}$$

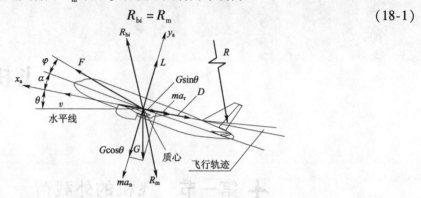

图 18-1　在垂直面内作曲线飞行时作用于飞机上的外力

第二节　过载和载荷系数

一、过载和载荷系数的概念

在讨论作用在飞机及其部件上的载荷大小时，通常用一个无量纲值——过载或过载系数 n 来表示。飞机的过载 n 定义为作用在飞机上的所有与质量无关的外力的合力 R_{bi} 与飞机重力 G 之比，即

$$n = \frac{R_{bi}}{G} \tag{18-2}$$

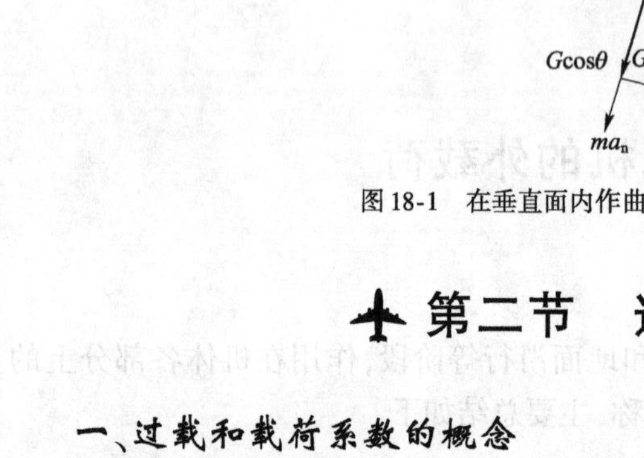

过载 n 是矢量，它的方向与表面力的合力 R_{bi} 方向一致，并且在一般情况下它的方向与机体坐标系各轴不一致。如图 18-2 所示机体坐标轴为 x 轴沿机体轴线，y 轴向上并垂直水平面，z 轴按右手定义并垂直 Oxy 面。n 在机体坐标轴上的投影分别用 n_x、n_y、n_z 表示。

$$n = \sqrt{n_y^2 + n_x^2 + n_z^2} \tag{18-3}$$

图 18-2　飞机主轴方向过载系数

式中：n——飞机质心的总过载。

飞机在垂直平面内作曲线飞行是一种常见的飞行状态，飞机上作用有升力 L，阻力 D，发动机推力 F。飞机质量 $m = G/g$，G 为飞机重力，g 为重力加速度。取速度坐标轴系时飞机的运动方程为

$$\left. \begin{array}{l} F\cos(\alpha+\varphi) - D = G\sin\theta + ma_\tau \\ L + F\sin(\alpha+\varphi) = G\cos\theta + ma_n \end{array} \right\} \tag{18-4}$$

式中：α——迎角；

φ——发动机推力和飞机轴线夹角;

θ——航迹角即飞机质心 O 处的速度矢量与水平面之间的夹角;

a_τ、a_n——分别为飞机质心处切向和法向加速度,即 $a_\tau = \mathrm{d}v/\mathrm{d}t$,$a_n = v^2/R$,$v$ 为飞机的飞行速度,R 为飞机运动轨迹的曲率半径。

将式(18-4)中的两边各除以 G,得

$$\left.\begin{array}{l} n_{x0} = \dfrac{F\cos(\alpha+\varphi)-D}{G} = \sin\theta + \dfrac{1}{g} \cdot \dfrac{\mathrm{d}v}{\mathrm{d}t} \\[2mm] n_{y0} = \dfrac{L+F\sin(\alpha+\varphi)}{G} = \cos\theta + \dfrac{1}{g} \cdot \dfrac{v^2}{R} \end{array}\right\} \quad (18\text{-}5)$$

在强度计算中,力(过载系数)和加速度都以机体坐标系为准,速度坐标系下和机体坐标系下的过载系数关系为

$$\left.\begin{array}{l} n_x = n_{x0}\cos\alpha + n_{y0}\sin\alpha \\ n_y = n_{y0}\cos\alpha - n_{x0}\sin\alpha \end{array}\right\} \quad (18\text{-}6)$$

式中:n_x、n_y——机体坐标系下的过载系数;

n_{x0}、n_{y0}——速度坐标系下的过载系数。

当 α 和 φ 很小并有侧向力时,过载沿各主轴的分量 n_x、n_y、n_z 分别为

$$\left.\begin{array}{l} n_x = \dfrac{F-D}{G} = \sin\theta + \dfrac{1}{g} \cdot \dfrac{\mathrm{d}v}{\mathrm{d}t} \\[2mm] n_y = \dfrac{L}{G} = \cos\theta + \dfrac{1}{g} \cdot \dfrac{v^2}{R} \\[2mm] n_z = \dfrac{C}{G} \end{array}\right\} \quad (18\text{-}7)$$

式中:C——作用于飞机上的侧向力。

如果已知作用在飞机上的力,或者已知飞机的运动参数 v、R、θ,就可以利用式(18-5)和式(18-7)求出过载系数,过载 n_x 决定了沿轨迹方向的加速度值 a_τ,它不可能超过飞机的推重比值 F/G,因为 $n_x = [(F-D)/D] < (F/G)$。过载 n_x 也可能是负的,比如当采用反推力和放出减速板时。

过载 n_y 决定了飞机的机动性,即在 xQy 平面内作曲线运动的法向加速度 $a_n = v^2/R$,一般来说,飞机在使用过程中的 n_y 比 n_x 大一个数量级(飞机结构在 x 方向上的强度较好,故除特殊情况如着陆刹车、前方撞击等外,n_x 常不予考虑)。过载 n_z 决定了飞机在 yQz 平面内飞机运动轨迹改变时的加速度,当 $C=0$ 时,$n_z=0$,而在侧滑飞行时 $C>0$,$n_z>0$。z 向的过载一般也较小,因而本章中重点讨论 Y 向过载。

二、典型飞行姿态情况下的载荷系数

1. 水平面内的曲线飞行

水平面内的曲线飞行必须靠飞机倾斜(倾斜角 β)来保证,如图18-3所示。由于飞机倾斜,升力 Y 的水平分量 $Y\sin\beta$ 使飞机运动轨迹发生改变。在无升降、无侧滑($Z=0$),并以恒定速度($F=D$)正常盘旋时。根据平衡条件 $Y\cos\beta = G$ 和 $n_y = Y/G$ 可得

$$n_y = \frac{Y}{G} = \frac{1}{\cos\beta} \quad (18\text{-}8)$$

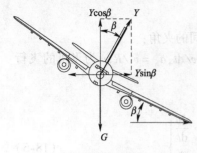

图 18-3 飞机水平转弯时的受载情况

由式(18-8)可见,倾斜角 β 越大,n_y 越大。当战斗机以大坡度盘旋,如 $\beta = 75° \sim 80°$ 时,$n_y = 4 \sim 6$。当飞行速度增大时,如仍需作小半径盘旋,则需采用大迎角飞行以产生大的升力,同时需要增大推力以克服升力增大所引起的阻力增大,还需要大的倾斜角,以产生作此盘旋所需要的升力的水平分量(向心力),很明显,此时将产生相当大的载荷系数。

2. 垂直面内的曲线飞行

俯冲拉起是一种常见的在垂直平面内作曲线机动飞行的情况,如图 18-4 所示。作用在飞机上的外载荷有重力 G、升力 Y、阻力 D、发动机的推力 F,此外由于有曲线运动的向心加速度作用,产生了惯性离心力。设飞机的速度为 v,航迹的曲率半径为 R,则法向(y 向)加速度为

$$a_y = \frac{v^2}{R} \tag{18-9}$$

惯性离心力为

$$N_y = -ma_y = -\frac{Gv^2}{gR} \tag{18-10}$$

将这些力投影到机体的 y 坐标方向,可得到方程式

$$Y - G\cos\theta = \frac{Gv^2}{gR} \tag{18-11}$$

于是

$$n_y = \frac{Y}{G} = \cos\theta + \frac{v^2}{gR} \tag{18-12}$$

当飞机在弧形航迹的最低点时,$\theta = 0$,$\cos\theta = 1$,则

$$n_y = \frac{Y}{G} = 1 + \frac{v^2}{gR} \tag{18-13}$$

由此可见,在俯冲拉起过程中,飞机所需的升力不等于重力,而是等于重力乘以一个系数,这个系数就是该升力与重力之比(它与飞机的飞行状态参数有关),称之为载荷系数。飞行中,升力经常在变化着,俯冲拉起时,升力可能大大超过飞机的重量,升力与重力之差使飞机产生向心加速度,飞行轨迹便向上弯曲,当以大速度小半径猛烈拉起时,将会产生很大的正 n_y。

【例 18-1】 如图 18-4 所示,飞机俯冲后沿圆弧线拉起。求:

(1) 当已知 $v = 1000$ km/h,$R = 1000$ m,$\theta = 45°$、$30°$、$0°$ 时的 n_y 各为多少?

(2) 若限制 $n_{y\max} < 8$,在同样的拉起速度下,允许的拉起圆弧半径 R 为多大?

【解】 (1) 由式(18-12)得

$$n_y = \frac{Y}{G} = \cos\theta + \frac{v^2}{gR} = \cos\theta + \frac{(1000 \times 1000/3600)^2}{1000 \cdot 9.8} = \cos\theta + 7.87$$

$$\theta = 45°,\cos\theta = 0.707,n_y = 8.577$$

$$\theta = 30°,\cos\theta = 0.866,n_y = 8.736$$

$$\theta = 0°,\cos\theta = 1,n_y = 8.87 = n_{y\max}$$

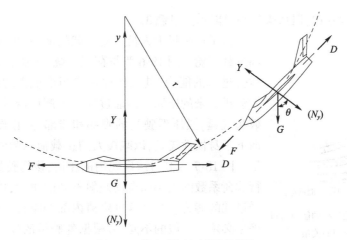

图 18-4　俯冲后拉起时的受载情况

（2）由式（18-13）得

$$n_y = 1 + \frac{v^2}{gR} \leq 8 = n_{y\max}$$

于是

$$R \geq \frac{v^2}{7g} = 1123.64\text{m}$$

3. 最大过载

理论上讲，y 轴方向上的最大过载值 $n_{y\max}$ 由 $Y_{\max}$ 确定，即

$$n_{y\max} = \frac{Y_{\max}}{G} = C_{y\max} \frac{\rho v_{\max}^2}{2} \frac{1}{G/S}$$

$$= C_{y\max} \frac{\rho_H a^2 M_{\max}^2}{2} \frac{1}{p}$$

$$= f\left(C_{y\max}, H, v_{\max}, \frac{1}{p}\right) \tag{18-14}$$

式中：p——$p = G/S$ 为翼载荷；

$C_{y\max}$——最大升力系数；

ρ_H——高度 H 处的空气密度，随着飞行高度的增加，空气密度减小；

a——当地音速；

$M_{\max}$——最大飞行马赫数。

从式（18-14）可以看出，随着 H 及 p 的减小和 $v_{\max}$ 的增加，$n_{y\max}$ 将增加。当 $p = 3000\text{pa}$，$Ma = 1$ 时，过载值能达到 25。

但实际上这样的过载值是达不到的，飞机在以最大速度飞行时，升力系数不可能瞬时达到最大值 $C_{y\max}$，在 C_y 增加的过程中阻力也随之增加，因而使得沿航迹的速度降低。这是由于飞机受本身稳定性和惯性以及操纵效率的限制。所以，对于机动飞机，应当降低纵向稳定性和惯性矩，提高升降舵和全动平尾的效率（增加它们的面积、偏转角度和偏转速度）。

最大过载值还受飞行员的身体条件所限制。人承受过载的能力取决于过载的大小和方向、持续的时间、作用的频率、人体器官的状态等。图 18-5 表示了人能承受的过载与时间的关系。飞行员能承受的最大过载是在背—胸方向上，短时间内承受的过载可达到十几，从头到脚可承受过载 7~10,但从脚到头只能承受过载 3。

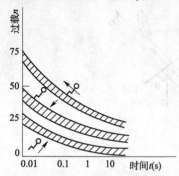

图 18-5 飞行员承受过载的能力与过载方向和时间的关系

为了提高机上人员承受过载的能力,出现了抗过载服与高过载座舱。图 18-6 为抗荷服系统,该系统可以提高飞行员承受过载的能力,其工作原理是当出现大的载荷系数时,由发动机引来的压缩气体通过气滤和调压器进入抗过载服,并鼓起气囊,紧压驾驶员的腹部和腿部,阻止血液远离心脏而向下半身惯性流动,以减缓大的正载荷系数时生理病态的发生。图 18-7 为高过载座舱内的座椅,该驾驶员座椅可根据飞行载荷系数的大小而自动倾斜不同的角度,以提高驾驶员承受过载的能力。当然这种座椅内部的布置、操纵系统的安排等也必须与一般的不同,应根据驾驶员的姿态和变化情况合理布局。

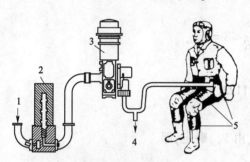

图 18-6 抗荷服系统
1-发动机引来的压缩空气;2-气滤;3-调压器;
4-通信号灯;5-胶囊

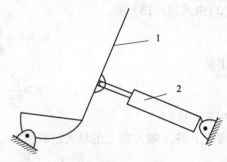

图 18-7 高过载座舱内的座椅
1-可倾斜座椅;2-后撑弹簧筒

4. 局部过载

如果飞机相对于质心以角速度 ω_z 和角加速度 ε_z 转动,如图 18-8 所示,则飞机上各点的线加速度不同,因而,过载也不同。规定飞机转动方向以抬头为正、低头为负。在距飞机质心 X 处(从质心开始向前为正、向后为负),过载值等于质心的过载 n_{x0}、n_{y0}。再加上由于相对于质心运动的加速度 Δa_x、Δa_y 而产生的附加过载 Δn_x 和 Δn_y,即

$$\left.\begin{array}{l} \Delta n_x = \dfrac{\Delta a_x}{g} \\ \Delta n_y = \dfrac{\Delta a_y}{g} \\ \Delta a_x = \dfrac{v_\tau^2}{X} = \omega_z^2 X \\ \Delta a_y = \varepsilon_z X \end{array}\right\} \quad (18\text{-}15)$$

与质心相距 X 处的过载将按下式求出

$$\left.\begin{array}{l} n_y = n_{y0} + \dfrac{\varepsilon_z X}{g} \\ n_x = n_{x0} + \dfrac{\omega_z^2 X}{g} \end{array}\right\} \quad (18\text{-}16)$$

5. 突风过载

上面所讲的过载,是在机动飞行时由飞行员操纵飞机而产生的。然而,在飞行中,大气本身的情况是变化的,比如气流的水平或垂直运动——突风,可能使飞机上出现很大的过载。突风的速度能达到 15～20m/s(在雷雨中可达 50m/s)。突风可以是一般突风或某一频率的循环突风。在遇到突风时,飞机会颠簸,此时飞机承受很大的过载,称它为突风过载。从强度观点看,突风是很危险的,飞机可能急速地上升或下掉高度。

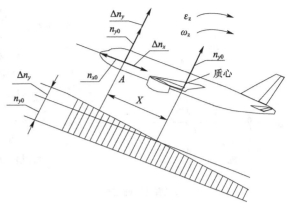

图 18-8 非质心处质量的过载

水平突风的速度与飞行速度 v 相比是很小的,因而引起的水平方向过载的变化也很小。而垂直突风比较危险,因为它使飞机的迎角发生变化。利用已知的升力表达式,由图18-9得

突风作用前

$$Y_0 = C_y^\alpha \alpha_0 \frac{\rho v^2}{2} S = G \tag{18-17}$$

突风作用后

$$Y_0 = C_y^\alpha (\alpha_0 + \Delta\alpha) \frac{\rho v^2}{2} S \neq G \tag{18-18}$$

式中:$\Delta\alpha \approx U/V$——由于垂直突风而引起的迎角增量。

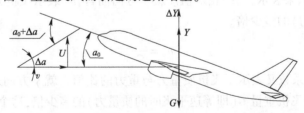

图 18-9 垂直突风速度为 U 时飞机飞行迎角的改变

从而得到突风作用后的过载为

$$n_{yg} = 1 \pm \frac{C_y^\alpha \rho U v}{2G/S} \tag{18-19}$$

实际上,突风的作用对飞机的影响不是突然发生的(迎角和升力不会突变),实际的突风过载要计及一个垂直突风衰减系数 K,$K<1$,最后有

$$n_{yg} = 1 \pm \frac{C_y^\alpha \rho U v}{2G/S} K = 1 \pm \frac{C_y^\alpha \rho U v}{2p} K \tag{18-20}$$

从公式(18-20)可以看出,$n_y = f(C_y^\alpha, H, v, U, p)$。这里,$C_y^\alpha$ 和 p 取决于机翼的几何参数,而 C_y^α 还与飞行速度有关。突风会引起机翼随时间而变化的变形、加速度和惯性力等。在弹性力和惯性力的相互作用下,机翼还会出现振动。而当外载荷的频率与结构固有频率重合时,会出现最不利的状况。最危险的是在重型飞机上引起周期性的载荷(更可能出现共振)。

如果垂直突风前的过载系数为 n(不为1),则垂直突风后的过载为

$$n_{yg} = n_{y0} \pm \frac{C_y^\alpha \rho U v}{2p} K \qquad (18\text{-}21)$$

6. 着陆过载

如图 18-10 所示,飞机着陆时,由于飞机的垂直下降速度在较短时间内降为零,出现了很大的减速度,产生了着陆撞击,引起着陆时的过载。

着陆过载定义为起落架的实际着陆载荷 P_{ld} 与飞机停放地面时起落架的停机载荷 P_{st} 之比,即

$$n_y = \frac{P_{ld}}{P_{st}} = \frac{G + N_y - Y_{ld}}{G} \qquad (18\text{-}22)$$

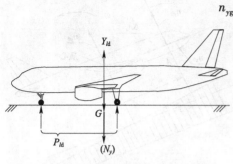

图 18-10　飞机着陆时的过载

式中:N_y——着陆时飞机 Y 向的惯性力;

Y_{ld}——着陆时飞机上的升力。

一般情况下,起落架着陆时的最大过载 n_y 可达 3~4。飞机在地面的运动情况是多种多样的,因而不但有 n_y,也会出现 n_x(如前方撞击、刹车以及侧滑着陆等)。

✈ 第三节　载荷系数的物理意义和实用意义

一、载荷系数的物理意义

载荷系数表示了实际作用于飞机重心处(坐标原点)除重力外的外力与飞机重力的关系。是用比值的概念来表示,为一相对值。就 y 方向而言,n_y 表示飞机升力是重量 G(也即是平直飞行时的升力)的多少倍。

$$n_y = \frac{Y}{G} \qquad (18\text{-}23)$$

另一方面,载荷系数又表示了飞机质量力与重力的比值。就 y 方向来说,y 向实际的质量力($G\cos\theta + N_y$)是飞机重量 G(即等速平飞时的质量力)的多少倍,这个倍数即为 n_y,即

$$n_y = \frac{G\cos\theta + N_y}{G} \qquad (18\text{-}24)$$

需注意的是,在动平衡体系中,飞机的总质量力与除重力之外的外力是大小相等、方向相反的平衡力系。因此,也可以用质量力来计算载荷系数,但如以质量力来决定过载的方向,就应该是与飞机的坐标轴正方向相反的为正,反之为负。

二、载荷系数的实用意义

由上述分析可以看出,飞机的载荷系数是飞机设计时重要的原始参数之一,它有两方面的实际意义。

(1)载荷系数确定了,则飞机上的载荷大小也就确定了。如果我们知道了飞机重心处的载荷系数,那么结合对应载荷系数的其他飞行参数(如高度、重量、速度、气动力分布等)就能求得飞机结构各部分所受的实际载荷大小,以及它的作用方向,这就便于我们对飞机结构的

强度、刚度等指标进行设计校验;结构设计时要保证飞机能承受 n 所确定的载荷。在使用时,不能超过所规定的 n 值,否则飞机就不安全。

(2) 载荷系数还表明飞机机动性的好坏。因为载荷系数也是各种飞行姿态受载情况与平直飞行情况相比较下的相对值,通过载荷系数可以了解到飞机的机动性能,因此,载荷系数又是飞机机动性的重要指标。现代战斗机特别强调机动性能,要求有较大的飞行载荷系数,一般 n_{max} 约等于8。设计时,如能正确选取载荷系数的极限值,则既能使飞机满足战术技术要求,又能使飞机满足结构的重量要求。民航机与战斗机不同,对载荷系数要求较低,只要能满足一定的机动飞行即可,这将在后面具体介绍。

载荷系数可用过载表(图18-11)等仪器测定。在平直飞行时,无加速度,则过载系数 $n_y=1$,此时,过载表内的弹簧与重块的重力平衡,表的指针静止地指着"1"。当机动飞行出现加速度 a_y 时,表内弹簧由于重块本身质量力增大而伸长,并带动指针指出 n_y 的大小。当载荷系数为负时,重块的质量力反向,弹簧受压缩短,带动指针反向转动指出负载荷系数值。重块浸于油液中以增加阻尼,减小振动,使指针稳定。如需测量飞机某处的载荷系数,就将过载表装在该处;如要测全机的载荷系数,就将表装在飞机的重心处,还可用自动记录装置把整个飞行运动过程的载荷系数情况记录下来,绘成曲线,以作为飞机设计、研究、改进的依据。

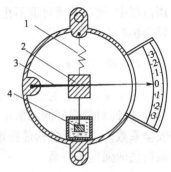

图18-11 过载表
1-弹簧;2-重块;3-指针;4-阻尼器

三、飞机设计时最大载荷系数的选取

飞机载荷系数的大小与飞机的技术性能、飞行战术和飞机结构的受力、设备的正常工作以及人员的生理机能等均有很大的关系。最大载荷系数选得越大,飞机作机动的能力就越强,可急剧俯冲拉起,急跃升,大坡度盘旋等。但是载荷系数大了结构受力大,必然要增加飞机的结构重量以及设备重量(如要产生一定数量的载荷系数,必须有相当大的剩余推力,动力装置因此而增加重量),各种设备也要在很大的惯性力下工作,对设备的要求也要提高,这有可能影响飞机的其他性能;载荷系数小则机动性能差,但结构重量轻,飞机的其他性能却有可能提高。因此,在飞机设计时必须恰当地处理这些矛盾。一般由设计者和订货方按照实际需要选用。

确定载荷系数的另一个因素是驾驶员生理上的抗负荷能力。人是有质量的,载荷系数使人的各部分质量好像起了变化,重了、轻了、甚至失重。各内脏器官、血液等会相对于人体下压或上涌,形成生理病态。实验表明,人体承受载荷系数大小不仅与时间长短有关,而且还与方向有密切的关系。人忍受正载荷系数的能力较大,能承受的负载荷系数就小得多。在短时间内,人能承受的 $n_{max}=8, n_{min}=-4$。

在飞机设计时,载荷系数的大小应根据飞机的类型、用途来适当确定,不是越大越好。在设计规范中,对不同类型的飞机所应选取的载荷系数值都是明确规定的。规范中一般给定重心处过载系数的数据手册,可供选用。但近年来,规范越来越倾向于指导性,由设计方和订货方灵活选择。

第四节 安全系数与设计载荷

一、使用载荷

使用载荷是指飞机实际使用中可能遇到的最大载荷,即在正常使用中允许达到的最大载荷,又称为限制载荷(Limited Load)。在使用载荷作用下,各元件的应力临近材料的比例极限强度,但未出现永久变形。如果超过该载荷,结构可能发生有害的永久变形。在整个使用过程中,使用载荷可能不止一次地遇到,所以飞机遇到使用载荷后不能有残余变形,否则就会影响下次的使用。

二、设计载荷

为了保证一定的安全裕度,飞机结构实际设计时通常按能承受高于限制载荷的载荷进行设计,即对静强度问题采用设计载荷法或破坏载荷法。所谓设计载荷即为使用载荷乘以安全系数。飞机及各构件在该载荷作用下不应破坏,故又称极限载荷(Ultimate Load)。设计载荷法的强度条件是

$$F_d \leq F_e \cdot f \tag{18-25}$$

或

$$\sigma_d \leq \sigma_b \tag{18-26}$$

式中:F_d——设计载荷;
F_e——使用载荷;
f——安全系数;
σ_d——设计应力;
σ_b——材料的破坏应力。

飞机结构是个复杂的、超静定的以及多传力通道的受力结构,并大量采用弹塑性材料,当某一结构元件在使用载荷下达到比例极限或在设计载荷下某元件达到破坏强度时,该元件不能承受更大载荷,但其他元件仍能承受更大的载荷。各结构元件间所承受的载荷将重新分配,直到最主要的或者较多的受力构件破坏时,整个结构才破坏。因此,按设计载荷来进行设计,可充分发挥超静定结构的承载能力。

另外,飞机结构强度试验时,很难测准结构是否出现了永久变形,而较容易准确测得结构是否破坏。因而采用设计载荷进行最后的破坏试验验证,不仅便于测试,而且更符合实际使用要求。

三、安全系数

众所周知,结构所承受的载荷、材料性能、结构尺寸和加工质量等都存在较大分散性,为了保证结构安全可靠,在设计中引入安全系数概念。安全系数为设计载荷与使用载荷之比。其物理意义为实际使用载荷增大到多少倍结构才破坏,这个倍数就是安全系数。

$$f = \frac{F_d}{F_e} = \frac{F_d}{nG} \tag{18-27}$$

引入安全系数主要考虑以下几方面的因素：
(1) 在使用载荷作用下飞机结构没有永久变形或产生屈服。
(2) 在使用时可能出现超过规定的机动动作或未估计到的突风,从而出现大于规定的使用载荷。
(3) 结构所用的材料本身或在制造加工过程中不可避免地存在或被引入缺陷。
(4) 分析中不确定因素和分析手段的不完善。
(5) 满足结构的刚度要求。

安全系数影响结构的重力、承载能力和安全可靠性。因而正确地选取安全系数 f 是既重要又困难的问题,最初取 $f=1.5$ 是根据材料屈服强度和破坏强度比确定的,后根据统计而定。目前,通常是根据理论分析和实验研究,并通过大量使用经验的统计、归纳分析,最后以强度规范的形式明确给出适合各设计情况的安全系数值。有的飞机一般规定安全系数取 1.5,实践中常有加大或减小安全系数的情况。如特殊情况或特殊部位(如重要接头),常以不同方式加大安全系数(如乘以 1.25 倍等);又如由于设计分析和实验手段提高,材料品质的改善(如材料的屈服程度和破坏强度比值提高),采用更先进的工艺设备等,在不同的结构部位可适当降低安全系数值。而对某些特殊情况,如应急情况或一次性使用,可适当减小安全系数。

第五节 飞行包线

飞行包线是以飞行速度、飞行高度、飞行载荷系数为坐标,以满足规定限制条件的最大速度、最小速度、升限、最大载荷系数为边界所画的几何图形。飞行包线可以用以表明飞机在特定的飞行能力或品质下的飞行使用范围,也可用以表示在指定的飞行范围下应具有的飞行特性。

飞行包线的种类很多,比如,我国军用飞机飞行品质规范对飞行品质的限制条件宽严不同,可以给出使用飞行包线、可用飞行包线、允许飞行包线。飞行包线可以是二维图线,如表示飞机平飞性能的平飞包线(速度—高度曲线);或在一定飞行高度,可画出速度—载荷系数包线,如运输机类适航标准中给出的 V-n 包线。以二维包线为基础还可以得出三维(速度、高度、法向载荷系数)的飞行包线等。

本节仅介绍与运输类飞机结构设计、使用要求相关的 V-n 机动飞行包线、V-n 突风过载飞行包线。

在 CCAR-25 部 C 分部结构条目下给出的典型机动飞行包线和典型突风过载飞行包线,既是适航审定部门,也是飞机制造厂商及飞机使用者应遵循的限制。飞机设计制造厂商必须保证机动飞行包线与突风过载飞行包线边界上和边界内的空速和载荷系数的每一组合,均必须满足强度要求,保证设计结构的安全性;飞机设计制造厂商也依据此机动飞行包线与突风过载飞行包线制定飞机的使用限制,飞机使用者自然也在此机动飞行包线和突风过载飞行包线限定的范围内使用飞机,确保飞机结构的使用安全和飞机飞行安全。

机动飞行包线和突风过载飞行包线均以飞行速度为横坐标,飞机载荷系数为纵坐标。故此处先介绍与飞行包线相关的几种设计空速采用的规定。

一、几种设计空速采用的规定

选定的设计空速均为当量空速(EAS)。

1. 设计巡航速度 V_C

对于 V_C,采用下列规定:

(1) V_C 的最小值必须充分大于 V_B 以应付严重大气紊流很可能引起的意外速度增加。

(2) 在缺少能证实其他数值是可用的合理研究时,V_C 不得小于 $V_B + 1.32 U_{ref}$(U_{ref} 为参考突风速度),但也不必超过飞机在相应高度以发动机最大连续功率(推力)平飞的最大速度。

(3) 在 V_D 受 M 数限制的高度上,V_C 可限制在一选定的马赫数 M 上。

2. 设计俯冲速度 V_D

必须选定 V_D 以使 V_C/M_C 不大于 $0.8 V_D/M_D$,或使 V_C/M_C 和 V_D/M_D 之间的最小速度差是下列值中的最大者:

(1) 从以 V_C/M_C 定常飞行初始情况开始,飞机颠倾,沿着比初始航迹低 $7.5°$ 的飞行航迹飞行 $20s$,然后以载荷系数 $1.5(0.5g$ 的加速度增量)拉起。只要所有的气动数据是可靠的或保守的,则上述机动中出现了速度增量可采用计算值。

(2) 最小速度余量必须足以应付大气条件的变动(例如水平突风和穿过急流与冷锋),以及应付仪表误差和飞机机体的制造偏差。这些因素可以基于概率考虑,但是在 M_C 受到压缩性效应限制的高度上,该余量不得小于 $0.07M$,除非用合理的分析考虑了所有自动系统的影响得到了更低的余度。在任何情况下,该余量不得小于 $0.05M$。

3. 设计机动速度 V_A

(1) V_A 不得小于 $V_{s1}\sqrt{n}$(其中,n 为 V_C 时的正限制机动载荷系数;V_{s1} 为襟翼收起形态的失速速度)。

(2) V_A 和 V_{s1} 必须按所考虑的设计重量和高度进行计算;

(3) V_A 不必大于 V_C 或不必大于同正 C_{ymax} 曲线与正机动载荷系数交点相对应的速度,两者中取最小值。

4. 对应最大突风强度的设计速度 V_B

(1) V_B 不得小于在突风 V-n 图上最大正升力系数 C_{ymax} 曲线和强突风速度线交点相对应的速度,或不得小于 $V_{s1}\sqrt{n_g}$,两者取较小值。

(2) V_B 不必大于 V_C。

5. 设计襟翼速度 V_F

(1) 对应每一襟翼位置的设计襟翼速度,必须充分大于对各相应飞行阶段(包括中断着陆)所推荐的飞行速度,以计及空速控制的预期变化和由一种襟翼位置到另一种襟翼位置的转换。

(2) 如采用襟翼自动定位装置或载荷限制装置,则可取此装置程序规定的或装置许可的速度和相应襟翼位置。

(3) V_F 不得小于:①$1.6V_{s1}$,襟翼在以最大起飞重量起飞时的位置;②$1.8V_{s1}$,襟翼在以最大着陆重量进场时的位置;③$1.8V_{s1}$,襟翼在最大着陆重量着陆时的位置。

设计速度是随飞行高度而变化的,图18-12是设计速度与飞行高度的关系。

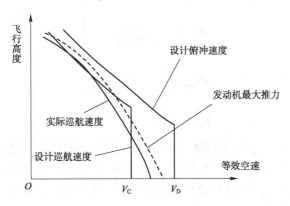

图 18-12　设计速度与飞行高度的关系

二、机动飞行包线的构成

按 CCAR-25 部规定,运输类飞机的机动飞行包线如图 18-13 所示。机动飞行包线是由五条曲线构成的一个封闭曲线,这条曲线实际上代表了机动飞行时所允许的范围,是机动飞行的边界线。

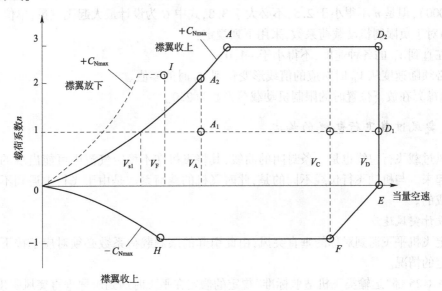

图 18-13　运输类飞机机动飞行包线

(1) 失速线为机动飞行包线上的 OA、OH 曲线。失速线表示飞机能达到的最大正(OA 曲线)或最大负(OH 曲线)过载值,超过这两条曲线,飞机就会失速。

当飞机以载荷系数 1 进行飞行时, $Y = G = C_{y\max}(\rho V_{s1}^2/2)S = C_{y\max}V_{s1}^2 S/296$,则

$$V_{s1} = \sqrt{\frac{296G/S}{C_{y\max}}} \tag{18-28}$$

其中,G 的单位为磅,S 的单位为平方英尺,速度 V_{s1} 为载荷系数为 1 时的失速速度,单位为海里/小时。

假设失速线上不等于 V_{s1} 的任何速度为 V_{sn}，则有

$$\left. \begin{array}{l} nG = L = C_{y\max} \dfrac{V_{sn}^2}{296} S \\[2mm] nC_{y\max} \dfrac{V_{s1}^2}{296} S = C_{y\max} \dfrac{V_{sn}^2}{296} \\[2mm] V_{sn} = \sqrt{n} V_{s1} \end{array} \right\} \quad (18\text{-}29)$$

在不考虑压缩性对 $C_{y\max}$ 的影响时，失速线上点的坐标的确定方法是：先由式(18-28)定出过载系数为 1 时的 V_{s1}，其余各点坐标(V_{sn},n)则利用式(18-29)及 V_{s1} 确定。

如果考虑压缩性，$C_{y\max}$ 是马赫数的函数，可用下列步骤计算 V-n 图中的失速线坐标：
① 假设某一马赫数 M。
② 由 $C_{y\max} = f(M)$ 求出 $C_{y\max}(M)$。
③ 根据 M 和已知飞行高度，求出失速速度 V_s。
④ $q = V_s^2/296$。
⑤ 根据 $n = C_{y\max}(M) q/(G/S)$，得出 n。

(2) 襟翼收上，对于直到 V_D 的任一速度，正限制机动载荷系数 n 不得小于 $2.1 + 24000/(G+10000)$，但是 n 不得小于 2.5，不必大于 3.8，式中 G 为设计最大起飞重量，单位为磅。

(3) 对于负限制机动载荷系数，采用下列规定：
① 在直到 V_C 的各种速度，不得小于 -1.0。
② 必须随速度从 V_C 时对应的值线形变化到 V_D 时的零值。

(4) 襟翼在放下位置时的限制机动载荷系数为 2.0。

三、突风过载飞行包线的构成

突风过载飞行包线也是一条封闭的曲线，其将飞机在不稳定气流中可能出现的飞行情况包围起来。与机动飞行包线不同的是，此时飞机的载荷系数是由于飞行中遇到不稳定气流而形成的。

1. 设计突风速度

假定飞机平飞遇到对称的垂直突风，由此引起的限制载荷系数必须对应于按下述突风速度确定的情况。

CCAR-25 部"运输类飞机适航标准"规定的假定在平飞时遇到对称垂直突风强度 W_d 如图 18-14 所示：

(1) 高度在海平面和 6100m(20000ft，1ft = 0.3048m)之间时，在速度 V_B 时的正(向上)和负(向下)强突风速度必须取为 20.10m/s(66ft/s)。突风速度可线性地从 6100m(20000ft)时的 20.10m/s(66ft/s)减少到 15200m(50000ft)时的 11.60m/s(38ft/s)。

(2) 高度在海平面和 6100m(20000ft)之间时，在速度 V_C 时的正、负突风速度必须取为 15.25m/s(50ft/s)。突风速度可线性地从 6100m(20000ft)时的 15.25m/s(50ft/s)减少到 15200m(50000ft)时的 7.60m/s(25ft/s)。

(3) 高度在海平面和 6100m(20000ft)之间时，在速度 V_D 时的正、负突风速度必须取为

7.60m/s(25ft/s)。突风速度可线性地从 6100m(20000ft)时的 7.60m/s(25ft/s)减少到 15200m(50000ft)时的 3.80m/s(12.5ft/s)。

设计突风强度是随着速度的增加而减小的,因此,飞机应根据实际情况进行飞行,也就是当紊流强度增加时,飞行员应降低飞行速度。

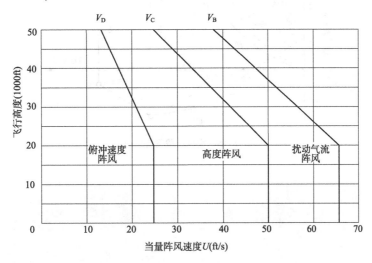

图 18-14 设计突风速度与飞行高度的关系

2. 突风包线的构成

(1) 对应 $C_{y\max}$ 的失速线的构成方法与机动飞行包线中的失速线的构成方法相同。

(2) 突风线是按突风载荷系数公式

$$n = 1 \pm \frac{W_d V_e C_y^\alpha}{498(G/S)} \tag{18-30}$$

从点 $(V_e = 0, n = 1.0)$ 向各个方向散射的。

(3) 襟翼在放下位置时规定的限制载荷因素是指飞行速度在 V_F 以内,突风风速为 ± 25ft/s 而言的。

以海平面至 6100m(20000ft)高度之间的三种突风速度为例,可以画出过载系数 n 与当量空速关系的六条直线,如图 18-15 中的六条虚线所示。以 $C_y = C_{y\max}$ 画出襟翼收上时的正失速线,如图 OB_1 所示,与 $W_d = 66$ft/s 所对应的突风线交于 B_1 点,B_1 点相应的飞行速度是对应最大突风强度的设计速度 V_B,过 B_1 点作垂线与 $W_d = -66$ft/s 直线相交于 G' 点。过巡航速度 V_C 作垂线分别与 $W_d = +50$ft/s 和 $W_d = -50$ft/s 直线相交于 C_1 和 F' 点。过俯冲速度 V_D 作垂线分别与 $W_d = +25$ft/s 和 $W_d = -25$ft/s 直线相交于 D_1 和 E' 点。将以上各点用实线连接起来,就得到襟翼收上时的"突风过载飞行包线"。

突风过载飞行包线上的严重受载情况 B_1、G'、C_1、F'、D_1、E',分别表示在不同飞行速度下遇到向上或向下突风而造成的较严重的受载情况。B_1、G' 分别表示在以较小速度飞行时,遇到较强的突风而使过载达到最大或最小值的受载情况;B_1、E' 分别表示在飞机下滑达到俯冲速度时,遇到较小突风而造成的过载达到最大或最小值的受载情况。

由于空气的可压缩性对机翼升力的影响,空气密度的变化对飞机最大速度的影响,设计空速、设计突风强度随高度变化等，V-n 图在不同的高度有不同的形状。

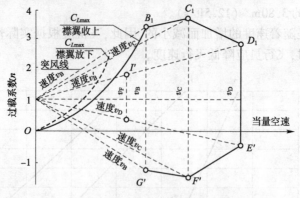

图 18-15　突风过载飞行包线

第十九章
飞机结构分析与设计基础

第一节 静不定结构

一、静定、静不定结构的概念

1. 静定结构（或系统）

静定结构（或系统）是指无多余约束的几何不变的承载结构系统,其支承反力及内力都可由静力学平衡方程求得,静定结构除了受力变形外,没有可运动的自由度。

2. 静不定结构（或系统）

在静定系统上增加多余约束,因而增加了多余约束未知力,用静力平衡方程不能确定其全部未知支承反力和内力的结构系统,称为静不定结构（或系统）。

3. 静不定次数

静不定结构的所有未知支承反力和内力的总数与结构所能提供的独立的静力平衡方程数之差,即为此结构的静不定次数（或阶数）。

4. 基本静定系（静定基）与相当系统

解除静不定结构的某些约束后得到的静定结构,称为原静不定结构的基本静定系（或静定基）。在基本静定系上加上外载荷和多余约束力,这样的系统称为相当系统。

二、静不定结构的特性

1. 静不定结构具有较高的刚度和生存力

静不定结构是具有多余约束的几何不变结构。所谓"多余"约束是指这些约束对保持结构的几何不变性是多余的,但这些约束对发挥结构的承载能力、提高结构的刚度和生存力来讲却是非常必要的。正因为具有了这些多余约束,静不定结构和静定结构相比,刚度较大,在外力作用下变形较小,而且多余构件损伤后,结构仍具有几何不变性,可继续承受载荷,具有较强的生存力。

因为静不定结构具有这样的特点,现代飞机上的受力结构绝大多数是静不定结构。例如现代大型民用运输机机翼采用厚蒙皮和加强桁条组成的加筋板式的受力结构,使机翼成为高次静不定结构。这种机翼结构具有较大的刚度和生存力,机翼具有较好的气动外形和较大的扭转刚度,为进一步提高飞机的飞行速度创造了条件。而且即使个别构件产生裂纹或其他损伤,结构仍是几何不变的,并能继续承担载荷保证飞机飞行安全,为检查发现损伤并采取修理措施创造了条件。

但是不能认为在已经设计好的受力结构上任意增加一些构件就可以提高结构的刚度和生存力。因为不适当地增加一些构件,会使结构中某些构件受力过大而提前破坏,反而降低了结构的承载能力。

2. 静不定结构的真正内力

静不定结构是具有多余约束的几何不变结构。结构内力数大于由平衡条件列出的独立方程数,利用平衡条件无法将全部内力求出。若解除多余约束,结构成为静定的。这时将多余约束的约束力当作外力作用在结构上,就可以利用平衡条件将其他内力全部求解出来。但这些内力都是多余的约束力的函数。多余约束力取不同值就可以得出不同的内力解。因此,结构内力有无数组,而且都满足平衡条件。只有利用变形协调条件列出补充方程,求出多余约束的真正约束力,才能求出静不定结构的一组真正内力。

三、求解静不定结构内力的方法

任何结构在外力作用下,其内力都应满足三个基本条件,即平衡条件、物理条件和变形协调条件。静定结构的全部内力可以利用平衡条件求出,并且自然满足后两个条件,是结构的唯一真正内力。而对于静不定结构,满足平衡条件的内力有无穷多组,必须利用变形协调条件求出唯一一组真正内力。因此,在求解静不定结构内力时,三个基本条件都要满足。在求解过程中可以选定某些未知数为基本未知数,首先求出,然后再求出其余未知数。根据基本未知数选法不同,求解静不定结构内力的方法有以下三种:

(1)力法:选取结构多余约束的约束力为基本未知数,利用变形协调条件求出这些基本未知数,然后再求出结构的其他内力。

(2)位移法:选取结构满足变形协调条件的某些位移作为基本未知数,利用平衡条件求出这些未知数,然后再求出结构的内力。

(3)混合法:在选取基本未知数中,一部分是多余的约束力,一部分是结构满足变形协调条件的某些位移。

✈ 第二节　真实结构与结构分析模型

现代飞机的结构是多种多样的,它们是由不同功用、不同形状、不同大小、不同材料、不同连接方法、不同加工方法的成千上万个不同零件组成。大家都知道飞机结构是静不定的,因此,搞清楚作用在每一个构件上的载荷,继而搞清楚整个结构的承载能力,是一项非常复杂的工作。

飞机结构可以分为机翼、机身、尾翼等几大部分,这些部件通过连接而组成一个整体,各部件之间的相互影响通过连接头转化为载荷的作用,比如轴向力和横向力,弯矩和扭矩。结构力学中,并不研究结构本身,而是研究它的分析模型,它是在真实结构基础上简化的模型。

模型一般是由相对简单的基本元构件组成,飞机结构的基本元件有杆和板,基本构件有梁和壳。

(1)杆:受拉压的纵向结构元件,其长度尺寸要比其他两个方向的尺寸大得多。结构上的支柱、撑杆、桁架中的构件、操纵拉杆等都可以看作杆。机翼和机身上的桁条也经常简化成杆,如图19-1所示。

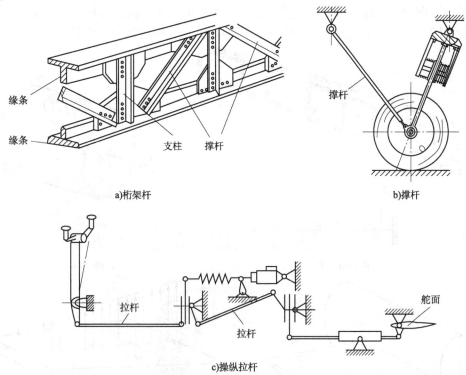

图19-1 杆

(2)板:承受正应力或剪应力的平面或曲面板,一般由纵横向构件加强。平面和小曲面板广泛应用在机翼和其他承载面上,如图19-2所示。

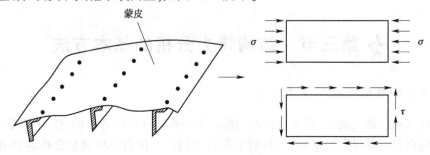

图19-2 板

(3)梁:承受由横向载荷作用而产生的弯矩的结构元件。如机翼大梁和翼肋,经常也把整个机翼当作悬臂梁,如图19-3所示。

(4)壳:较为复杂的结构元件,能承受各种分散载荷,计算中把燃油箱、机身舱体看作壳,如图19-4所示。

为了对真实结构选择正确的计算模型,要仔细研究每一个受力元件的功用,搞清楚这些元件的受力特性和整个结构的工作特点。为了计算简单,作用在真实结构上的外载荷也要简化,经常假定分布载荷是均布的或线性分布的,忽略本质上不影响所研究元件作用的一部分载荷;同时,只考虑承受计算载荷的基本受力元件,忽略受载荷较小的一些元件的作用。如图 19-5 所示机翼及其计算模型,翼剖面中间部分的曲线轮廓可以近似用一个长方形代替,载荷沿展向和弦向的分布可看成是线性的。机翼可看成是固支在机体上的悬臂梁。在进行强度计算时,假定机翼的纵向元件只承受正应力,而薄壁机翼的蒙皮只承受剪力。

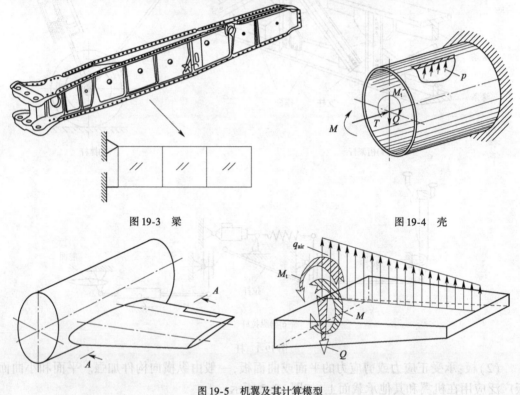

图 19-3 梁　　　　　　　　　　　　图 19-4 壳

图 19-5 机翼及其计算模型

第三节 结构传力分析的基本方法

一、传力分析的目的和基本方法

作用在飞机上的气动力、质量力和发动机推力等都是分布在各处的,作用在某一部件上的载荷要传向另一部件取得平衡,这样就引起传力问题。传力分析就是分析各种载荷如何通过结构各个元件逐步向结构的支持基础传递,传力过程中各元件怎样受力,怎样工作。传力分析有助于深入了解结构受力的物理本质,并弄清每个主要受力元件在结构中的作用和地位。传力概念是建立在作用力与反作用力的基础上。载荷在结构中的传递过程,实际上就是作用力和反作用力这一对力相互依存、相互转化的过程。

实际翼面结构一般都是高度静不定的复杂结构,在结构分析、设计计算或强度校核时均需进行必要的简化,只是各阶段工作对计算的精确度要求不同,所取的简化模型和简化程度有所不同。传力分析主要是以工程梁理论为基础,基于力的平衡和按刚性分配原则,将结构分成各单独受力元件,对结构的传力规律进行定性和定量相结合的分析工作。通过传力分析可以较好地研究翼面的传力规律和参加承受翼面总体力的主要结构的受力特点。这对于建立正确的翼面结构有限元分析模型,从而得到准确的工作应力至关重要的,也是进行结构传力设计的基础。翼面传力设计时应考虑的基本准则是结构的工作应力不超过许用应力。因此翼面传力设计时除了利用传力分析得到工作应力外,还必须分析结构承载能力,即确定结构的许用应力。受压面许用应力通过稳定性计算得到,受拉面许用应力通过静强度和疲劳断裂计算得到。

对实际结构进行传力分析的基本方法如下:

(1) 弄清结构所受的载荷最后应传向何处。通常分析翼面时,以机身为支持基础;分析机身时,以翼面作为支持基础。除了解结构中各构件能否承受某种载荷外,还必须考察结构中各构件的连接能否传递该种载荷,即某个力能否传到某构件上(传入),又能否从该构件传到另外一些构件上(传出),最后能否传到支承该结构的基础上(传至基础)。三个条件缺一不可。

(2) 分清结构主要和次要受力元件,以及主要和次要的受力部分。首先着重研究在总体受力中占主导地位的受力部分和元件的受力传力作用,略去次要构件和次要结构部分。这样,既降低了结构的静不定数,又抓住了结构传力的主要部分。

(3) 弄清各主要元件的连接关系、连接方式,以便正确地确定支持形式和传力方式。将集中连接简化为铰支或固支,将分散的铆接简化为连续连接。这种简化使得传力分析在一个理想的结构模型中进行(但在安全寿命、损伤容限等分析工作中,这种简化是不合理的,它忽略了结构连接的细节效应,而这种效应往往是导致结构失效的危险因素)。

(4) 从结构的外载荷作用处开始,依次取各个构件部分或元件为分离体,按它们各自的受力特性合理简化成典型的受力构件——如盒式梁、平面梁、板和杆等,并根据与该部分结构相连的其他构件的受力特性及它们相互间的连接,由静力平衡条件,确定出各级分离体上的"外载"(作用力)和支承力。这样才能反映出正确的传力路线,又可知道各构件的传力功用和大致的内力分布。

(5) 分析传力,还须具备刚度概念。刚度是指元件(构件)在载荷作用下抵抗变形的能力,即元件产生单位变形所需的外载值,包括拉伸刚度、弯曲刚度和扭转刚度。对于静不定系统,除去静力平衡方程外,还必须同时根据变形协调条件才能求出各元件所受的力,即力的分配还和各元件本身的刚度和支承条件有关。刚度大则分配到的载荷大;刚性支持分配到的载荷大,弹性支持分配到的载荷小。静不定系统传力多少还与传力路线长短有关,传力路线短的元件传递效率高。

二、结构传力特性

一般的结构,按传力特性可分为静定结构和超静定结构两大类。

1. 静定结构的传力特性

静定结构中力的分配是确定的,只与结构的几何尺寸和力的作用位置有关,与元件本身的刚度(几何剖面大小、物理性能)无关,各元件的内力通过平衡方程即可求得。

如图19-6所示的桁架结构,作用力P在两杆中的力分配始终是一定的,不因改变杆的

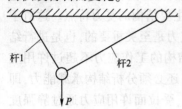

图 19-6 静定结构中的载荷分配

2. 超静定支持结构中,支持条件对传力的影响

规律 1:其他条件相同时,力向限制变形多(支持刚度大)的支点传得多。

如图 19-7a)所示的梁 AB,一端固支,一端铰支,中间作用一力 P,梁的抗弯刚度 EI 为常数,求解梁的支反力。

(1)选取静定基。

该梁固定端和活动铰处共有 4 个支反力,但独立平衡方程数仅有 3 个,所以是一次超静定问题。去掉载荷及多余支座 B,使超静定系统变成静定基本系统,这个基本系统简称为静定基,如图 19-7b)所示。

(2)建立相当系统。

将载荷 P 和替代多余支座 B 的多余支反力 R_B 作用在静定基上,把这种作用有原超静定梁的载荷与多余支反力的基本系统,称为原超静定梁的相当系统,如图 19-7c)所示。

(3)列出变形协调方程。

静定基在载荷 P 和多余支反力 R_B 作用下发生变形,为了使其变形与原超静定梁相同,多余支反力处位移必须符合原超静定梁在该处的约束条件,即满足变性协调条件。本例中,若载荷 P 在 B 点所产生的挠度为 $(y_B)_P$,多余支反力 R_B 在 B 点产生的挠度为 $(y_B)_{R_B}$,相当系统 B 截面的变形协调条件为

$$y_B = (y_B)_P + (y_B)_{R_B} = 0 \tag{19-1}$$

(4)列出力与变形间的物理关系,建立补充方程。

根据梁的挠度方程,可得

$$(y_B)_P = -\frac{P \cdot (l/2)^2}{6EI}\left(3l - \frac{l}{2}\right) = -\frac{5P \cdot l^3}{48EI} \tag{19-2}$$

$$(y_B)_{R_B} = \frac{R_B \cdot l^2}{6EI}(3l - l) = \frac{R_B \cdot l^3}{3EI} \tag{19-3}$$

将式(19-2)和式(19-3)代入式(19-1),得变形补充方程

$$-\frac{5P \cdot l^3}{48EI} + \frac{R_B \cdot l^3}{3EI} = 0 \tag{19-4}$$

解得

$$R_B = \frac{5}{16}P = 0.31P$$

(5)利用静力平衡条件求其他约束反力

多余支反力确定后,由平衡方程 $\sum R = 0$ 求得固定端处的支反力为

$$R_A = \frac{11}{16}P = 0.69P$$

可见,力向固支端传递得多。

规律 2:力的传递与支持点的刚度有关,向刚度大的支持点传递得多。

将图 19-7a)中 B 点垂直方向的约束改为一个弹簧,弹簧的刚度系数 $K>0$,其他条件不变,如图 19-7d)所示。

解法同上，变形协调条件为

$$y_B = (y_B)_P + (y_B)_{R_B} = -\frac{R_B}{K} \tag{19-5}$$

变形补充方程为

$$-\frac{5P \cdot l^3}{48EI} + \frac{R_B \cdot l^3}{3EI} = -\frac{R_B}{K} \tag{19-6}$$

解超静定问题，得

$$R_B = \frac{5}{16\left(1 + \frac{3EI}{KL^3}\right)} P < \frac{5}{16} P$$

可见，力向刚度大的支持点传递得多。

再看图19-7e)所示的等剖面梁，两端固支在不同支持刚度的 A、B 点上。设 P（作用在梁中点 D）力引起 A、B 两点的反力为 R_A、R_B、M_A、M_B。

当 A、B 两点支持刚度一样时，$R_A = R_B$，$M_A = M_B$。

当 A 点刚度比 B 点刚度大时，因为 D 点要求位移同样多，才能使 DA 与 DB 在 D 点保持连续。因此，向 A 边传递的力较多。

由此可见，超静定结构的刚度应包括元件本身的刚度和支持刚度。

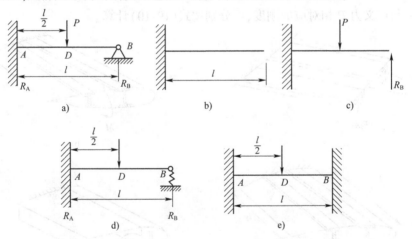

图 19-7　超静定结构中支持刚度对传力的影响

3. 静不定结构中力的刚度分配法

静定结构中，力在各元件中的分配是确定的，根据静力平衡方程即可确定各元件所受的力。而静不定结构，除去静力平衡方程外，还必须同时根据变形协调条件才能求出各元件所受的力，即力的分配还与各元件本身的刚度和支持刚度有关。在一定条件下（如机翼变形应符合平剖面假设），结构中各个元件可直接按照其本身刚度的大小比例来分配它们共同承担的载荷，这种正比关系被称为"刚度分配法"。在定性分析中，往往应用刚度分配法来研究力在静不定结构中的传递规律。

这里所说的刚度是指元件（构件）的结构刚度，它是指元件在载荷作用下抵抗变形的能力，即元件产生单位变形所需的外载荷值。一个结构（元件）有伸长、转角或扭角等各种变形，相对应的刚度就是拉伸刚度、弯曲刚度和扭转刚度等。

用刚度分配法分配载荷的具体方法如下,在图 19-8a)中,两杆并排在一起受拉,若两杆受拉后的拉伸变形量相同,即 $\Delta l_1 = \Delta l_2$,由此可得

$$\frac{P_1 l_1}{E_1 A_1} = \frac{P_2 l_2}{E_2 A_2} \tag{19-7}$$

根据定义,杆的拉伸刚度 $K = EA/l$,上式可改为

$$\frac{P_1}{K_1} = \frac{P_2}{K_2} \tag{19-8}$$

所以

$$\frac{P_1}{P_2} = \frac{K_1}{K_2} \tag{19-9}$$

此式意味着两杆分担的拉力可直接按其刚度比分配。与此类似,根据机翼的构造情况,对于中等以上展弦比的机翼,除机翼根部、开口区以及集中力作用处等局部区域外,一般可以认为,平剖面假设基本成立。因此,当机翼中有几根梁同时受广义力 P 作用时(图 19-8),各梁剖面的广义位移一致,则在各种形式载荷作用下,静不定结构中各元件分担的载荷均可按下式计算

$$P_i = \frac{K_i}{\sum K_i} P \tag{19-10}$$

式中:K——与广义力 P 相对应的刚度,可分别按式(19-10)计算。

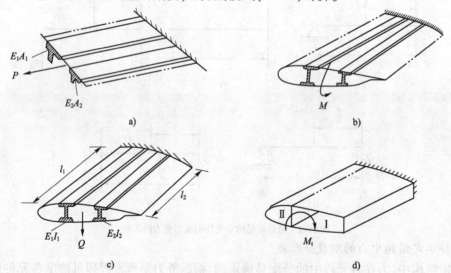

图 19-8 静不定结构中力按刚度分配

对于图 19-8b)所示情况,广义力为弯矩,广义位移为弯曲转角,则刚度为

$$K = \frac{EI}{l} \tag{19-11}$$

对于图 19-8c)所示情况,广义力为剪力,广义位移为挠度,则刚度为

$$K = \frac{3EI}{l^3} \tag{19-12}$$

对于图 19-8d)所示情况,广义力为扭矩,广义位移为扭转角,则刚度为

$$K = \frac{GI_\text{p}}{l} \qquad (19\text{-}13)$$

需要说明一点,对于静不定结构,并不是在任何情况下都能用刚度分配法得到比较精确的结果,它是有条件限制的。例如对于非平行结构,各元件间所传的力不能完全按刚度比来分配,因为它们还与元件相对于载荷的方位有关。但各元件和支座在载荷作用方向上的刚度近似与传力大小是成比例的,因此可以近似应用刚度比原则。

三、结构传力的合理性

评价结构传力的合理性有三条标准:
(1)结构传力路线短。
(2)结构材料利用率高。
(3)结构元件综合利用性好。
以上三条标准往往是相互影响的,应该综合考虑。

第二十章
机翼、尾翼结构特点及受力分析

第一节 翼面的载荷与内力

翼面是指飞行器的各种空气动力面,它包括机翼、尾翼、操纵面(舵面、副翼)等,本章所述翼面主要是指飞机机翼。机翼是飞机的升力面,用来产生气动升力,保证飞机在使用技术要求所规定的所有飞行状态下的飞行性能和机动性能。机翼还提供飞机的横向稳定性和操纵性,并用于安装起落架、发动机、储放燃油等。

一、翼面的外载荷

翼面的外载荷有如下所述的三种类型。

1. 空气动力

空气动力载荷 q_a 是分布载荷,以吸力和压力的形式直接作用在翼面的蒙皮上,形成翼面的升力和阻力,其中升力是翼面最主要的外载荷。翼面的气动载荷在各种设计情况下,数值和分布情况不同,因此,其合力的大小、方向和作用点也不相同,并将影响翼面的受力情况。

2. 翼面结构质量力

翼面本身结构的质量力 q_e 作用在翼面整个容积上,其大小与分布情况取决于翼面结构质量的大小分布规律。它的数值比气动载荷要小得多。在工程计算中,它的分布规律可近似地认为与弦长成正比。

3. 其他部件和外挂物传来的集中载荷

固定在翼面上的部件(发动机和起落架等)、副翼和襟翼等各类附翼,以及内部装载(燃油设备)和外挂物(副油箱)等,一般都是以有限的连接点与机翼主体结构相连。因此,不论是起落架传来的地面撞击力或副翼等的气动载荷以及翼面上各部件、外挂物本身的质量力(包括重力和惯性力),都是通过各自的连接接头以集中载荷的形式传给翼面。整体油箱的燃油载荷(包括燃油的质量力和油箱增压载荷等)则为分布载荷。

上述三类载荷按分布形式又可分为两种类型。一种是分布载荷,包括气动载荷、翼面本身结构的质量力和燃油载荷,按一定规律分散作用在翼面结构上,是翼面的主要载荷形式;另一种是由各接头传来的其他部件和外挂的集中载荷(力和力矩)。翼面结构质量力、其他部件和外挂物的质量力,其大小还与载荷系数有关,方向都与升力相反,对翼面起卸载作用。

翼面与机身相连,并相互支持。翼面的各种外载由翼面结构经连接接头传向机身,由机身提供支持力来平衡,如图 20-1 所示。作为简化受力模型,当翼面分成两半与机身在其左右相连时,可把每半个翼面看作支持在机身的悬臂梁;当左右翼面连成一个整体时,可把它看作支持在机身上的双支点外伸梁。这两种情况虽然在支持形式上有所不同,但对于外翼结构来说,都可以看作悬臂梁。在载荷作用下,翼面承受弯曲和扭转。精确计算中,要考虑结构支承的弹性效应,将机身视为弹性支撑。

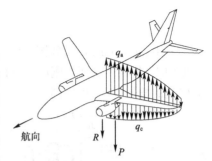

图 20-1 翼面所受的各种外载荷
q_a-空气动力分布载荷;q_c-翼面结构质量分布载荷;P-发动机或其他部件传来的集中载荷;R-机身支反力

二、翼面的内力

载荷由翼面结构向机身传递过程中,在翼面结构中将引起相应的内力,包括剪力 Q、弯矩 M 和扭矩 M_t,统称为翼面的总体内力(图 20-2)。取翼展方向为 z 轴,与 z 轴垂直的翼弦方向为 x 轴,与 x-z 平面垂直的方向为 y 轴。剪力沿 y 轴和 x 轴的分量分别为垂直剪力 Q_n 和水平剪力 Q_h。外载引起的弯矩有垂直弯矩 M_n 和水平弯矩 M_h。由于外载合力作用点一般与翼面结构各剖面的刚心不重合,因而还会引起相对于刚心的扭矩 M_t。由于 Q_h 和 M_h 数值较小,且作用在翼面刚度最大的 x-z 平面内,而翼面的升力很大,且作用在刚度最小的方向上,因此,Q_h 和 M_h 引起的正应力和剪应力比 Q_n 和 M_n 引起的引力要小得多。故在近似分析时,通常不考虑 Q_h 和 M_h,只考虑 Q_n 和 M_n 等,为方便起见,略去下标"n"。此时,机翼上剪力、弯矩和扭矩的分布如图 20-3 所示。

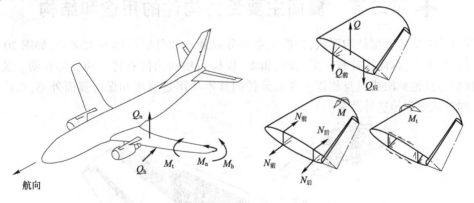

a) 翼面总体内力   b) 与外载荷相平衡的内力

图 20-2 翼面所受的力矩和剪力

翼面任一剖面处的剪力和弯矩可以用积分方法求得(从翼尖向翼根积分)

$$Q = \int_{\frac{l}{2}}^{z} q \mathrm{d}z + \sum P_i \tag{20-1}$$

$$M = \int_{\frac{l}{2}}^{z} Q \mathrm{d}z \tag{20-2}$$

分布载荷引起的剖面扭矩可以按下式求得

$$M_t = \int_{\frac{l}{2}}^{z} m_t \mathrm{d}z \tag{20-3}$$

其中，$m_t = q_a e + q_c d$，如图 20-4 所示。通常直接取刚心轴线为相对轴，刚心是翼剖面的刚度中心，各个翼剖面的刚心连成的线，称为刚心轴线。分布载荷引起的扭矩叠加上集中载荷引起的扭矩，即可得到剖面总扭矩。

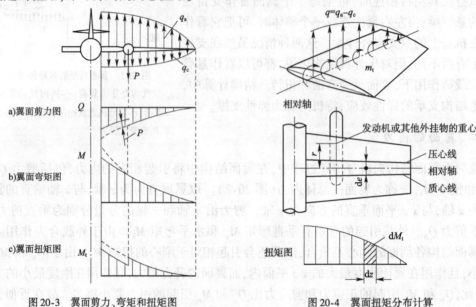

图 20-3 翼面剪力、弯矩和扭矩图

图 20-4 翼面扭矩分布计算

第二节 翼面主要受力构件的用途和结构

翼面结构属薄壁型结构形式，构造上主要分成蒙皮和骨架结构两大部分，如图 20-5 所示。骨架结构中，纵向构件有翼梁、长桁和墙（腹板）；横向构件有普通肋和加强肋。翼面结构在根部与其他翼段或机身相连。翼面元件的基本功用是形成和保持翼面外形，以产生气动力，同时承受和传递外载荷。

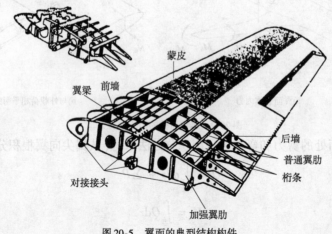

图 20-5 翼面的典型结构构件

一、蒙皮

蒙皮形成机翼表面,其功用为维持机翼外形,直接承受气动载荷并把它传递到机翼的纵向和横向受力构件上。一般情况下,蒙皮和翼梁或墙的腹板组合在一起,形成封闭的盒式薄壁结构并承受翼面扭矩;与长桁组合在一起形成壁板,承受翼面弯矩引起的轴向力。

蒙皮的质量占机翼质量的25%~40%,厚度从小于1毫米到十几毫米不等。最常用的蒙皮是硬铝合金蒙皮,对于高超声速飞机,可采用钢或钛合金,目前也开始采用碳纤维和硼纤维复合材料来制作蒙皮。蒙皮和桁条组成的壁板有组合式和整体式两种(图20-6),组合式蒙皮壁板上使用埋头铆钉连接、胶接、焊接或搭接(图20-12);从空气动力学观点来看,对接更好些,对接通常在骨架构件上进行。为了降低翼面结构质量,提高翼面刚度和表面品质(没有铆缝),并满足有良好的隔热、隔音、防震、抵抗裂纹及其他损伤的要求,常采用夹芯蒙皮,夹芯蒙皮由两层薄金属板或复合材料层板,与轻质疏松或蜂窝结构夹芯互相连接起来而成,如图20-7所示。

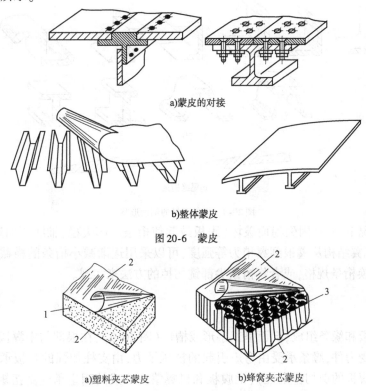

a)蒙皮的对接

b)整体蒙皮

图20-6 蒙皮

a)塑料夹芯蒙皮　　b)蜂窝夹芯蒙皮

图20-7 夹芯蒙皮

1-塑料芯;2-面板;3-蜂窝芯

二、桁条

桁条是翼面结构中沿纵向布置的细长杆件,通常固定在翼肋上,并与蒙皮连接在一起,对蒙皮起支撑作用。桁条是纵向骨架中的重要受力构件之一,承受翼面弯矩引起的轴向力和蒙皮上气动力引起的剪力。这些力的大小取决于翼面结构的形式,并对桁条截面形状和面积起着决定作用。桁条质量与机翼质量之比与机翼结构受力形式有关,梁式机翼为4%~8%,单块式机翼为25%~30%。

按截面形状来分,桁条有开式和闭式两种类型;按制造方法分,可分为板弯型材桁条[图20-8a)]和挤压型材桁条[图20-8b)]。图20-8c)给出了保证机翼后缘刚度的尾缘桁条的剖面形状。板弯开式型材由板材制造,容易弯曲,与蒙皮贴合好,得到的翼面光滑,容易与蒙皮及其他构件固接。板弯闭式型材可提高型材和蒙皮壁板压缩临界应力,但与蒙皮(特别是弯度大的蒙皮)难以固接。图20-8中所列的型材不仅可以用于桁条,也可以用作翼肋和翼梁的缘条以及加强支柱。

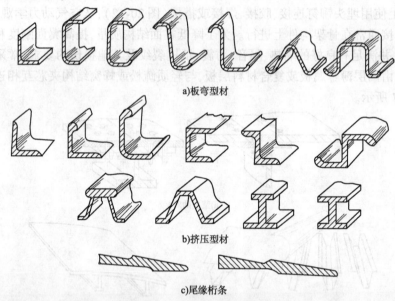

a)板弯型材

b)挤压型材

c)尾缘桁条

图20-8 桁条型材的剖面形状

在受压情况下,桁条因失稳而破坏(腹板鼓起使桁条局部失稳,轴线弯曲造成桁条总体失稳)。为使机翼结构从翼根到翼梢为等强度,可以采用逐渐减小桁条的横截面面积(或桁条数目),或变换桁条规格,或者将桁条尖部铣切掉的方法来实现。

三、翼梁

翼梁由腹板和缘条组成,剖面呈工字形或槽形(图20-9),在根部与中翼段或机身固接。翼梁是单纯的受力件,缘条承受由弯矩引起的拉压轴力,由支柱加强的腹板承受剪力(加强支柱能够提高腹板的剪切稳定性),梁腹板和机翼蒙皮形成的闭室承受由扭矩引起的剪流。在有的结构形式中,翼梁是翼面的主要纵向受力件,承受翼面全部或大部分弯矩。翼梁质量与机翼质量之比取决于机翼的结构受力形式,单块式机翼为7%~11%,梁式机翼为23%~28%。

四、纵墙

纵墙也是机翼的主要纵向受力构件,从结构上看,纵墙与翼梁相似,但纵墙的缘条较弱,并且,它与机身是铰接连接。纵墙一般都不能承受弯矩,腹板主要用来承受剪力并传递到连接接头,并与蒙皮和其他腹板(如梁腹板)组成封闭盒段以承受翼面的扭矩。纵墙把机翼翼盒与前后增升装置分开,同时对蒙皮起到支持作用,以提高蒙皮的屈曲承载能力。通常,纵墙腹板上没有减轻孔。为了提高失稳临界应力,腹板用型材支柱加强。图 20-10 给出了纵墙最常采用的结构形式和剖面形状。

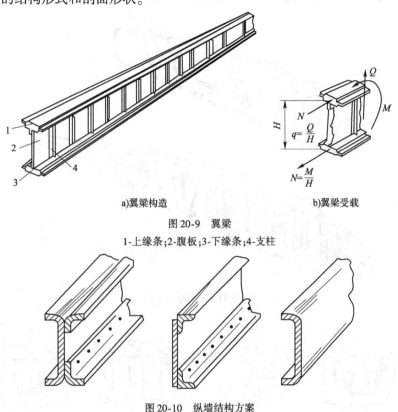

a)翼梁构造　　　　　　b)翼梁受载

图 20-9　翼梁
1-上缘条;2-腹板;3-下缘条;4-支柱

图 20-10　纵墙结构方案

五、翼肋

翼肋按其功用和构造形式可分为普通翼肋和加强翼肋。

1. 普通翼肋

普通翼肋用于维持机翼剖面形状,并将初始气动载荷(从蒙皮和桁条)传到翼梁和蒙皮上。翼肋支持蒙皮和桁条,并提高它们的抗失稳能力,而翼肋又受翼梁和蒙皮的支持。从翼肋的受力特性上看,它也是梁,它的缘条和与缘条相连的蒙皮一起承受弯曲引起的轴向力,而腹板受剪切。腹板由板材冲压成形,而缘条可以是腹板的弯边,如图 20-11 所示。当翼肋高度较大时腹板用型材支柱加强,腹板上的圆形或椭圆形开孔周围的弯边可以提高腹板的剪切失稳临界应力。翼肋质量占机翼质量的 8%~12%。

为了方便翼肋与蒙皮和桁条连接,使翼肋制造更为简单,经常采用铆接组合件翼肋。翼肋的各段(前后段和翼梁之间部分)通过大梁腹板和蒙皮互相对接起来。翼肋与桁条和蒙皮(壁板)连接方式是多种多样的。在普通翼肋的腹板上开口(冲压腹板)以使桁条通过[图 20-12a)~d)],或者整个翼肋低于桁条[图 20-12e)~h)]。

2. 加强翼肋

加强翼肋除起普通翼肋的作用外,主要用于承受与机翼相连的其他部件(起落架支柱、发动机、副翼以及机翼上其他活动部分的悬挂接头)传来的集中力和力矩,并将它们转化为分散力传给蒙皮和翼梁、纵墙的腹板。结构不连续的地方要布置加强肋,用于重新分配在纵向构件轴线转折处壁板和腹板之间的力,或在翼面结合处和大开口边界上将扭矩转变为力偶。

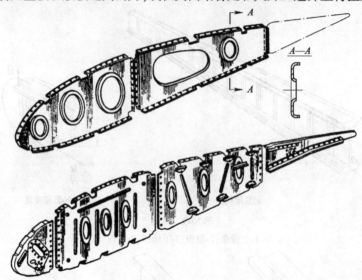

图 20-11 翼肋结构方案

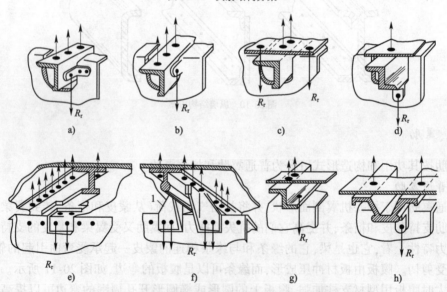

图 20-12 蒙皮、翼肋和桁条之间的互相连接形式

加强翼肋的横剖面面积较大,缘条一般采用挤压型材、腹板上不开孔,并用角材支柱加强。加强翼肋缘条不切断,而桁条通过翼肋对接。加强可以是锻造的,也可以是桁架式组合结构。

图 20-13 给出了在副翼悬挂接头的支反力 P_{eail} 的作用下加强肋的平衡和剪力、弯矩图。将 P_{eail} 移到该翼剖面刚心上,同时产生附加力矩 $M_t = P_{eail}a$。根据前后梁的抗弯刚度,可以求出支反力 Q_1 和 Q_2;扭矩引起的剪流为 $q_t = M_t/2BH$。

直机翼的根肋用来将机翼闭室剪流 q_t 引起的扭矩 M_t 转换为其固定接头上的力偶(图 20-14)。

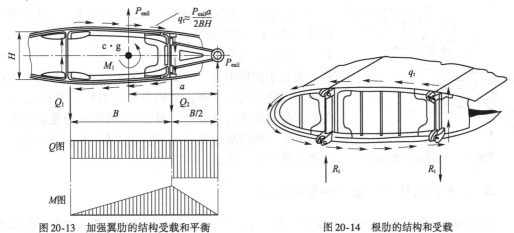

图 20-13　加强翼肋的结构受载和平衡

图 20-14　根肋的结构和受载

第三节　气动载荷的传力分析

结构在所有载荷作用下必须是平衡的。例如翼面上作用有分布的气动载荷和各接头传来的集中载荷,这些载荷是通过翼面各受力构件之间的相互传递达到平衡的。由此可见,飞行器结构的绝大部分元件都是为了合理地传递载荷而布置的。因此,为了设计出符合设计要求的结构,必须进行传力分析,弄清楚结构中载荷的传递规律。

确定了机翼上的载荷后,分析这些载荷的传递顺序和机翼各构件的受力情况,弄清楚载荷是如何传递到其固定接头上的,这有助于更好地理解机翼上每一构件的用途。翼面结构的传力分析是从直接承受空气动力的蒙皮开始的。

一、蒙皮的初始受力

作用在蒙皮上的气动吸力或压力是垂直于蒙皮中面的横向载荷,蒙皮被铆接在桁条和翼肋上。当蒙皮受吸力作用时,蒙皮受拉,连接蒙皮的铆钉受拉,桁条和翼肋提供向下的支反力,如图 20-15 所示。把蒙皮受到的支反力反一个方向,即为蒙皮传给桁条和翼肋的力,这样蒙皮就把气动载荷传给了桁条和翼肋。

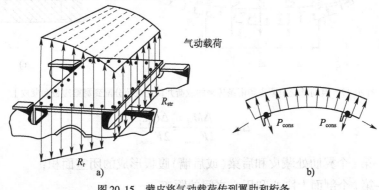

图 20-15　蒙皮将气动载荷传到翼肋和桁条

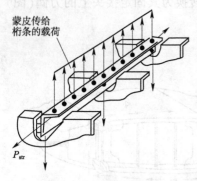

图 20-16 桁条将载荷传到翼肋

二、桁条将载荷传到翼肋上

桁条是支持在翼肋上的多支点梁,承受来自蒙皮的分布载荷,与桁条连接的几个翼肋为桁条提供支持(图 20-16)。将翼肋提供的支反力反方向作用到翼肋上,即为桁条传给翼肋的较小的集中力。图 20-12 为蒙皮、桁条和翼肋之间的各种连接方式以及载荷从桁条传递到翼肋的方式,当桁条和翼肋直接连接到蒙皮上时,极少情况载荷是通过角材上一个单独铆钉从桁条传递到翼肋上的,大部分情况载荷是通过铆钉排传递的。

三、翼肋将载荷传到蒙皮和翼梁腹板上

如图 20-17 所示,第 i 根翼肋承受从蒙皮传来的 q_{ri} 和从桁条传来的 P_{str},合力 ΔQ_i 根据翼梁抗弯刚度 EI 的大小按比例传到翼梁腹板上,而载荷 ΔQ_i 相对于剖面刚心形成的力矩 $\Delta Q_i \cdot c$ 传递给剖面闭室,它们分别通过翼肋与腹板、翼肋与蒙皮的连接处以分布力的形式传递。此时,连接翼肋与翼梁腹板、翼肋与蒙皮的铆钉受剪。

翼肋的腹板通过铆接(焊接、胶接)与翼梁腹板连接,翼肋缘条与其周缘的蒙皮连接,这些连接点限制翼肋在外载荷作用下向上移动和相对于刚心的转动,翼肋腹板此时受剪切,而缘条受拉伸和压缩。

第 i 个翼肋上的载荷 ΔQ_i 以分布力 Δq_{ti} 和 ΔQ_{ji} 的形式传递到其支持上,Δq_{ti} 为从第 i 个翼肋传递到蒙皮上的载荷。ΔQ_{ji} 为从第 i 个翼肋传到第 j 个翼梁腹板上的载荷。

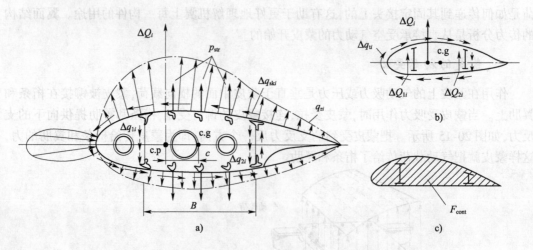

图 20-17 翼肋承受由蒙皮和桁条传来的载荷并将此载荷分配到翼梁腹板和蒙皮上

$$\Delta q_{ti} = \frac{\Delta M_{ti}}{2F_{icont}} = \frac{\Delta Q_i c_i}{2F_{icont}} \tag{20-4}$$

式中:F_{icont} ——第 i 个翼肋处蒙皮和后梁(或后墙)腹板形成的闭室面积;

c_i ——第 i 个剖面上刚心和压心之间的距离。

机翼在剪力 Q 的作用下发生弯曲,此时如果剖面相对于刚性轴不转动,则两个翼梁的挠度是相同的,因此,它们承受的载荷与其抗弯刚度成正比,即

$$\frac{\Delta Q_{1i}}{\Delta Q_{2i}} = \frac{(EI)_1}{(EI)_2} \tag{20-5}$$

$$\Delta Q_i = \Delta Q_{1i} + \Delta Q_{2i} \tag{20-6}$$

$$\Delta Q_{1i} = \Delta Q_i \frac{(EI)_1}{(EI)_1 + (EI)_2} \tag{20-7}$$

刚心相对于前梁腹板的位置 x_g 可以按以下公式求出,其中,B 为两翼梁间的距离。

$$x_g = B \frac{(EI)_2}{(EI)_1 + (EI)_2} \tag{20-8}$$

已知刚心的位置,就可以求出该剖面上的扭矩 ΔM_{ti},即

$$\Delta M_{ti} = \Delta Q_i (x_p - x_g) = \Delta Q_i c_i \tag{20-9}$$

翼梁对第 i 个翼肋的反作用剪流为 $\Delta q_{ji} = -\Delta Q_{ji}/H_{ji}$,$H_{ji}$ 为第 i 个翼肋处第 j 个翼梁腹板高度。蒙皮对第 i 个翼肋的反作用力为 $\Delta q_{ski} = -\Delta q_{ti}$。显然对翼肋的所有支反力都是分布的,并且是以翼肋与蒙皮、翼肋与翼梁腹板连接铆钉上的剪流形式体现的。

四、翼梁的受力

由翼肋传到翼梁腹板上的剪流,在翼梁腹板上产生沿翼梁长度的阶梯式累积剪力,图 20-18 所示为前梁腹板的受载情况。梁腹板接受从翼肋传来的剪流 $\Delta q'_{1i} = -\Delta q_{1i} = \Delta Q_{1i}/H_{1i}$ 和 $\Delta q'_{2i} = -\Delta q_{2i} = \Delta Q_{2i}/H_{2i}$,该力与翼梁和机身隔框固定接头上的反力平衡。

图 20-18 所示为腹板的受载和宽度为 Δz 的一个小单元翼梁腹板的受力平衡情况,沿这个单元的右边缘作用一个从翼梢到翼根方向累积的剪流 $\Delta q'_{1i}$,左边缘上将作用有同样的剪流 $\Delta q'_{1i}$,但方向相反。腹板单元在这两个剪流的作用下不能平衡,为了使其平衡,连接上下缘条的铆钉应向腹板提供剪流 q_f。

由腹板单元的平衡条件可知,$q_f = \Delta q_{1i}$,并且,在这些载荷的作用下翼梁腹板受剪,翼梁缘条上的铆钉受水平方向的剪切。

通过连接缘条和腹板的铆钉,使缘条内产生轴向力流 S_f,它沿机翼向根部累积,在翼根剖面处由前后梁固定接头的支反力 S_1 和 S_2 平衡。

由翼梁腹板传递到缘条上的剪流在向机翼根部累积的过程中也使壁板受到轴向载荷,壁板也以此形式承受弯矩。此时轴向载荷在纵向构件(翼梁缘条和壁板)之间按抗弯刚度分配。

五、蒙皮的总体受载

如图 20-19 所示,由翼肋传到蒙皮闭室上的剪流形成沿翼肋阶梯式累积的扭矩,该扭矩由蒙皮和后墙形成的闭式承受。从第 i 个翼肋传到蒙皮上的闭环剪流简化为 $\Delta M_{ti} = \Delta q_{ti} \cdot 2F_{icont}$,它力图使该剖面相对刚心转动,因此这个载荷引起机翼的总体扭转变形。

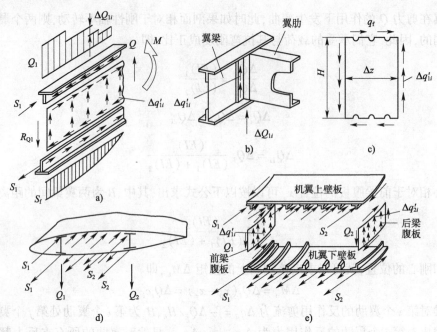

图20-18 翼梁腹板和缘条受载图

扭矩从翼梢向翼根累积,在机翼根部剖面处的扭矩为 $M_t = \sum \Delta M_{ti}$,这一扭矩在机翼根部剖面由接头支反力 $R_t = M_t/B$ 来平衡。

在扭矩 M_t 的作用下,机翼蒙皮受剪,因而机翼扭转的总体变形是由机翼上蒙皮单元剪切变形累积的。

由于蒙皮是以剪切形式承受扭矩 M_t 的,为使扭矩能以闭环剪流 q_t 的形式沿蒙皮传递,必须满足以下条件:

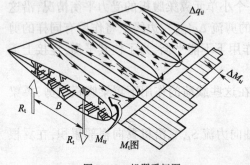

图20-19 机翼受扭图

(1)蒙皮应是封闭的,周边不应有开口,切向应力沿闭室周边传递。周边如有开口,开口处应进行结构补强。

(2)为将机翼根部剖面处的扭矩传递到机翼与机身连接接头上,蒙皮应支持在根部加强肋上,由该肋将 M_t 转化为力偶 R_t。

(3)在使用载荷作用下,蒙皮不应失稳(它取决于蒙皮的厚度和蒙皮的支持条件——翼肋和桁条的间距)。

(4)蒙皮应有足够的厚度,以防止在飞行中由于机翼的扭转变形使迎角发生变化,从而影响飞机的稳定性和操纵性。

六、典型直机翼传力过程框图

图20-20所示为典型双梁式直机翼的气动载荷传递框图,这是一个定性的、典型的机翼传力分析框图。根据具体机翼结构受力形式,机翼载荷传递过程与此并不完全相同,要结合具体机翼结构受力形式作具体分析。

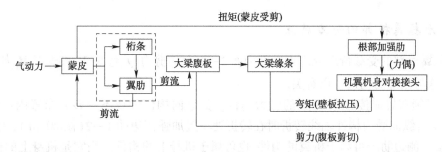

图 20-20 典型双梁式直机翼的气动载荷传递框图

第四节 后掠翼结构受力及其分析

一、后掠翼根部的结构受力形式

后掠翼上的受力构件与直机翼上是一样的。后掠翼的载荷传递特点取决于与机身相连的机翼根部区域的结构模式,在这个区域以外的外翼段,其结构和受载情况与直机翼没有什么区别。

按机翼根部结构的受力形式,后掠机翼可分为两大类:

(1) 机翼纵向受力结构件折转的后掠翼。图 20-21a)为单梁式后掠机翼,图 20-21b)为双梁式后掠翼,图 20-21c)为多梁式后掠翼,图 20-21d)为在飞机对称面上有加强肋的后掠翼,图 20-21e)为整体式后掠翼,图 20-21f)为整体式带外置梁的后掠翼。

(2) 主要纵向受力构件不转折的后掠机翼,如带内撑梁的梁式机翼,如图 20-22 所示。

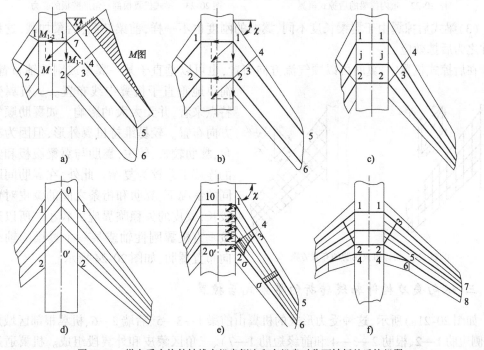

图 20-21 纵向受力构件轴线在机身侧边和在机身对称面转折的后掠机翼

二、后掠翼根部的受力特点

后掠翼根部的受载特点取决于根部剖面 2—3 上的剪力 Q、弯矩 M 和扭矩 M_t 如何向机身传递,这与根部的构造特点有关。

(1)必须布置能传递弯矩 M 的受力构件。如纵向构件轴线不折转时布置内撑梁 2—4(图 20-22);纵向受力构件轴线转折时在转折处布置加强侧边肋 1—2(图 20-21),用于承受弯矩分量。侧边肋既可属于机翼的构件,也可属于机身上的构件。当它是机身上的构件时,侧翼支持在加强框上,而且是机身侧壁的一部分。内撑梁 2—4 作为前梁的第二个支点是必需的,如果前梁上点 1 处的弯矩为零,就可以去掉侧边肋,因为它会妨碍起落架支柱和机轮在机翼、机身内的收放。

(2)对于梁式机翼,为了以点 2 和点 3 处的力偶形式传递扭矩 M_t,必须有根部翼肋 2—3。这种机翼的根部三角区 1—2—3 不可能承受剪流 q_t,因为机身侧面上的正应力 σ 等于零,机翼侧边自由端上无法平衡剪流,如图 20-23 所示。

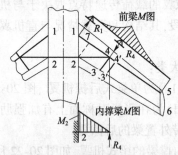

图 20-22 带内撑梁的后掠式机翼

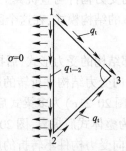

图 20-23 梁式机翼根部三角形壁板的受力

(3)梁式后掠翼由于翼梁长度不同,翼梁的刚度也不一样,前梁卸载,后梁加载,这种现象称之为后掠效应。

在后掠式机翼中,翼肋可以顺气流方向布置,也可以垂直于某一翼梁或刚性轴布置,或简单地垂直于机翼中线布置。从机翼受力特点来看,并无太大的影响。如翼肋顺气流方向布置。较易维持机翼外形,但因为有斜角,翼肋较长、较重,翼肋与翼梁腹板和蒙皮的连接工艺较为复杂。此外,在翼肋间距相同的情况下,翼肋和桁条之间的蒙皮对角线较长,蒙皮的失稳临界应力较小。所以通常按垂直机翼刚性轴或某一个翼梁的轴线方向布置翼肋,如图 20-24 所示。

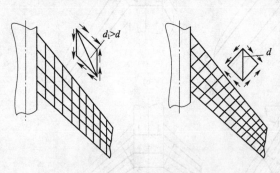

图 20-24 后掠机翼翼肋的布置方案

三、纵向受力构件轴线转折的单梁式后掠翼

如图 20-21a)所示,这种受力形式的机翼由前梁 1—3—5、后墙 2—6、机翼根部区域加强肋(侧边肋 1—2、根肋 2—3—4 和前缘短肋 1—7)、三角区蒙皮和外翼段组成。机翼通过固接接头和铰接接头与机身对接。侧边肋缘条在点 1 处通过加强板带 8 与翼梁缘条相连,使

侧边肋能够承受因前梁转折引起的分弯矩,如图 20-25 所示。所以在点 1 处,侧边肋与前梁要固接,而在点 2 处,侧边肋与后墙腹板铰接,以缩小后掠效应。根肋 2—3—4 铰支在点 2 和点 3 处(与前梁和后墙腹板铰接)。前缘短肋 1—7 可看作是固支在接头 1 处的悬臂梁,其缘条通过加强带板 8 同翼梁缘条相连。

剪力 Q、前梁上的弯矩 M 沿前梁传递,扭矩 M_t 由机翼蒙皮和前、后腹板形成的闭室以剪流形式传递,在传递到根肋之前,其传力过程与直机翼相同,从根肋剖面向机身的传递过程如下:

剪力 Q 以前梁 1—3 段受剪和受弯的形式传递到接头 1,如图 20-25a)所示。

点 1 处的弯矩分为两部分:$M_{1-2} = M\sin\chi$ 和 $M_{1-1} = M\cos\chi$。M_{1-1}(力偶 S_{1-1})传递到机身部分的翼梁或加强框 1—1 上,并同左翼梁上对应的力矩平衡(在对称受载时)。这时,翼梁 1—1 段受纯弯[图 20-25b)]。原则上讲,此时翼段 1—1 可以不带腹板,因为腹板剪力 $Q_{w1-1} = 0$。但是当机翼受不对称载荷时,$Q_{w1-1} \neq 0$,1—1 段翼梁上的腹板就是需要的。力矩 M_{1-2}(力偶 S_{1-2})由侧边肋 1—2 承受,并以力偶 R_{1-2} 的形式传递到机翼与机身的连接接头 1、2 上,这时侧边肋受横向弯曲,如图 20-25c)所示。随着后掠角 χ 的增大,分量 M_{1-2} 增大。一般来说,为了使侧边肋能够承受力矩 M_{1-2},侧边肋缘条应与前梁缘条连接起来。

扭矩 M_t 以闭室剪流 $q_t = M_{t2-3-4}/2F_{2-3-4}$ 作用在根肋 2—3—4 上,根肋在 2、3 点分别受接头和前梁支持,支反力偶 R_t 使根肋受载平衡,R_t 的反作用力将传到接头 2 和前梁上,如图 20-25d)所示,前梁 1—3 段以剪切和弯曲形式将该载荷传到接头 1 处。

在根部结构中,除了根肋 2—3—4 之外,还可以有一个加强前缘的短肋 1—7,用以承受机翼前缘上的扭矩 M_{t1-7}。该肋在接头 1 处固支,它的腹板用角片同前梁腹板相连,而缘条通过加强垫板 8 同前梁及侧边肋连接。如图 20-25e)所示,M_{t1-7} 分解为侧边肋上的分弯矩

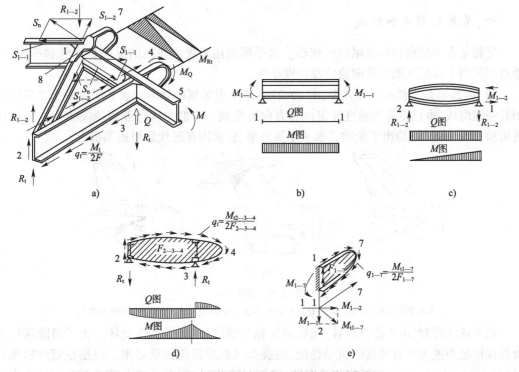

图 20-25 梁式后掠翼根部三角区的结构及其受载分析

M_{1-2} 和机身受力构件上的分弯矩 M_{1-1}。在 M_{t1-7} 作用下,翼肋1—7作为悬臂梁承受弯曲和剪切。在其剖面上作用有剪力和弯矩,所以,其剖面也应是工字梁形状。

由以上分析可知,后掠翼在机翼机身对接接头处出现了一些附加的力和力矩,它们的产生与机翼根部三角区的受载特点有关。图 20-26 是单梁双墙式后掠机翼。机翼后掠角 $\chi = 45°$,侧边肋承受机翼弯矩的 71%。所以侧边肋的缘条很厚,这种缘条是通过加强带板与翼梁缘条相连的,而腹板是由截面较大的杆组成的桁架式结构。根肋也是桁架式结构,它承受的载荷和受载特性与图 20-22 上的根肋 2—3—4 一样。该机翼的所有普通肋都是桁架式结构。翼梁上的固接接头非常强,整个机翼的弯矩 M 和机翼的大部分剪力 Q 都要通过它传递到机身加强框和侧边肋上。这里,采用桁架式翼肋结构的原因是机翼剖面结构高度大,并且机翼内无油箱。

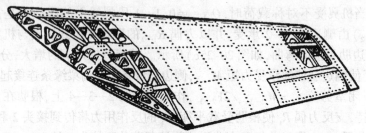

图 20-26 单梁双墙式后掠机翼

第五节 飞机尾翼的结构与受力分析

一、尾翼的用途和组成

尾翼是水平尾翼和垂直尾翼的统称。水平尾翼用于保证飞机的纵向稳定性和操纵性,垂直尾翼用于保证飞机的航向稳定性和操纵性。

图 20-27a)是常规的尾翼外形,图 20-27b)是 T 形尾翼的外形。水平尾翼由水平安定面和升降舵组成,垂直尾翼由垂直安定面和方向舵组成。它们是现代亚声速飞机上典型的尾翼构型。图 20-27c)给出了全动式水平尾翼外形,它常用在现代超声速飞机上。

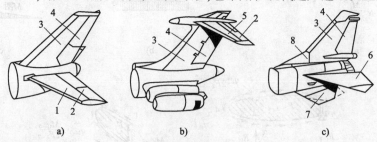

图 20-27 尾翼布局

1、5-水平安定面;2-升降舵;3-垂直安定面;4-方向舵;6-全动水平尾翼;7-腹鳍;8-背鳍

超声速飞行时,由于焦点后移,飞机的静稳定性增加,但操纵性变坏。为了消除这种现象并保证超声速飞机有较高的机动性能,应提高飞机的纵向操纵效率。但是在超声速飞行时($Ma > 1$),由于在舵面前缘产生了激波,舵面偏转时引起的压力变化不能扩展到整个水平

尾翼上,使升降舵效率降低,这与亚音速飞行时的情况不同,如图20-28所示。采用全动式水平尾翼能明显提高水平尾翼的效率(特别是在超声速时)。但很少采用全动式垂直尾翼,因为在大多数情况下,方向舵的剩余效率足以保证飞机的正常操纵。

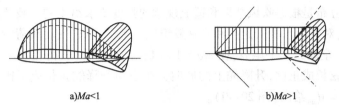

a)$Ma<1$　　　　　　　b)$Ma>1$

图 20-28　水平尾翼上的流场扰动图

为了提高垂尾的效率,还采用了腹鳍来增加飞机的稳定性,并且在大攻角飞行时降低了由于机翼和机身对垂尾的遮挡而产生的对航向稳定性的影响。背鳍也可以提高垂尾的效率。

相对于机体结构,尾翼的相对质量 $\overline{m}_{\text{tail}}$ 为 1.5%~2.5%。

二、对尾翼的基本要求

尾翼的效率取决于速压、尾翼面积、形状和布局、尾翼的刚度及其对尾翼的支持刚度。对尾翼的基本要求就是在最小尾翼质量的要求下,保证飞机在所有飞行状态下具有所要求的稳定性和操纵性。为满足这项要求,首先要合理选择尾翼的形状、参数和布局。图20-29和图20-30给出了飞机的气动(配平)布局和作用在飞机上的力。除此之外,因飞机配平造成的升阻比损失要尽可能小;尾翼不允许产生危险的振动——颤振或抖振。

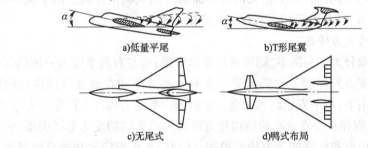

a)低量平尾　　　　　　b)T形尾翼

c)无尾式　　　　　　　d)鸭式布局

图 20-29　不同气动布局时水平尾翼的不同位置

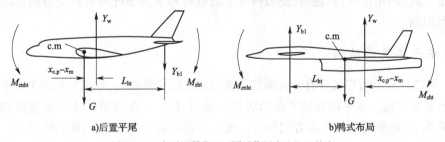

a)后置平尾　　　　　　b)鸭式布局

图 20-30　水平尾翼位置不同时作用在飞机上的力

三、尾翼上的载荷

1. 水平尾翼的受载

水平尾翼上作用有分布的气动载荷和质量载荷。水平尾翼上气动载荷由平衡载荷、机动载荷和在扰动气流中飞行时阵风作用下的升力增量组成。平衡载荷保证飞机在水平直线飞行时处于平衡状态,机动载荷使飞机实现俯仰。质量载荷来自尾翼结构,因其量值不大,可忽略不计。

气动载荷的分布是根据吹风结果和适航规章的强度要求给出的。载荷沿翼展的分布大约与弦长成正比,对于由水平安定面和升降舵组成的水平尾翼,气动载荷沿翼弦的分布如图 20-31 所示。对于全动式水平尾翼,在 $Ma>1$ 时是均匀分布。载荷在水平安定面上沿翼展的分布与安定面弦长成正比,升降舵上的展向分布也与升降舵弦长成正比。设计平衡载荷由平衡条件 $M_{znht} = M_{zht}$ 给出(图 20-30)。

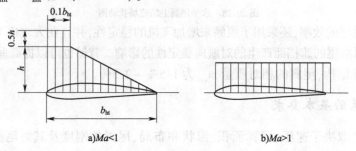

图 20-31 气动载荷沿弦向的分布

2. 垂直尾翼上的载荷

垂直尾翼上的载荷的计算与水平尾翼的载荷计算相似。但对于装有多台发动机的飞机,可能会遇到特殊受力情况,如不在飞机对称面的一侧发动机停机。由于发动机停车,相对 Y 轴产生的力矩 M_y 基本上要用垂直尾翼上产生的平衡力抵消。

3. 尾翼各部分的受力情况

如果水平安定面分为左右两半,则可看作是悬臂梁;而左右两半连为一体的整体式水平安定面则看作是双支点外伸梁。它们承受分布的气动载荷和在舵面悬挂点处的集中支反力。在这些载荷作用下,水平安定面和垂直安定面的主要受力构件上产生剪力 Q、弯矩 M 和扭矩 M_t。水平安定面和垂直安定面的结构受力形式与机翼结构受力形式类似,它们的受力构件及其所起的作用也和机翼的受力构件类似。因此,水平安定面和垂直安定面上的载荷向其固定支点(固定接头)传递时,受力构件上的载荷和受力情况与机翼受力构件的受力情况也是类似的。

四、水平尾翼的结构

图 20-32a)所示为与机身有分离面的尾翼的典型结构和布局,它由左右两个水平尾翼和一个垂直尾翼组成。水平尾翼的平面形状是梯形,它包括一个双梁式水平安定面和一个单梁式升降舵,在舵面的根部后缘有调整片。安定面的结构与双梁式机翼结构相似。在升降舵悬挂接头 II 处,为了承受由舵面上传来的集中载荷,在水平安定面上布置了一个加强肋,它的缘条较强,腹板用支柱加强并且不开孔。该加强肋将受到的载荷传递到梁的腹板和水平安定面蒙皮上[图 20-32d)],在自身平面内受剪切和弯曲。大梁腹板以剪切形式承受剪力 Q,并将它传递到水平安定面的固定接头上,固定接头可以装在后机身水平安定面中央翼结构部分的梁上。如果水平安定面没有中央翼,它可以连接在机身加强框上。腹板用接头

和垫板与接头相连。水平安定面的蒙皮承受由于扭矩形成的剪流(肋受弯时),并把 M_t 传递到水平安定面根部加强肋上,在此处 M_t 转换成水平安定面固定接头上的一对力偶。水平安定面的弯矩以力偶形式通过梁缘条传到固定接头上,或者在水平安定面的中央翼梁段上自身平衡,或者在水平安定面的其他构件——机身加强框上平衡。

图 20-32b)给出了升降舵的悬挂接头结构。连接接头安装在升降舵的梁上,它通过螺栓与支臂的连接耳片相连,支臂用螺栓固定在水平安定面后面的缘条上。在详图 Ⅱ 上有:带腹板的水平安定面的梁缘条、肋缘条和它们的腹板,用于将翼肋的缘条和腹板与梁的缘条和腹板连接在一起的角材和垫板。切面 C—C 是通过升降舵连接接头沿转轴剖开的,该切面通过了螺栓、衬套和水平安定面升降舵悬挂接头支臂的耳片中的球面轴承。

图 20-32c)所示为用电机操纵的升降舵调整片,电机安装在水平安定面的后缘部分,通过升降舵上的摇臂、拉杆和摇臂、调整片上的摇臂实现操纵。

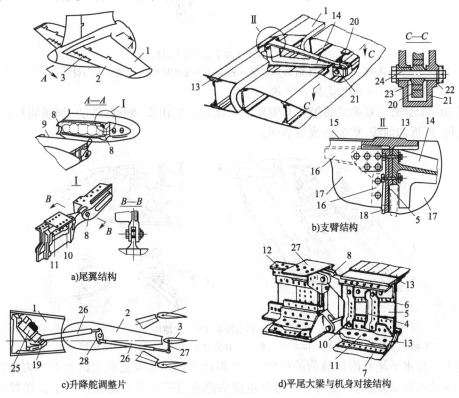

图 20-32 典型水平尾翼及其结构

1-双梁式水平安定面;2-单梁式升降舵;3-调整片;4、6、10、18-垫板;5、17-腹板;7、27-蒙皮;8、11、21-接头;9-加强肋;12、13-梁缘条;14-支臂;15-肋缘条;16-角材;19、28-摇臂;20-耳片;22-衬套;23-球面轴承;24-螺栓;25-电机;26-拉杆

五、垂直尾翼的结构

1. 常规布局的后掠垂直尾翼的结构

垂直尾翼由垂直安定面和方向舵组成。图 20-33 给出了典型的后掠垂直尾翼,垂直安定面为双梁式结构,方向舵为单梁式结构,悬挂于垂直安定面后缘,它既有轴式补偿,又沿方向舵前缘有分散的配重。垂直安定面前缘装有防冰系统。

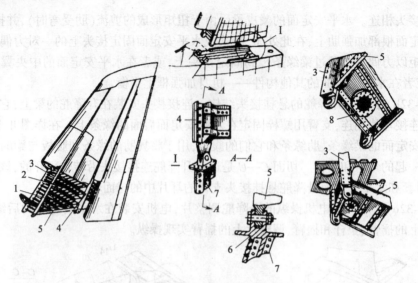

图 20-33 常规布局垂直安定面结构
1-根肋;2-普通肋;3-前梁;4-后梁;5-侧肋;6-框上的接头;7-加强框;8-角材

2. T 形布局的后掠垂直尾翼的结构

图 20-34 给出了双梁式后掠垂直安定面的结构。它由梁、侧肋、端肋、加强肋和普通肋、左右壁板、可拆卸前缘、翼尖整流罩组成。

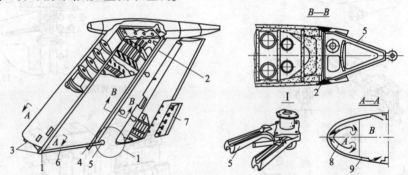

图 20-34 T 形布局垂直安定面结构
1-前梁;2-后梁;3-前梁接头;4-后梁接头;5-悬挂支臂;6-侧边肋;7-调整片;8-隔膜;9-波纹板

由于来自水平尾翼附加载荷的作用,在 T 形尾翼的垂直安定面上的所有承力构件都应加强。在梁的根部,通过螺栓用钢质的对接接头把垂直安定面固定在机身上。在梁的上部用螺栓安装了垂直安定面前梁上的钢接头耳片,用于固定水平安定面操纵杆的摇臂,这也是水平安定面的前固定接头;在垂直安定面的后梁上有固定水平安定面后接头的接头耳片。加强侧肋和端肋是工字形剖面,其腹板用支柱加强。后掠垂翼上的侧肋在受力特性上与同样受力形式的机翼侧肋一样。加强翼肋的后端用垫板加强,并带有特殊的接头,利用该接头将方向舵悬挂支臂连接到加强翼肋上。垂直安定面上的壁板通过补偿片固定在加强肋上。在垂直安定面的前缘,在外蒙皮和波纹板之间,在隔膜和壁板之间形成的隔离腔 A 和 B 用于合理分散防冰系统产生的热气。热气通过翼尖整流罩上的格栅流出去。

第二十一章
机身结构特点及受力分析

✈ 第一节 机身上的主要载荷

一、飞机其他部件传给机身的力

机身的主要载荷是由与其相连的飞机其他部件(机翼、尾翼、动力装置、起落架等)传给机身的力(图21-1)。在不同设计载荷情况下,这些力的大小是不同的。因此,必须校核所有设计载荷情况下的强度。

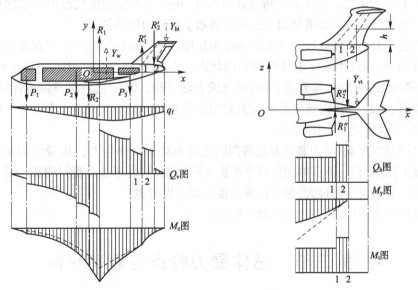

图21-1 机身受载及内力图

二、机身受到的质量力

机身上的每个部件(货物)i,其质量力 P_i 都要考虑过载值 n_{ei} 和安全系数 f_i,即

$$P_i = m_{ig} n_{ei} f_i \tag{21-1}$$

其中 m_i 为第 i 个部件(货物)的质量。单位长度机身上的飞机结构质量的分布载荷 q_f 可以近似地用关系式表示为

$$q_f = \frac{m_f g H_f n_d}{S_s} \tag{21-2}$$

式中：m_f——机身质量；

S_s——机身侧面投影面积；

H——机身高度；

n_d——每种载荷情况下质心处的设计过载。

三、分布在机身表面的气动力

在机身的突出部位，气动力的值可能很大（例如，舱盖上方的吸力可达 80~100kN/m²）。但是，机身横截面上的气动力实际上是可自身平衡的，只是在校核蒙皮与口盖的连接、口盖与机身骨架的连接强度时，才以气动力为设计载荷。

四、机身密封舱的增压载荷

这些力对机身局部强度是设计载荷。通风型密封舱内的压差 Δp，对军用飞机可达 0.03~0.04MPa，对客机则可达 0.06~0.07MPa，对再生式密封舱，$\Delta p = 0.1$MPa。

五、特殊情况下机身上的载荷

飞机除了在正常使用条件下受到的载荷以外，还要考虑在强度规范中规定的相关特殊情况，比如，飞机没有放下起落架而在土跑道和水上进行迫降的情况。

机身的载荷大小不仅取决于飞机的用途和使用条件、机翼平面形状、尾翼布局形式或平面形状（侧向）等，而且也取决于飞机所处的状态（机动、给定和非给定速度下的水平飞行，带侧滑和不带侧滑的飞行，爬升或下降，起飞或着陆、滑行等）。进行机身强度计算时，机身受弯情况如图 21-1 所示，扭转情况可认为安定面承受非对称载荷情况（特别是 T 形布局形式）及垂直尾翼也承受非对称载荷。

在外力（机翼、尾翼、动力装置和起落架固定接头处的反作用力）、机身结构和机身内部货物的质量力的作用下，机身如同在两个平面上同时受剪、受弯以及受扭的梁。沿机身 x 方向的轴向力一般来说不是很大，但在计算强度时要予以考虑。

作用在机身上的外力与质量（惯性）力平衡。

第二节 总体受力特点与载荷平衡

机身上的外载荷除轴向外力外，按其性质可分为对称载荷与不对称载荷，以图 21-1 的机身为例，图中 Oxy 与 Oxz 平面上作用有对称载荷和不对称载荷。其中，R_1 和 R_2 为机翼和机身固定接头处支反力（其值可能比机翼升力大），R'_1 和 R'_2 为水平安定面和机身固定接头处支反力，R''_1 和 R''_2 为垂直安定面固定接头处的支反力。机身内部装载物的质量力 $P_i = m_i g n_i$，其中，i 为某 i 个装载物，n_i 为第 i 物体过载系数，m_i 为第 i 物体的质量。q_φ 为机身各构件的质量分布载荷。

在横向载荷作用下，机身上全部载荷在机身与机翼对接处得到平衡，因此，机身总体受力形式,可以看作是支持在机身与翼面连接接头上的外伸梁。各种设计情况的外载荷,使机身上产生在垂直对称面和水平对称面内的剪力、弯矩和绕机身轴线的扭矩,如图21-1所示,从中可以看出如下特征:

(1)机身在连接接头处对机翼和尾翼的支反力的值可能比机翼升力(L_w)和尾翼升力(L_H)本身要大,比如,当机翼为后掠翼,尾翼是T形后掠翼时,有$R_1 > L_w$,$R'_2 > L_H$,这时,承受在这些机身横剖面上的载荷超过了作用在机翼和尾翼上的载荷,这就要求加强机身结构,从而额外增加质量。特别是对T形后掠翼,需要在后机身垂直安定面和大梁之间进行加强(图21-1中1、2点之间),此处的Q_y和Q_z比机身相邻段上要大得多。对非后掠机翼和正常式非后掠尾翼的飞机,其机翼和尾翼的压力中心投影点位于这些部件和机身连接接头之间,机身横剖面上的载荷不会超过作用在机翼和尾翼上的力。

(2)当发动机布置在后机身上时会使弯矩M_z明显增大(如图21-1上的弯矩M_z图)。

(3)当机身的布局使质量沿x轴的质心分散较大时,或在给定机身直径d_f(机身最大横截面面积$s_{f\max}$)值情况下增大机身长细比λ_f(前机身长细比λ_{ff}和后机身长细比λ_{sf})时,与(2)的情况类似,会增大。

(4)增大垂直尾翼的高度会使M_t增大。在垂直安定面大梁和加强框连接接头位置(在1和2点之间),$M_z = 0.5 d_{af} R''_1 + Y_{vt} h$,而在接头1的前面一段上,$M_z \approx Y_{vt}(0.5 d_{af} + h)$,$d_{af}$为后机身直径。

✈ 第三节 机身基本承力构件

一、长桁与桁梁

长桁与桁梁均为机身的纵向构件。在桁条式机体结构中,长桁与蒙皮组成加劲壁板承受机身弯曲时产生的轴力以及轴向载荷引起的轴力,另外,长桁对蒙皮起支持作用,提高蒙皮受压、剪时失稳临界应力。在桁梁式机体结构中,布置了横截面积较大的桁梁来承受机身弯曲时产生的轴力以及轴向载荷引起的轴力,并且桁梁又可作为开口处加强件和承受集中载荷。机身的长桁与翼面的长桁相似,长桁承受部分作用在蒙皮上的气动力并将其传给隔框。

二、隔框

框的功用与翼面中的肋相同。根据框的作用,可分为普通框和加强框,普通框用于维持机身的截面形状以及固定蒙皮和桁条,主要承受蒙皮传入机身周边的空气动力和机身弯曲变形引起的分布压力q_1(图21-2),q_1是框平面内自身平衡载荷。当空气动力作用在框上是非对称载荷时(图21-3),为了平衡此载荷,蒙皮沿框周缘通过铆钉受剪提供支反剪流。框在自身平面内应有较高的刚度,借助于蒙皮能很好地承受自身平面内的横向弯曲,普通框的典型结构如图21-4所示。框截面有两个缘条和一个腹板,能保证框承受弯曲和剪切。加强框主要功用是将装载的质量力和各部件传入的集中力加以扩散,然后以剪流形式传给蒙皮。

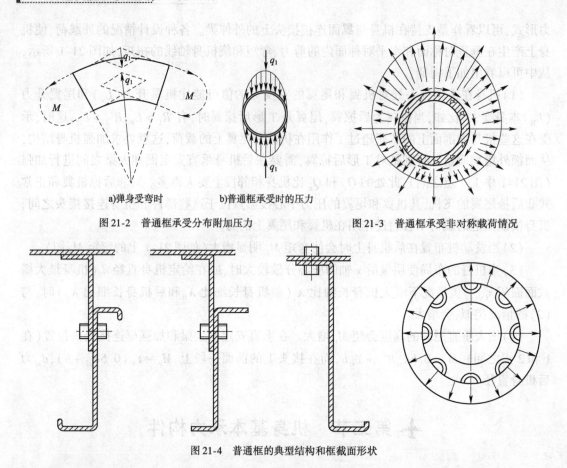

a) 弹身受弯时　　　　b) 普通框承受时的压力

图 21-2　普通框承受分布附加压力　　　　图 21-3　普通框承受非对称载荷情况

图 21-4　普通框的典型结构和框截面形状

三、蒙皮

机体蒙皮的作用和翼面蒙皮相同,在总体受力中蒙皮承受垂直和水平面内剪力以及扭矩。同时,蒙皮与长桁组成加筋板承受两个平面内弯矩引起的轴力和轴向载荷引起的轴力。从构造上的功用说,蒙皮构成机身的气动外形,并保持表面光滑,同时承受局部空气动力或气密载荷。

第二十二章
起落架结构特点及受力分析

✈ 第一节 起落架的外载荷

各类强度规范和设计手册中对起落架的载荷有具体的规定,大致有以下几种载荷情况。

一、着陆撞击载荷

飞机降落时可能是三点着陆、两点着陆,甚至是一点侧滑着陆,如图22-1所示。这样,着陆时起落架会受到不同的撞击载荷,有垂直撞击载荷、前方撞击载荷、侧向撞击载荷以及与旋转有关的惯性力矩等。战斗机垂直方向的过载系数为 $3\sim5$,小型多用途飞机为 $2\sim3$,运输机为 $0.7\sim1.5$;在不光滑的跑道上粗暴着陆时,水平方向的过载系数约为 $1\sim2$,带侧滑接地或在地面急转弯时,侧向过载系数为 $0.3\sim1.0$。

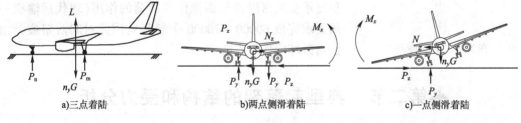

a) 三点着陆　　b) 两点侧滑着陆　　c) 一点侧滑着陆

图 22-1　着陆撞击情况

二、滑跑冲击载荷

飞机在起飞和着陆滑跑过程中,由于跑道地面不平或地面上有杂物,起落架将受到反复作用的冲击载荷,如图22-2所示。另外,在着陆滑跑中还会有由于未被减震装置消散掉的着陆能量所引起的振动(逐渐衰减)载荷,这类载荷比着陆撞击载荷小,但其反复作用的次数多。

三、刹车载荷

为了缩短着陆滑跑距离,在滑跑过程中需要刹车。这时会引起轮胎与地面间的摩擦阻力 P_f,其方向与飞机的运动方向相反。此外,由于刹车力矩的存在,会引起起落架垂直方向载荷的变化,如图22-3所示。

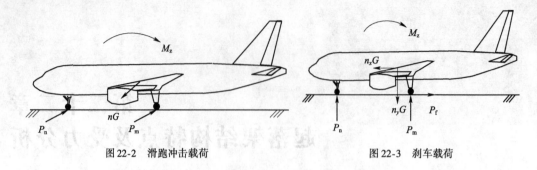

图 22-2 滑跑冲击载荷　　　　图 22-3 刹车载荷

四、地面静态载荷

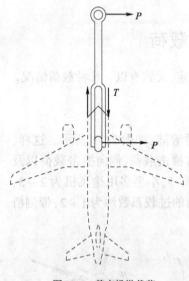

图 22-4 静态操纵载荷

地面静态载荷包括静态操纵载荷和地面停放载荷。飞机在地面进行移动进入定位时,通常用牵引架对起落架进行各方向的推、拉、扭、摆等操作,造成较大的侧向载荷和扭转力矩,如图 22-4 所示。如果操作不谨慎或比较粗暴时,会对起落架造成较大损伤。飞机在地面停放并固定时,可能会受到来自各方向的大风引起的系留载荷。

除此之外,起落架还受到其他一些载荷,如收放过程中收放机构传来的载荷,多轮起落架各轮受载不均引起的偏心载荷等。起落架的载荷多种多样,而且大都是动载荷。在这些载荷作用过程中,伴有减震器的收缩、机轮的旋转和刹车等现象和操作,起落架可能会出现各种振动,加之多次重复承受起落以及地面操作等载荷的作用(现代运输机一般要求完成 60000~70000 个起落),因此对起落架疲劳损伤与破坏应作重点考虑。

第二节　典型起落架的结构和受力分析

根据承受和传递载荷的方式及受力结构形式,可将起落架分为桁架式、梁式和桁架—梁式三种形式(图 22-5)。

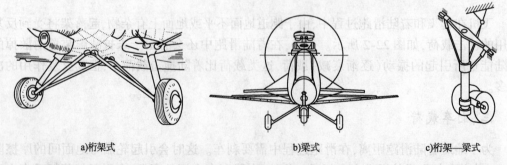

a) 桁架式　　　　b) 梁式　　　　c) 桁架—梁式

图 22-5 起落架的结构形式

桁架式起落架由杆系组成空间桁架结构,起落架不可收放,桁架中的杆在任何形式的载荷作用下只受拉压,相对受弯来讲,杆件受力更为合理,但这种结构较为笨重,现代飞机上并不采用。

梁式起落架中只有一根梁(起落架的支柱或减震支柱)来受外载荷,在载荷作用下支柱切面内会产生轴向力、剪力和弯矩。减震支柱就是固支梁(不收放起落架)或者是在收放平面内两端铰支、在另一平面(垂直面)固支的梁。

桁架—梁式起落架由支柱和承受轴向力的斜撑杆组成,这就大大降低了梁上的弯矩值。这种形式起落架的几何尺寸不会比梁式起落架大,而且可以通过合理的结构设计来减轻质量,因此被广泛用在现代飞机上。

根据减震缓冲器的位置和受载方式,可将起落架分为支柱式和摇臂式。下面仅简单介绍撑杆支柱式起落架的结构形式并进行受力分析。

撑杆支柱式起落架的主要受力构件是减震支柱,它是上连机体结构,下连机轮,本身作为梁柱受力,这种结构形式的特点如下:

(1)结构简单紧凑,传力较直接,圆筒形支柱具有较好的抗压、抗弯、抗扭的综合性能,因而重量较轻,收藏容易。

(2)可用不同的轮轴、轮叉形式来调整机轮接地点与机体连接点间的相互位置和整个起落架的高度,如图22-6所示。

(3)撑杆支柱式常在支柱中部附近加一撑杆,使减震支柱以双支点外伸梁形式受力,大大减小了支柱上端的弯矩。撑杆通常又兼作收放

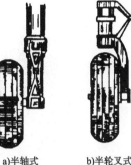

a)半轴式　　b)半轮叉式　　c)轮叉式

图22-6　机轮的安装形式

折叠连杆用,或直接用收放作动筒锁定于某个位置后作为撑杆,这将使起落架结构简化,所以撑杆支柱式是目前常用的一种形式,其构造和受力如图22-7所示。

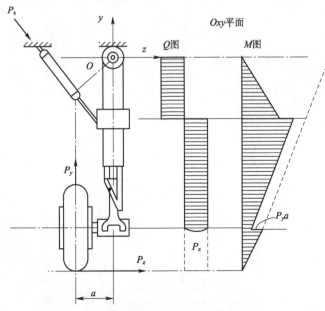

图22-7　撑杆支柱式的构造及受力

(4) 由于机轮通过轮轴与减震支柱直接相连,因而不能很好吸收前方来的撞击,通常可将支柱向前倾斜一个角度即可对前方来的撞击起一定的减震作用,但这会使支柱在受垂直撞击力时受到附加弯矩。

(5) 这种形式的减震支柱本身要受弯,所以它的密封性较差,减震器内部灌冲的气体压力将因此受到限制,一般其初压力约为 3 MPa,最大许可压力约为 10 MPa,因而减震器行程较大,整个支柱较长,重量增加,并且在伸缩过程中容易出现卡滞。

(6) 由于减震支柱的活动内杆与外筒之间不能直接传递扭矩,因此内杆与外筒之间必须用扭力臂连接,扭力臂以弯矩的方式来传递扭矩。

第二十三章
飞机的增压座舱

现代飞机一般装有涡轮喷气、涡轮风扇或涡轮螺旋桨发动机，此类飞机只有在高空飞行时才能获得最好的技术性能和经济性。但随着高度的增加大气压力和温度不断降低，为使机上人员能在高空正常工作，在高空飞行的飞机机身上均有增压座舱。高空飞行时，增压座舱内的空气压力高于周围大气的空气压力。飞机在一次飞行过程中均从地面到空中再回到地面，因此增压座舱承受载荷是重复性循环载荷。此外增压座舱又是机身受力结构的一部分，参与机身的总体受力，在增压座舱设计时应考虑两部分载荷叠加，除静强度设计外必须进行疲劳和损伤容限设计。

✈ 第一节　座舱的增压载荷

大气压力随高度的增加而下降，如图 23-1 中所示的曲线 1。当飞行高度超过 2500m 时，会使人无法正常工作。目前，广泛采用座舱增压、加温的办法来解决。增压座舱是将机身的一部分做成密封结构，从涡轮喷气发动机或涡轮风扇发动机的压气机中引出压缩空气，经压力、温度自动调节装置（控制座舱压力、温度和湿度）进入座舱，保证座舱内压力按预定的规律变化。图 23-1 中曲线 2、3 表示两架飞机座舱内压力的变化规律。以曲线 2 为例，当高度小于 3000m 时（AB 段），座舱内压力与外界大气压力相同；高度增加到 BC 段，座舱内的压力基本上不随高度增大而减小，此时座舱内压力大于外界空气压力，并且随高度增加舱内与外界压力基本差增加；内外压力差太大会使机身结构质量增加。故 C 点之后，座舱内压力随高度而下降，但保持座舱内和外界压力之差不变，即在 $4\times10^4 \sim 6\times10^4$ Pa 范围内。这种座舱内的压力与周围空气压力之差，称为增压载荷。增压座舱结构设计时还需考虑外界压力大于内部压力的情况，这种情况可能发生在飞行高度急剧下降而压力调节装置滞后的时候，这时外界的空气来不及从压力调节装置流向座舱内，导致座舱内压力小于外界压力。

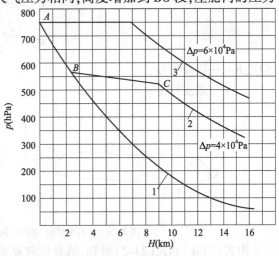

图 23-1　增压座舱压力调节曲线

这种内外压力差称为负压力差。正常情况下的内外压力差称为正压力差。曲线 3 表示高度在 7000m 以后,保持不变;当高度超过 7000m 以后,保持内外压力差为 6×10^4Pa。由于增压载荷是重复性载荷,增压舱还应考虑疲劳强度和疲劳寿命设计。

第二节 增压舱结构特点

增压座舱在受正压差时,类似一个受内压的密闭容器,虽然其压力是自身平衡的,但增压舱的蒙皮和端框内会有内力。增压舱最有利的形状为球形或两端为半球形端框的圆筒形。实际上由于机身的外形和内部布置的限制不可能完全做到这一点,增压舱的形状会因其在机身上位置和飞机类别的不同而不同。图 23-2 表示各类飞机增压座舱分布和形状。

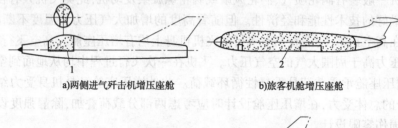

a) 两侧进气歼击机增压座舱　　　　b) 旅客机舱增压座舱

c) 轰炸机空勤组增压座舱

图 23-2　各类飞机增压座舱的分布与形状

旅客机增压舱一般为圆筒形或接近圆筒形。其后端为球面形复板框,前端则因内部布置设备等采用平面框。下面以圆形截面和球形端框的增压舱为例进行讨论。

图 23-3 为增压舱在内压差作用下,机身蒙皮受双向张应力,按受压圆筒受力分析知蒙皮周向张应力 σ_r 和纵向张应力 σ_x 为

$$\sigma_r = \frac{\Delta p \cdot R}{t} \tag{23-1}$$

$$\sigma_x = \frac{\Delta p \cdot R}{2t} \tag{23-2}$$

式中:R——机身半径;

t——蒙皮厚度。

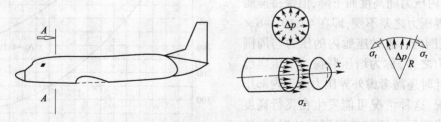

图 23-3　飞机密封舱、密封舱构件承受的剩余压力负载图

由式(23-1)和式(23-2)可知,机身周向蒙皮应力是蒙皮轴向应力的 2 倍。由此可见,增

压舱上产生沿 x 向裂纹比产生周向裂纹更危险。

轴向应力 σ_x 在球面与圆筒交界处是连续的,则球框内张力均为

$$\sigma_\theta = \frac{\Delta p \cdot R}{2t} \tag{23-3}$$

故圆筒的径向应力 σ_r 比球框的 σ_θ 大 1 倍,在交界处产生局部弯曲,因此在交界处一般需局部加强。

从受力特性分析,球面框最好设计成半球形。但半球形框使机身容积利用率较低,球形框的前、后都很难安放有效载重,工艺制作困难。故实际飞机上常采用球面的一部分,如图 23-4 所示。此时 $R_x > R$,当 $\alpha = 60°$ 时比较经济。球面框单位宽度上拉力 F 在机身轴线上的分量 F_x 传给机身蒙皮,径向分量 F_r 作用在环形框架上;环形框架相当于一个受到自身平衡的均布径向压力的圆环,在球面框和机身结构交界处两者变形不同将产生剪力 Q 和弯矩 M(图 23-4),如两者刚度协调得好,使两者变形相差较少,则附加载荷 Q、M 较小。因此,在交界处一般均设置加强框或加强框缘—球形框,与机身之间的连接要有相应的强度。

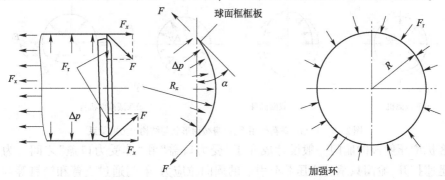

图 23-4 球面框与机身结构之间的传力

球面框一般设计成腹板框,图 23-5 表示 L-1011 型旅客机后端的球面框,隔框是半硬壳式结构。壳体由 12 片拉伸成三角形并且边缘胶接在一起的曲面铝板组成,在搭接处铆有 12 根型材加强。

壳体的端盖把三角形铝板和桁条连接在机身隔框的凸缘上,壳体的顶端有顶环将桁条和壳体连接在一起,顶环上用顶盖密封。圆拱形端盖与机身连接分两部分,桁条之间用抗拉接头连接,蒙皮之间采取加强垫板的平连接形式。

旅客机增压座舱的前端一般采用平面板隔框,由于机身前端各种无线电设备密集,要求空间利用率高,采用平面壁板容易满足设备布置要求。

球面框不宜承受 Oxy 平面内的集中力,如垂直尾翼传入载荷,Oxy 平面内载荷会引起球面框曲板弯曲,而采用平面框承受 Oxy 面内载荷比较合理。从综合受力考虑也可在球面框上布置局部平面框来承受 Oxy 面内集中力,如图 23-6 所示,A-320 旅客机后压力框为球面框,其上有局部平面框与垂直尾翼接头连接。

机身的横截面形状不同,增压载荷对机身结构的作用不同,如图 23-7 所示。当机身截面为圆形截面时,增压载荷使蒙皮受到环向拉力,环向拉力使蒙皮产生如图 23-7a)所示的形变,在隔框内将产生弯曲内力。如果机身截面由两个圆弧段组成,那么上下蒙皮内的环向拉力在外形转折处会产生水平方向力 F_n,F_n 通过水平纵梁隔框腹板,然后传到地板横梁上,左

右力 F_n 在横梁上互相平衡。

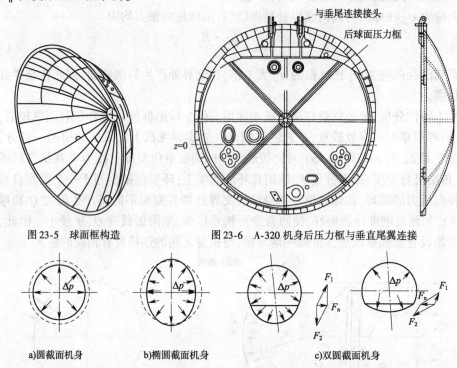

图 23-5 球面框构造　　图 23-6 A-320 机身后压力框与垂直尾翼连接

a) 圆截面机身　　b) 椭圆截面机身　　c) 双圆截面机身

图 23-7 在增压载荷作用下,机身截面形状与结构内力的关系

旅客机增压舱段的舱门一般设计成介于"受力口盖"和"非受力口盖"之间。为了便于舱门能迅速打开,舱门只承受增压载荷引起的周向拉应力,舱门通过支臂和销钉等与机身连接,对内侧打开舱门需将舱门装在滑轨上沿一侧移动,如图 23-8 所示。

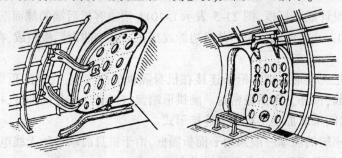

图 23-8 向机身内侧打开的舱门结构

机身上其他载荷由门框周围的加强件承受,以保证舱门便于打开。对于应急舱门需在机身两侧布置,并且在机身内外均可打开。舱门和窗户边缘均用橡胶压条和密封橡胶条密封。窗户一般不受压力,用双层玻璃,中间夹空气,保证视界和进入光线,并起密封和隔音作用。窗户的玻璃均从座舱里面安装,在座舱压力作用下如同堵盖一样,密封性好;外层玻璃比较厚,以防止玻璃窗在座舱内受到意外损坏,也可以装上三层玻璃。

飞机结构与受力分析习题集及解析

第十八章 飞机的外载荷

1. 作用在飞机的外载荷有哪些？主要分为哪几种？
2. 作出飞机上作用外力示意图并给出过载的意义。
3. 过载系数和安全系数的定义是什么？阐述其物理意义。飞机设计应如何确定过载系数和安全系数？
4. 飞机以等速直线飞行，求当飞机飞行速度为 900km/h、曲率半径为 2500m 的轨迹下，在垂直面的最下点 $\theta = 0°$ 和 $\theta = 20°$ 时，过载系数 n_y 的值。

答案：当 $\theta = 0°$ 时，$n_y = 3.55$；当 $\theta = 20°$ 时，$n_y = 3.49$。

5. 飞行包线的物理意义是什么？如何确定飞机的设计情况？
6. 根据突风强度的设计原则，当高空紊流强度增加时，飞行员应如何操控飞机？
7. 请阐述机动飞行包线和突风过载飞行包线的构成。

第十九章 飞机结构分析与设计基础

1. 为什么现代飞机的受力结构绝大多数情况下为静不定结构？
2. 结构传力分析的目的和主要方法是什么？
3. 请阐述静定结构、超静定结构的传力特性。
4. 一双梁机翼，外翼传到 2 号肋剖面处的总体内力分别为建立 $Q = 100\text{kN}$（作用在刚心上），弯矩 $M = 5 \times 10^3 \text{kN} \cdot \text{m}$，扭矩 $M_t = 30 \text{kN} \cdot \text{m}$，已知前、后梁的平均剖面抗弯刚度为 $EI_{前} = 10^{10} \text{kN} \cdot \text{m}$、$EI_{后} = 2 \times 10^{10} \text{kN} \cdot \text{m}$；前、后闭室平均剖面抗扭刚度为 $K_{t前} = 5 \times 10^8 \text{kN} \cdot \text{mm}^2$、$K_{t后} = 10^9 \text{kN} \cdot \text{mm}^2$，求：

(1) 当 $L_{前} = L_{后} = 1500 \text{mm}$ 时，Q、M、M_t 在 2 号肋剖面如何分配，如习图 19-1a）所示。

(2) 当 $L_{前} = 3000 \text{mm}$、$L_{后} = 1500 \text{mm}$ 时，Q、M、M_t 在此剖面如何分配，如图 19-1b 所示。

注：计算扭矩分配时，假设不考虑前、后闭室之间和 1 号肋对前闭室的影响。

答案：(1) $Q_1 = 33.3 \text{kN}$，$Q_2 = 66.7 \text{kN}$
$M_1 = 1666.7 \text{kN} \cdot \text{m}$，$M_2 = 3335 \text{kN} \cdot \text{m}$
$M_{t1} = 10 \text{kN} \cdot \text{m}$，$M_{t2} = 20 \text{kN} \cdot \text{m}$

(2) $Q_1 = 11.1 \text{kN}$，$Q_2 = 88.9 \text{kN}$
$M_1 = 1000 \text{kN} \cdot \text{m}$，$M_2 = 4000 \text{kN} \cdot \text{m}$

$M_{t1} = 6\text{kN}\cdot\text{m}, M_{t2} = 24\text{kN}\cdot\text{m}$

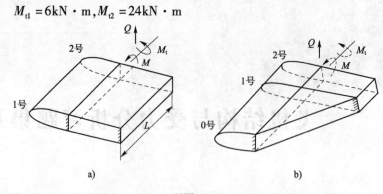

习图 19-1

第二十章 机翼、尾翼结构特点及受力分析

1. 翼面的功用是什么？翼面结构设计要求有哪些？
2. 机翼翼面所受载荷主要有哪几种？翼面的剪力、弯矩、扭矩图大致如何分布？
3. 翼面结构各受力构件的功用是什么？做出这些构件截面的草图，它们在各种典型翼面受力形式中所承受的载荷有何不同？
4. 结合传力分析的基本方法，分析梁式机翼的载荷传递过程。
5. 按机翼根部结构的受力形式，后掠机翼主要有哪几种？
6. 简述后掠翼根部的受力特点？
7. 如习图 20-1 所示两机翼，a) 为单块式，且双梁通过机身，而长桁在机身侧边切断；b) 为单块式，整个受力翼箱通过机身。请画出两种情况下 a—a、b—b 段长桁的内力图，并简要说明为何如此分布？

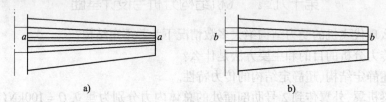

习图 20-1

8. 请画出以下各指定翼肋的平衡图和内力图。

（1）如习图 20-2 所示，薄蒙皮双梁式机翼，Ⅰ肋在气动载荷的作用下：a) 前、后缘未略去；b) 略去前后缘的气动载荷和结构。

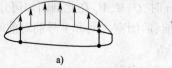

习图 20-2

（2）如习图 20-3 所示，该机翼前梁转折处的Ⅱ肋在传递总体弯矩 M 时所受的载荷，画出其力平衡图和内力图，a) 剖面简化为矩形；b) 剖面上、下为曲线。

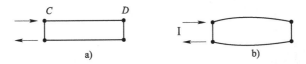

习图 20-3

(3) 薄蒙皮双梁式机翼，如习图 20-4 所示，Ⅲ 肋后缘受有 y 向集中力 P。

习图 20-4

9. 说明尾翼的用途、尾翼上的主要载荷及尾翼的受力情况。
10. 分别阐述水平尾翼和垂直尾翼的结构形式。

第二十一章　机身结构特点及受力分析

1. 阐述机身的用途、结构设计特点和要求。
2. 机身上所承受的外载荷主要有哪些？
3. 机身的主要基本承力构件有哪些，其作用是什么？
4. 阐述机身的总体受力的特征？

第二十二章　起落架结构特点及受力分析

1. 起落架上承受的外载荷主要有哪些？
2. 根据承力和传递载荷的方式，起落架应如何分类？
3. 分别阐述桁架式、梁式和桁架—梁式三种形式起落架的受力特征。
4. 阐述撑杆支柱式起落架的主要受力特点，并画出主要受力元件的受力图。

第二十三章　飞机的增压座舱

1. 现代飞机为什么要使用增压座舱？
2. 阐述增压座舱的结构特点？

参 考 文 献

[1] 支希哲. 理论力学[M]. 北京:高等教育出版社,2010.
[2] 哈尔滨工业大学理论力学教研室. 理论力学[M]. 7 版. 北京:高等教育出版社,2009.
[3] Authur P. Boresi,Richard J. Schmidt. 理论力学[M]. 3 版. 重庆:重庆大学出版社,2005.
[4] 单辉祖. 材料力学(Ⅰ)[M]. 3 版. 北京:高等教育出版社,2009.
[5] 盖尔,古德诺. 材料力学[M]. 北京:机械工业出版社,2011.
[6] 陈治怀,谷润平,刘俊杰. 飞机性能工程[M]. 北京:兵器工业出版社,2006.
[7] 郦正能. 飞行器结构学[M]. 2 版. 北京:北京航空航天大学出版社,2010.
[8] 王志瑾,姚卫星. 飞机结构设计[M]. 北京:国防工业出版社,2007.
[9] 徐建新,卢翔. 飞机结构与强度[M]. 北京:中国民航出版社,2014.